新疆天气年鉴
（2021年）

吕 新 生　周雅蔓　刘成武
吐莉尼沙　李　伟　施俊杰　◎主编

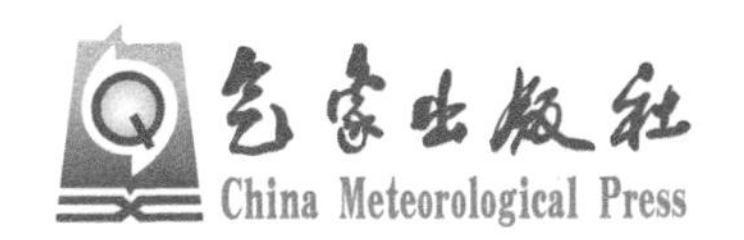

内容简介

本书是新疆维吾尔自治区气象台适应气象业务新发展的创新业务产品之一。全书共分4章：第1章概述了2021年新疆天气气候特点，并绘制了2021年年降水、气温以及大风、沙尘、冰雹等灾害性天气统计分布图；第2章按天气过程出现时间先后顺序，给出了2021年89场天气过程索引表，包括时间、类型、强度及有无灾情等信息；第3章对2021年38场中度及以上强度天气过程的主要影响系统、环流形势演变特征进行分析，对暴雪、寒潮、暴雨、强对流、大风、沙尘暴、高温等灾害性天气实况进行描述，并分析高低空环流形势，给出实况及环流图；第4章对2021年22场中弱和29场弱天气过程进行实况描述，并给出了环流形势分析。

本书较为全面地梳理了2021年新疆天气过程特点及其影响，可供从事气象、水利、自然资源、生态、环境、人文、经济、社会以及其他行业的业务、科研、培训和管理决策人员参考。

图书在版编目（CIP）数据

新疆天气年鉴．2021年 / 吕新生等主编．-- 北京 ：
气象出版社，2023.8
ISBN 978-7-5029-8044-3

Ⅰ．①新… Ⅱ．①吕… Ⅲ．①天气－新疆－2021－年鉴 Ⅳ．①P44-54

中国国家版本馆CIP数据核字(2023)第180061号

新疆天气年鉴(2021年)
Xinjiang Tianqi Nianjian(2021 Nian)

出版发行：气象出版社
地　　址：北京市海淀区中关村南大街46号　**邮政编码：**100081
电　　话：010-68407112(总编室)　010-68408042(发行部)
网　　址：http://www.qxcbs.com　**E-mail：**qxcbs@cma.gov.cn
责任编辑：杨泽彬　**终　　审：**张　斌
责任校对：张硕杰　**责任技编：**赵相宁
封面设计：楠竹文化
印　　刷：北京建宏印刷有限公司
开　　本：889 mm×1194 mm　1/16　**印　　张：**10
字　　数：300千字
版　　次：2023年8月第1版　**印　　次：**2023年8月第1次印刷
定　　价：150.00元

新疆天气年鉴(2021 年)
编审委员会

序

新疆维吾尔自治区位于亚欧大陆腹地、祖国西北边陲，地处我国天气系统的上游，总面积166万 km^2；北部是阿尔泰山，中部是天山山脉，南部是昆仑山脉，横贯东西的天山山脉将新疆分割成南疆、北疆，北疆是由阿尔泰山、天山和西部沿国境线的阿拉套山、巴尔鲁克山等与其围成的准噶尔盆地组成，其间是古尔班通古特沙漠；南疆北有天山，西部西天山余脉与昆仑山西段接壤，南有海拔超过5000 m的喀喇昆仑山，东南部是阿尔金山，高山环绕下的南疆塔里木盆地中有世界第二大沙漠——塔克拉玛干沙漠。新疆境内山脉、戈壁、绿洲、盆地相间，地势高低悬殊；雪山、草原、河流错落，自然环境迥异；湖泊、绿洲星罗棋布，生态环境多样。"三山夹两盆"的自然地貌对形成新疆独特的天气气候起到了重要作用。一方面，新疆属于典型的大陆性温带干旱气候区，具有丰富的光热、风能等气候资源；另一方面，气象灾害频发、降水稀少，气候干旱，人类赖以生存的自然环境恶劣、生态环境脆弱。因此，新疆气象工作在当地经济社会发展中具有十分重要的地位。

新疆天气过程图自20世纪50年代以来一直是新疆气象档案馆馆藏的重要资料之一，成为气象工作者们查阅、评估、考证历史天气过程的重要参考资料。其包含新疆天气过程综合图、过程强度、天气过程实况描述、环流特征和影响系统及其演变分析等。随着现代气象事业的发展不断补充完善，目前已经是新疆天气预报业务及服务的重要支撑材料之一。原有的新疆天气过程图主要是以新疆境内105个国家级气象站资料为主，2012年开始新疆区域自动站网建设发展迅速，至2020年已经建成自动气象站1900多个，基于1900多个自动气象站数据集的降水落区分析和105个国家级气象站降水落区分析差异明显，尤其是山区和沿山一带暴雨、短时强降水落区及强度、大风、极端气温等记录经常刷新气象工作者对新疆降水的认知。

《新疆天气年鉴(2021年)》是新疆维吾尔自治区气象台适应气象业务高质量发展的新业务产品之一。在年鉴编制过程中首先梳理了新疆天气过程业务标准，根据预报服务业务需求给出了新疆暴雨、暴雪、寒潮、高温、大风、沙尘暴等强天气过程的业务标准，针对新疆局地暴雨洪水和冰雹灾害严重的情况，增加了强对流天气过程的遴选标准。本书较为详细地梳理了2021年新疆天气过程基础信息、天气特点及其影响，为气象业务科技创新发展趋势下传统天气预报业务发展模式进行了有益的探索。

《新疆天气年鉴(2021年)》的出版也是新疆天气过程信息标准化存储的开始，它不仅是年轻预报员培养预报思路的重要参考资料，也是新疆天气预报业务标准化的基础产品之一。可供从事气象、水利、自然资源、生态、环境、人文、经济、社会以及其他行业的业务、科研、教学和管理决策人员参考。

中国工程院院士 李泽椿

2022年12月20日

前　言

20 世纪 60 年代以来，新疆天气过程分析及重大灾害性天气过程总结一直是新疆维吾尔自治区气象台(以下简称新疆气象台)的一项重要业务工作，早期由于分析制图多为手绘纸质保存，查阅起来十分不便。随着气象信息化和天气预报业务平台的不断发展，2011 年以来实现了天气过程图制作人机交互，天气过程实况、环流演变特征等文字描述计算机录入，后台出图，大大提高了效率。

2012 年以来，新疆自动气象站网建设发展迅猛，局地暴雨、短时强降水、大风、极端气温等记录经常刷新历史纪录。鉴于此，时任新疆气象台台长何清研究员倡议从 2017 年起每年出版一册《新疆天气年鉴》，尽可能完整地保存天气过程信息，为后期预报业务及科研提供便利。同时，新疆气象台技术委员会审议了新疆天气过程强度补充标准。

《新疆天气年鉴(2021 年)》主要包括编制说明和正文两大部分。编制说明在以往天气过程强度划分标准的基础上，补充了暴雨、暴雪、大风、寒潮、高温等强天气过程标准。正文共分 4 章：第 1 章为 2021 年新疆天气气候概况，主要包括 2021 年气候背景、十大天气气候事件、天气过程概况等，并给出年降水、气温以及大风、沙尘、冰雹等灾害性天气统计分布图；第 2 章为 2021 年天气过程索引表，给出了 2021 年 89 场天气过程的过程编号、起止时间、天气类型、过程强度、有无灾情等信息；第 3 章为 2021 年中度及以上强度天气过程分析，包括 2021 年 38 场中度及以上强度天气过程和 2 场全疆大范围高温过程；第 4 章为 2021 年中弱和弱天气过程，给出了 22 场中弱、29 场弱过程天气过程起止时间、天气类型、过程强度、有无灾情等信息，并给出天气实况及环流图。

本书收录的每一场天气过程都是新疆气象台值班预报员辛勤劳动的成果。在新疆维吾尔自治区气象局领导的大力支持下，新疆气象台领导高度重视、积极推进完成本书的编制和出版。由于天气年鉴编写涉及面广、编写组水平有限，不一定能完全体现年鉴编制的所有初衷，希望读者不吝赐教，以便今后改进。另外，在第 1 章编写过程中，新疆维吾尔自治区气候中心陈颖、吴秀兰两位高级工程师给予了热情的支持和帮助；封面图片由中国科学技术大学傅云飞教授提供，在此一并深表感谢。

本书编委会
2023 年 5 月

编写说明

一、天气过程标准

为了适应新疆预报服务业务的需要，本年鉴天气过程强度在延续新疆气象台以往业务标准(附录 A)的基础上，做了部分修改和增加。原强天气过程根据灾害天气发生的范围和强度分别增加备注：寒潮、暴雨、暴雪、大风、沙尘暴、强对流天气过程；增加了高温过程和强对流天气过程，高温天气过程标准执行新疆气象台 2020 年依据高温行业标准、结合新疆高温天气实况制定的业务标准；原中等偏强强度(以下简称"中强")天气过程保留，但备注了以降温、降水、风沙等何种灾害性天气为主，或者是综合性中强天气过程；原中等强度(以下简称"中度")、中等偏弱强度(以下简称"中弱")、弱天气过程继续保留。

寒潮天气过程：在同一次天气过程中，北疆或南疆范围内有 70%国家级气象站达到寒潮标准，定义一次寒潮天气过程。

暴雨天气过程：在同一次天气过程中，新疆区域内同一天或连续两天有两个地(州、市)5 站(国家级气象站)或以上出现暴雨(24 h 累计降雨量≥24.1 mm)，定义一次暴雨天气过程。

暴雪天气过程：在同一次天气过程中，新疆区域内同一天或连续两天有两个地(州、市)5 站(国家级气象站)或以上出现暴雪(24 h 降雪量≥12.1 mm)，定义一次暴雪天气过程。

大风天气过程：在同一次天气过程中，新疆区域内 50%国家级气象站观测到平均风速≥10.8 m/s(6 级)或瞬时极大风速≥17.2 m/s(8 级)的天气，定义一次大风天气过程。

沙尘暴天气过程：在同一次天气过程中，新疆区域内 10 站(国家级气象站)或以上观测到沙尘暴天气，定义一次沙尘暴天气过程。

强对流天气过程：一个地区大部分区域(70%区域)或两个以上地区 50%区域监测到短时强降水(小时雨量≥10 mm)、冰雹(冰雹直径≥5 mm)、雷暴大风(瞬时极大风速≥17.2 m/s)，定义一次强对流天气过程。高温天气过程标准详见附录 B。

二、资料与统计方法

2021 年寒潮、暴雨、暴雪、大风、高温等灾害天气日数和降水日数、最大小时雨强和站数是基于自动气象站小时观测数据(日界界定：前一日 20:00—当日 20:00(北京时，下同)，例如：2 日降水量为 1 日 20:00—2 日 20:00 的累计值)，沙尘暴、雾等灾害天气日数和站数是在参考 8 次地面观测数据的基础上，以小时最小能见度及其相关判识标准为依据进行统计；高低空环流形势图均为 NCEP(美国国家环境预报中心)2.5°×2.5°再分析资料。

三、灾情

通过中国气象局灾情直报系统、新疆气象台气象灾情汇总等，收集整理了 2021 年新疆气象灾害情况。

四、气候统计资料

第 1 章天气气候概况中的气候统计数据及图表内容，均来自新疆维吾尔自治区气候中心 2021 年气候公报、十大气候事件以及相关内容。

五、天气图及新疆地图边界说明

书中有关新疆地图通过了新疆维吾尔自治区自然资源厅审核，审图号：新 S(2023)046 号。

目　　录

序
前言
编写说明

第 1 章　2021 年天气气候概况 …… 1
1.1　气候背景 …… 1
1.2　十大天气气候事件 …… 3
1.3　天气过程概况 …… 4
1.4　灾害性天气日数 …… 4

第 2 章　2021 年天气过程索引表 …… 5

第 3 章　2021 年中度及以上强度天气过程 …… 8
3.1　2020 年 12 月 31 日 20 时至 2021 年 1 月 4 日 08 时北疆寒潮、大风 …… 8
3.2　1 月 12 日 20 时至 14 日 20 时北疆寒潮、暴雪、大风 …… 10
3.3　1 月 22 日 20 时至 24 日 08 时北疆寒潮、暴雪、大风 …… 13
3.4　2 月 8 日 23 时至 10 日 20 时北疆局地暴雪、大风 …… 15
3.5　2 月 25 日 01 时至 27 日 08 北疆寒潮、暴雪、大风 …… 17
3.6　3 月 14 日 17 时至 16 日 14 时北疆降雪大风、南疆局地沙尘暴 …… 20
3.7　3 月 16 日 14 时至 19 日 14 时南疆东疆大风 …… 22
3.8　3 月 28 日 08 时至 31 日 20 时局地暴雨、大风、冰雹 …… 24
3.9　4 月 1 日 02 时至 5 日 14 时南疆西部暴雨、暴雪、大风、冰雹 …… 26
3.10　4 月 5 日 20 时至 9 日 17 时南北疆偏西地区暴雨、暴雪、大风、霜冻 …… 29
3.11　4 月 20 日 20 时至 25 日 20 时北疆暴雪，局地寒潮、大风、沙尘暴 …… 31
3.12　5 月 1 日 02 时至 2 日 20 时局地暴雨、大风、沙尘暴 …… 34
3.13　5 月 10 日 20 时至 13 日 08 时局地暴雨、大风 …… 36
3.14　5 月 13 日 08 时至 14 日 17 时局地暴雨 …… 39
3.15　5 月 14 日 17 时至 18 日 20 时局地暴雨、大风、沙尘暴 …… 41
3.16　5 月 19 日 14 时至 23 日 02 时局地暴雨、大风、沙尘暴 …… 43
3.17　6 月 4 日 08 时至 6 日 20 时局地暴雨、大风、沙尘暴 …… 46
3.18　6 月 14 日 20 时至 19 日 14 时南疆暴雨 …… 48
3.19　6 月 22 日 05 时至 24 日 08 时局地暴雨、大风、冰雹 …… 51
3.20　6 月 24 日 08 时至 28 日 14 时北疆西部北部暴雨、大风 …… 53
3.21　7 月 2 日 08 时至 10 日 20 时全疆高温天气 …… 55
3.22　7 月 10 日 20 时至 13 日 09 时北疆暴雨、大风 …… 57
3.23　7 月 13 日 09 时至 15 日 20 时局地暴雨、大风、冰雹 …… 59

3.24 7 月 18 日 20 时至 22 日 20 时南疆西部局地暴雨、大风 …… 62
3.25 7 月 24 日 08 时至 28 日 20 时全疆高温天气 …… 64
3.26 7 月 29 日 20 时至 8 月 1 日 20 时北疆暴雨、大风 …… 66
3.27 8 月 14 日 08 时至 16 日 08 时局地暴雨、大风、沙尘暴 …… 68
3.28 8 月 16 日 08 时至 18 日 20 时局地暴雨、冰雹、大风、沙尘暴 …… 70
3.29 8 月 31 日 08 时至 9 月 2 日 20 时暴雨,局地大风、沙尘暴 …… 73
3.30 9 月 30 日 20 时至 10 月 3 日 20 时北疆西部暴雨,局地寒潮、大风、沙尘暴 …… 75
3.31 10 月 6 日 02 时至 9 日 08 时北疆西部暴雨,局地寒潮、大风 …… 78
3.32 10 月 10 日 20 时至 13 日 20 时北疆西部暴雨,局地寒潮、大风 …… 81
3.33 10 月 31 日 08 时至 11 月 2 日 20 时北疆北部暴雪,局地寒潮、大风 …… 84
3.34 11 月 3 日 20 时至 5 日 20 时北疆暴雪,局地寒潮、大风、沙尘暴 …… 86
3.35 11 月 17 日 20 时至 20 日 08 时北疆寒潮、暴雪、大风 …… 89
3.36 11 月 26 日 05 时至 28 日 14 时北疆寒潮、暴雪、大风 …… 92
3.37 12 月 8 日 08 时至 10 日 14 时北疆寒潮、降雪、大风 …… 94
3.38 12 月 13 日 02 时至 17 日 08 时北疆降雪,局地寒潮、大风 …… 96

第 4 章 2021 年中弱和弱天气过程 …… 100

4.1 1 月 4 日 18 时至 7 日 20 时降雪大风 …… 100
4.2 1 月 7 日 20 时至 10 日 08 时天山北坡、东疆弱降雪 …… 100
4.3 1 月 20 日 02 时至 21 日 14 时北疆偏西偏北、哈密市弱降雪 …… 101
4.4 1 月 24 日 08 时至 27 日 08 时北疆降雪、大风 …… 101
4.5 2 月 2 日 08 时至 3 日 20 时伊犁州昌吉州等地弱降雪、风口大风 …… 102
4.6 2 月 10 日 20 时至 13 日 02 时北疆局地暴雪、大风 …… 103
4.7 2 月 20 日 02 时至 21 日 05 时北疆降雪大风 …… 103
4.8 2 月 21 日 05 时至 23 日 20 时北疆降雪、大风 …… 104
4.9 2 月 27 日 08 时至 3 月 1 日 08 南疆降雪大风 …… 104
4.10 3 月 2 日 08 时至 5 日 02 时北疆局地暴雪、大风、霜冻 …… 105
4.11 3 月 5 日 08 时至 6 日 14 时北疆分散性降雪、大风 …… 106
4.12 3 月 11 日 08 时至 12 日 14 时北疆西部降雪、大风 …… 106
4.13 3 月 13 日 14 时至 14 日 11 时北疆北部降雪降温大风 …… 107
4.14 3 月 24 日 05 时至 24 日 21 时北疆局地降雪大风 …… 108
4.15 3 月 26 日 02 时至 27 日 08 时北疆降雪大风 …… 108
4.16 4 月 9 日 17 时至 12 日 17 时天山北坡巴州哈密市降雪、局地大风霜冻 …… 109
4.17 4 月 12 日 20 时至 15 日 05 时南疆西部分散性降水、局地大风沙尘 …… 110
4.18 4 月 15 日 08 时至 17 日 08 时南疆西部降水、局地大风 …… 110
4.19 4 月 17 日 08 时至 18 日 14 时北疆西部降水、局地大风 …… 111
4.20 4 月 18 日 20 时至 20 日 08 时局地暴雨、大风 …… 111
4.21 5 月 7 日 17 时至 10 日 00 时局地暴雨、大风 …… 112
4.22 5 月 27 日 17 时至 30 日 08 时局地暴雨、大风 …… 113
4.23 5 月 30 日 08 时至 6 月 2 日 20 时局地暴雨、大风 …… 113
4.24 6 月 7 日 08 时至 10 日 08 时局地暴雨、大风、沙尘暴 …… 114
4.25 6 月 10 日 08 时至 13 日 08 时局地暴雨、大风 …… 115

4.26 6月19日14时至21日11时局地暴雨、大风 …… 116
4.27 7月5日14时至7日05时局地暴雨、大风、沙尘暴 …… 116
4.28 7月7日05时至9日08时局地暴雨、大风 …… 117
4.29 7月9日08时至10日20时局地暴雨、大风 …… 118
4.30 7月15日20时至18日20时局地暴雨、大风 …… 119
4.31 7月22日20时至24日20时局地暴雨、大风 …… 119
4.32 8月1日20时至3日20时局地暴雨、大风 …… 120
4.33 8月3日20时至6日20时局地暴雨、大风 …… 121
4.34 8月7日14时至9日14时局地暴雨、大风 …… 122
4.35 8月9日17时至11日20时局地暴雨、冰雹、大风、沙尘暴 …… 122
4.36 8月12日17时至14日08时局地暴雨、冰雹、大风 …… 123
4.37 8月19日20时至20日23时局地暴雨、大风 …… 124
4.38 8月24日14时至28日09时局地暴雨、大风 …… 125
4.39 8月28日08时至31日08时局地暴雨、大风、沙尘暴 …… 126
4.40 9月2日20时至4日20时阿克苏地区、哈密市暴雨,局地冰雹、大风 …… 127
4.41 9月9日14时至11日20时局地大风 …… 127
4.42 9月12日11时至13日20时局地大风 …… 128
4.43 9月14日20时至15日02时南疆西部降水,局地大风 …… 129
4.44 9月19日20时至22日08时局地寒潮、大风 …… 129
4.45 9月24日08时至25日20时北疆及天山两侧降水,局地寒潮、大风 …… 131
4.46 10月21日20时至24日06时南疆局地暴雨,寒潮、大风 …… 132
4.47 11月5日20时至7日08时南疆寒潮、雨雪、大风 …… 133
4.48 11月14日20时至16日08时北疆北部暴雪,局地寒潮、大风 …… 134
4.49 11月23日08时至24日20时北疆北部暖区暴雪、大风 …… 135
4.50 12月7日06时至8日08时北疆北部降雪、寒潮、大风 …… 136
4.51 12月20日08时至22日08时北疆西部北部降雪,局地寒潮、大风 …… 137

附录A 新疆天气过程强度业务标准 …… 138

附录B 新疆气象台高温天气过程标准 …… 139

附录C 新疆气象台天气过程档案制作规范(试行) …… 141

第 1 章 2021 年天气气候概况

1.1 气候背景

1.1.1 综述

2021 年新疆气温总体偏高、降水偏少。全疆平均气温 8.9 ℃，较常年(1991—2020 年 30 年的平均值)偏高 0.7 ℃，比 2020 年偏高 0.1 ℃；北疆、天山山区、南疆分别偏高 0.9 ℃、0.8 ℃、0.4 ℃，全疆 2—9 月和 12 月气温偏高或略偏高，其中 2 月偏高 4.1 ℃，为历史最暖 2 月。全疆平均降水量 162.2 mm，较常年偏少 5%，比 2020 年偏多 16%；北疆、天山山区分别偏少 9%、8%，南疆偏多 12%，尤其是南疆盆地西南部、哈密市等地降水偏多 8 成以上；全疆降水仅冬季略偏多，其他季节均偏少。

年内阶段性冷空气活跃，寒潮、低温天气多，冰雹和霜冻灾害多发重发；南疆极端暴雨早发频发；7 月天山北坡一度出现重旱。全年累计经历暴雪过程 4 次、极端暴雨过程 3 次、寒潮过程 7 次、高温事件 2 次、低温事件 2 次、干旱过程 1 次等。

年内出现的主要气象灾害为冰雹、大风、低温冻害及暴雨洪涝，其中冰雹灾害损失最重，占全年总灾损的 49%。上述气象灾害对新疆地区生态植被、农牧业、林果业、交通运输、人民生命及财产安全等造成不同程度的影响。

2021 年度新疆农牧业气象年景为平年。气象条件总体对大部地区粮棉作物、特色林果的生长及牧事活动的开展略有影响，对南疆大部牧草生长较有利，对北疆牧草生长影响较大。

1.1.2 气候特点

(1)气温

2021 年(1—12 月)全疆平均气温 8.9 ℃，较常年偏高 0.7 ℃，比 2020 年偏高 0.1 ℃，居 1961 年以来第 12 位。北疆平均气温 7.9 ℃、天山山区 4.2 ℃、南疆 11.6 ℃，分别偏高 0.9 ℃、0.8 ℃和 0.4 ℃。空间分布来看，全疆大部地区较常年偏高或略偏高，仅阿克苏东部、巴音郭楞蒙古自治州(简称巴州)南部、喀什地区南部山区等 12 站气温偏低。年平均气温偏高 1 ℃以上的地区集中在伊犁哈萨克自治州(简称伊犁州)和博尔塔拉蒙古自治州(简称博州)西部、阿勒泰东部、哈密市以及和田地区中部(图 1.1a)。其中巴里坤和伊吾年平均气温分别偏高 1.8 ℃和 1.3 ℃，居 1961 年以来第一位；洛浦、霍城、温泉等 5 站居第二位；

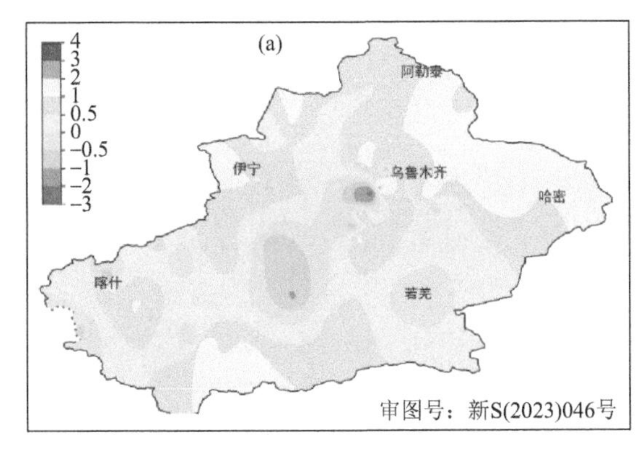

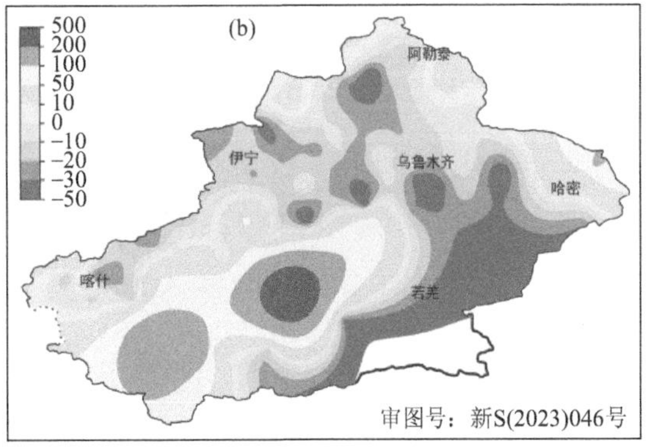

图 1.1 2021 年新疆年平均气温距平(a，单位：℃)和年降水量距平百分率(b，%)分布图

于田居第三位。

(2)降水

2021 年(1—12 月)全疆平均年降水量 162.2 mm,较常年偏少 5%,比 2020 年偏多 16%。北疆 190.0 mm、天山山区 328.5 mm,分别偏少 9%、8%,南疆 73.9 mm,偏多 12%(图 1.1b)。空间分布来看,全疆大部降水偏少 1～5 成,南疆西部、阿克苏地区大部、巴州北部、哈密市北部及阿勒泰地区的富蕴、青河等地偏多。和田地区中西部、哈密市北部、巴州北部、喀什山区等地偏多 5 成以上,其中和田地区中西部偏多 1 倍以上,皮山、墨玉、洛浦 3 站年降水量偏多幅度居历史第二位,拜城、尉犁、吐尔尕特等 5 站居第三位。

(3)积雪

2021 年全疆最大积雪深度为 1～41 cm,北疆大部、天山山区、喀什和克州山区最大积雪深度 10～30 cm,南疆大部最大积雪深度小于 10 cm,阿克苏地区西部、吐鲁番市、巴州南部、和田东部等地无积雪。全疆最大积雪深度 41 cm,出现在乌鲁木齐,吉木乃、裕民、尼勒克等 13 站最大积雪深度超过 30 cm。

与常年相比,北疆大部、哈密市北部、阿克苏东部、南疆西部山区、巴州大部等地最大积雪深度偏厚,其余地区偏薄。偏厚 5 cm 的区域主要是博州、石河子市、昌吉州西部、乌鲁木齐市、喀什北部等地,其中英吉沙偏厚 8.1 cm 居历史第一位;乌鲁木齐市、玛纳斯、米泉分别偏厚 19.4 cm、14.3 cm、12.2 cm,均居历史第二位;博乐、叶城、麦盖提 3 站偏厚幅度居历史第三位(图 1.2a)。

2021 年 12 月下旬卫星遥感积雪监测结果表明:积雪深度大于 20 cm 的积雪面积与历年同期相比:北疆阿勒泰地区偏多,其余地区偏少。其中阿勒泰地区偏多近 2 成,伊犁河谷偏少 3 成,昌吉州、塔城地区、博州和乌鲁木齐市偏少 6～8 成;东疆吐鲁番市偏多 3 成,哈密市偏少 5 成;南疆克州偏多 4 成,和田地区偏多 8 成,阿克苏地区偏少 1 成,巴州、喀什地区偏少 5 成(图 1.2b)。

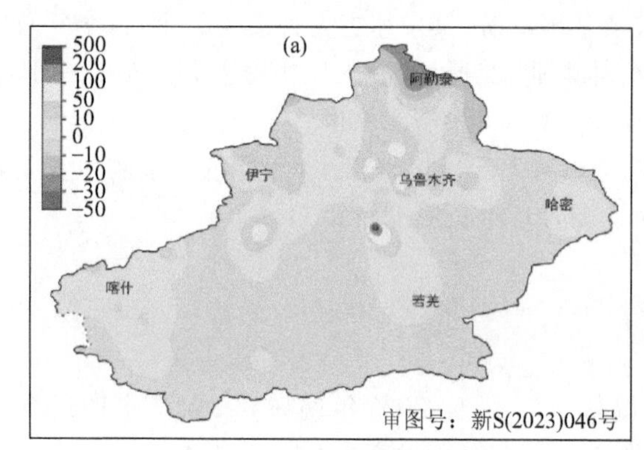

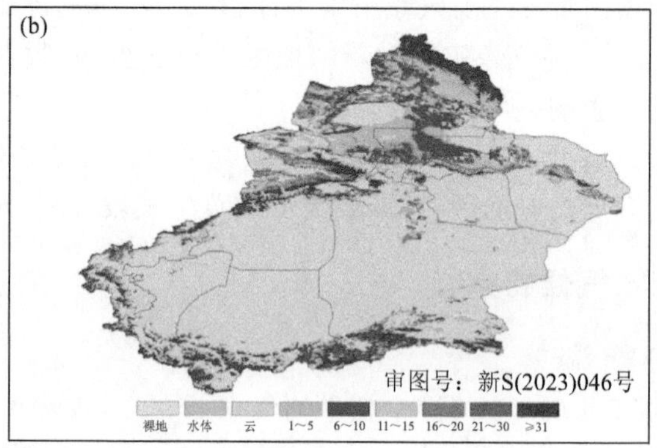

图 1.2 2020/2021 年冬季最大积雪深度距平(a,单位:cm)和 2021 年 12 月下旬新疆 EOS/MODIS 卫星积雪监测图(b,单位:cm)

(4)年极端气候值

2021 年新疆国家气象站年极端气候值详见表 1.1。

表 1.1 2021 年新疆国家气象站极端气候值

站名		数值	出现时间
吐鲁番	日最高气温	46.8 ℃	7 月 6 日
巴音布鲁克	日最低气温	−41.1 ℃	1 月 31 日
天池	年最大降水量	576.5 mm	—
洛浦	日最大降水量	74.1 mm	6 月 16 日
昭苏	最多降水日数	136 d	—
特克斯	最长连续降水日数	10 d	10 月 4—13 日
且末	最长连续无降水日数	200 d	5 月 15 日至 12 月 31 日
伊宁	最早开春期	偏早 30 d	2 月 2 日
尉犁	最早终霜期	偏早 26 d	3 月 8 日

续表

站名		数值	出现时间
墨玉	最晚终霜期	偏晚 34 d	4 月 24 日
洛浦	最晚初霜期	偏晚 15 d	11 月 6 日
巩留	最早入冬期	偏早 21 d	11 月 4 日
乌鲁木齐	最大积雪深度	41 cm	1 月 23 日
和布克赛尔	最大风速	24.6 m/s	11 月 18 日

注:年极端气候值是指某一气象要素在一年中的最大或最小值。这里挑选的年极端气候值,是全年单站气象要素在全疆 100 个国家气象站中的最大或最小值;农事关键期山区站不统计在内。

1.2　十大天气气候事件

(1)6 月中旬南疆西部遭遇极端暴雨

2021 年 6 月 15—17 日南疆西部出现强降雨过程,和田地区大部及喀什地区的部分区域出现特大暴雨。6 月 16 日洛浦县日降水量 74.1 mm、墨玉县 59.6 mm、和田市 56.0 mm 均打破该站最大日降水量历史纪录,同时超过本站年平均降水量。其中洛浦县 16 日一天降水量为该站年平均降水量 1.7 倍(洛浦县年平均降水量 43.5 mm)。16 日皮山县日降水量 56.6 毫米突破该站夏季历史极值。

(2)全疆出现有气象记录以来最暖 2 月

2021 年 2 月全疆平均气温−2.1 ℃,较常年偏高 4.1 ℃,比 2020 年偏高 1.6 ℃,为历史同期第一高。天山山区、南疆分别偏高 4.6 ℃和 4.0 ℃,居 2 月历史第一位;北疆偏高 4.1 ℃,居历史同期第二位。与常年同期相比,全疆 99%的台站偏高 2 ℃以上,吐鲁番市高昌区、阿克苏市、和田市等全疆 46%的台站气温偏高居历史第一位。受此影响,全疆大部开春期普遍偏早,偏早幅度 15～30 d(伊宁市),全疆 11%的台站开春偏早居历史第一位。

(3)北疆出现有气象记录以来最热 7 月

2021 年 7 月北疆平均气温 25.9 ℃,天山山区 19.3 ℃,分别较常年偏高 2.4 ℃和 3.1 ℃,均居历史同期第一高。北疆 34%的台站气温达历史同期第一高。北疆平均高温日数 10.5 d,较常年偏多 5.6 d,居历史同期第二位。期间共出现两场持续性高温过程,温高雨少致天山北坡干旱加剧,伊犁河谷部分地区出现重度气象干旱,干旱最强时段重旱面积达 6.4 万 km^2。

(4)8 月中旬阿克苏-巴州遭遇大范围冰雹袭击

8 月 16 日,天山南麓的阿克苏地区、巴州等地出现大范围冰雹灾害。阿克苏市、阿拉尔市、阿瓦提县、乌什县、柯坪县、温宿县、库尔勒市 7 县先后遭受冰雹袭击,棉花、玉米、林果、蔬菜等农作物大面积受灾。本次雹灾直接经济损失约占 2021 年全年雹灾经济损失的 34%,占全年气象灾害经济总损失的 17%,为年内全疆最强冰雹事件。

(5)“3・30”巴州北部极端暴雨历史最早

3 月 30 日巴州北部出现极端暴雨,焉耆县日降水量 62.4 mm、和硕县 61.1 mm,均突破该站最大日降水量历史极值;尉犁县 43.4 mm、库尔勒市 24.2 mm,破该站春季最大日降水量历史极值。本次巴州北部极端暴雨比历年偏早 23 d,为当地有气象记录以来历史最早。

(6)“4・2”拜城县最强降雪

2021 年 4 月 1—2 日南北疆偏西地区出现雨雪天气,其中阿克苏地区拜城县出现罕见暴雪。4 月 2 日拜城县日降雪量 41.0 mm,打破该站 1973 年 2 月 28 日 19.4 mm 最大日降雪量历史纪录,同时打破该站 1976 年 4 月 24 日 26.2 mm 4 月最大日降水量历史纪录。

(7)11 月上旬北疆出现大范围强寒潮

11 月 3—5 日北疆出现大范围寒潮天气,北疆各地普遍降温 8～12 ℃,局部降温 18～24 ℃。本次寒潮过程北疆 98%的气象台站降温达到寒潮标准;过程最大降温幅度 23.3 ℃,出现在青河;最大 24 h、48 h 降温幅度均为 17.1 ℃,出现在吉木乃;本次北疆寒潮强度为 1976 年以来 11 月上旬历史最强。寒潮天气致北疆多地出现历史同期极端低温。

(8)5 月塔克拉玛干沙漠腹地现罕见暴雨

5 月 13 日夜间至 14 日塔克拉玛干沙漠腹地塔中气象站 12 h 降水量 34.0 mm,达暴雨量级。塔中站 14 日一天降水量为该站年平均降水量 24.1 mm 的 1.4 倍,打破该站 1999 年建站以来最大日降水量历史纪录。

(9)"5·1"全疆大范围沙尘

受冷空气影响,5 月 1—2 日北疆大部、天山山区及天山南麓等地出现 8 级以上西北或偏东大风,风口风力 10~13 级,造成全疆出现不同程度的沙尘天气。全疆 84%的区域出现沙尘天气,46%的区域出现扬沙;其中北疆 72%的区域出现浮尘及扬沙,石河子市、奇台县、巴里坤县出现沙尘暴,其中石河子市 5 月 1 日最低能见度仅 590 m。北疆出现大范围沙尘天气在近十年实属少见。

(10)4 月和田中西部遭遇三次霜冻

受多股冷空气入侵影响,4 月 3—4 日、11 日和 24 日前后和田地区多个县(市)遭遇强降温,日最低气温降至 0 ℃以下,先后遭遇霜冻灾害。墨玉县 4 月 3 日最低气温达−3.2 ℃,为 4 月历史同期第一低。墨玉县 4 月 24 日终霜日为 1961 年有气象记录以来历史最晚。墨玉县多次霜冻灾害对当地林果特别是核桃树开花授粉及幼果生长造成较大影响。

1.3 天气过程概况

2021 年共有 89 次天气过程,其中,强冷空气或降水天气过程 10 次和高温过程 2 次、中等偏强过程 17 次、中等强度过程 9 次、中等偏弱 22 次、弱过程 29 次。

1.4 灾害性天气日数

2021 年新疆灾害性天气日数见图 1.3。

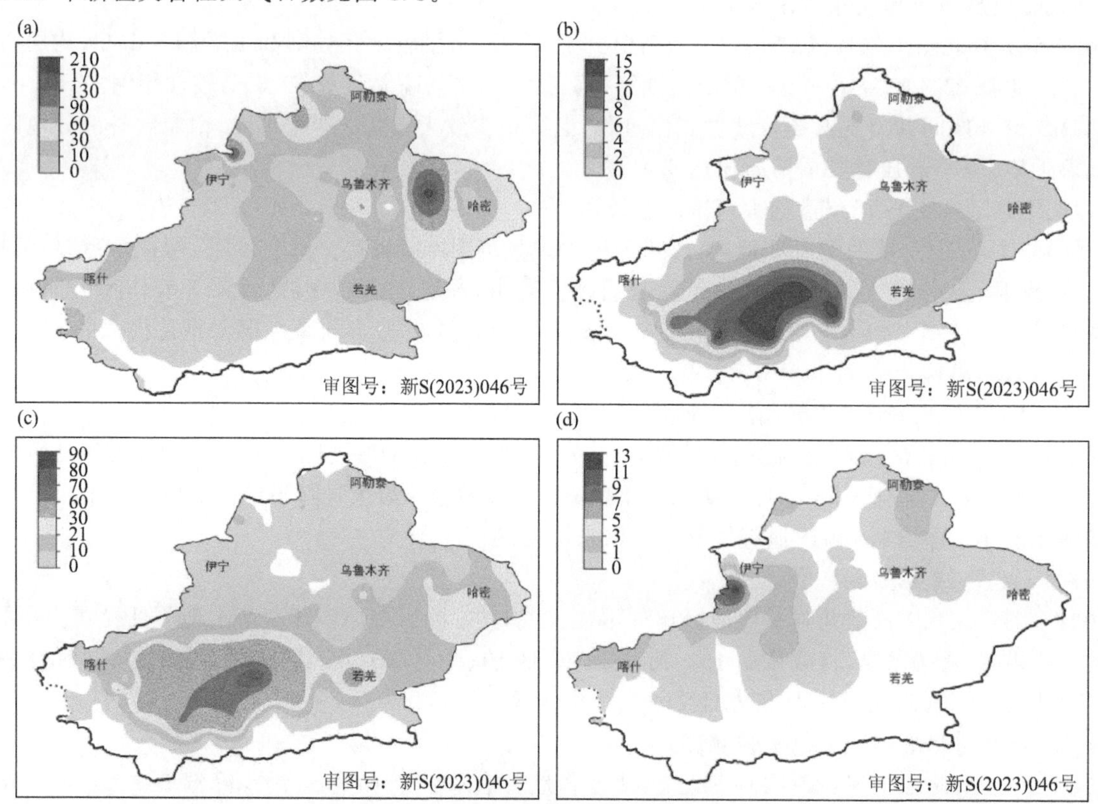

图 1.3 2021 年新疆灾害性天气日数分布

(a)大风日数(单位:d);(b)沙尘暴日数(单位:d);(c)扬沙日数(单位:d);(d))冰雹日数(单位:d)

第2章　2021年天气过程索引表

序号	起止时间 （××月××日××时）	天气性质	强度	灾情
1	2020123120—2021010408	寒潮、降雪、大风	中度	无
2	010418—010720	降雪、大风	弱	无
3	010720—011008	降雪、大风	弱	无
4	011220—011420	寒潮、暴雪、大风	中度	无
5	012002—012114	降雪、大风	弱	无
6	012220—012408	寒潮、暴雪、大风	强	有
7	012408—012708	降雪、大风	弱	无
8	020208—020320	降雪、大风	弱	无
9	020823—021020	暴雪、大风	中度	有
10	021020—021302	暴雪、大风	中弱	无
11	022002—022105	降雪、大风	中弱	无
12	022105—022320	降雪、大风	中弱	无
13	022501—022708	寒潮、暴雪、大风	强	有
14	022708—030108	降雪、大风	弱	有
15	030208—030502	暴雪、大风、霜冻	中弱	无
16	030508—030614	降雪、大风、霜冻	中弱	无
17	031108—031214	降雪、大风	弱	有
18	031314—031411	寒潮、大风	中弱	无
19	031417—031614	降雪、大风、沙尘暴	中度	无
20	031614—031914	降雪、大风、霜冻	中度	有
21	032405—032421	降雪、大风	弱	无
22	032602—032708	暴雪、大风	中弱	无
23	032808—033120	暴雨、大风、霜冻、冰雹	强	有
24	40102—040514	暴雨、暴雪、大风、霜冻、冰雹	强	有
25	040520—040917	暴雨、暴雪、大风、霜冻	中度	有
26	040917—041217	降水、大风、霜冻	弱	有
27	041220—041505	降水、大风、沙尘暴	弱	无
28	041508—041708	降水、大风	弱	无
29	041708—041814	降水、大风	弱	无

续表

序号	起止时间 (××月××日××时)	天气性质	强度	灾情
30	041820—042008	降水、大风	弱	无
31	042020—042508	寒潮、暴雪、大风、沙尘暴	强	无
32	050102—050220	暴雨、大风、沙尘暴	中强	有
33	050717—051000	暴雨、大风	中弱	有
34	051020—051308	暴雨、大风、沙尘暴	中度	有
35	051308—051417	暴雨、大风	中度	有
36	051417—051820	暴雨、大风、沙尘暴	中度	有
37	051914—052302	暴雨、大风	强	有
38	052717—053008	暴雨、大风	中弱	无
39	053008—060220	暴雨、大风、沙尘暴	中弱	无
40	060408—060620	暴雨、大风、沙尘暴	中强	有
41	060708—061008	暴雨、大风、沙尘暴	中弱	有
42	061008—061308	暴雨、大风、冰雹	中弱	有
43	061420—061914	暴雨	强	有
44	061914—062111	暴雨、大风	中弱	有
45	062205—062408	暴雨、大风、冰雹	中度	有
46	062408—062814	暴雨、大风	中强	无
47	070208—071020	高温	强	无
48	070514—070705	暴雨、大风、沙尘暴	弱	无
49	070705—070908	暴雨、大风	弱	无
50	070908—071020	暴雨、大风	弱	无
51	071020—071309	暴雨、大风	中强	有
52	071309—071520	暴雨、大风、冰雹	中度	有
53	071520—071820	暴雨、大风	中弱	有
54	071820—072220	暴雨、大风	强	有
55	072220—072420	暴雨、大风	弱	无
56	072408—072820	高温	中强	无
57	072920—080120	暴雨、大风	中度	无
58	080120—080320	暴雨、大风	弱	无
59	080320—080620	暴雨、大风	弱	无
60	080714—080914	暴雨、大风	弱	无
61	0080917—081120	暴雨、冰雹、大风、沙尘暴	中弱	有
62	081217—081408	暴雨、冰雹、大风	弱	有
63	081408—081608	暴雨、大风、沙尘暴、霜冻	中度	有

续表

序号	起止时间 （××月××日××时）	天气性质	强度	灾情
64	081608—081820	暴雨、冰雹、大风、沙尘暴	中强	有
65	081920—082023	暴雨、大风	弱	无
66	082414—082809	暴雨、大风	弱	无
67	082808—083108	暴雨、大风、沙尘暴	弱	无
68	083108—090220	暴雨、大风、沙尘暴	中强	无
69	090220—090420	暴雨、冰雹、大风	中弱	有
70	090914—091120	降雨、大风	弱	无
71	091211—091320	雨雪、大风	弱	无
72	091420—091502	雨雪、大风	弱	无
73	091920—092208	雨雪、寒潮、霜冻、大风	中弱	无
74	092408—092520	雨雪、寒潮、霜冻、大风	中弱	无
75	093020—100320	暴雨、寒潮、霜冻、大风、沙尘暴	强	有
76	100602—100908	暴雨雪、寒潮、霜冻、大风	中强	无
77	101020—101320	暴雨雪、寒潮、霜冻、大风	中度	无
78	102120—102406	暴雨雪、寒潮、霜冻、大风	中弱	无
79	103108—110220	暴雪、寒潮、霜冻、大风	中度	无
80	110320—110520	暴雪、寒潮、霜冻、大风、沙尘暴	强	无
81	110520—110708	寒潮、霜冻、降雪、大风	弱	无
82	111420—111608	暴雪、寒潮、大风	中弱	无
83	111720—112008	暴雪、寒潮、大风	中度	有
84	112308—112420	暴雪、大风	中弱	无
85	112605—112814	暴雪、寒潮、大风	中强	无
86	120706—120808	寒潮、降雪、大风	弱	无
87	120808—121014	寒潮、降雪、大风	中强	无
88	121302—121708	寒潮、降雪、大风	中度	无
89	122008—122208	寒潮、降雪、大风	中弱	无

第 3 章　2021 年中度及以上强度天气过程

3.1　2020 年 12 月 31 日 20 时至 2021 年 1 月 4 日 08 时北疆寒潮、大风

3.1.1　天气实况综述

天气类型	寒潮、大风	过程强度	中度
天气实况	①降雪:塔城地区、阿勒泰地区、石河子市、乌鲁木齐市、昌吉州、哈密市北部等地的部分区域和伊犁州、博州东部、阿克苏地区、巴州北部等地的局部区域累计降水量 0.1～3.0 mm,其中伊犁州、塔城地区、石河子市、乌鲁木齐市、昌吉州、哈密市北部等地的局部区域累计降水量 3.1～7.9 mm,最大降水中心位于塔城地区沙湾站(图 3.1a)。 ②风:伊犁州、博州、塔城地区北部、克拉玛依市、乌鲁木齐市南部、喀什地区、克孜勒苏柯尔克孜自治州(简称克州)、和田地区、阿克苏地区、巴州、哈密市等地出现 5～6 级西北或偏东风,风口风力 10～11 级,阵风 11 级左右。 ③降温:北疆大部、哈密市出现降温,其中塔城地区、阿勒泰地区、石河子市、乌鲁木齐市、昌吉州、阿克苏地区、喀什地区、克州、巴州北部、哈密市等地的大部气温下降 5～8 ℃,上述地区的部分区域气温下降 8 ℃以上,出现寒潮		
灾害性天气	寒潮	寒潮站数:291 站・次(其中强寒潮 61 站・次、特强寒潮 30 站・次):其中 1 日塔城地区北部、阿勒泰地区、喀什地区、阿克苏地区等地共 34 站寒潮、6 站强寒潮、1 站特强寒潮,2 日博州、塔城地区北部、阿勒泰地区、喀什地区、克州、巴州等地共 33 站寒潮、6 站强寒潮、7 站特强寒潮,3 日伊犁州、塔城地区、阿勒泰地区、昌吉州、和田地区、哈密市等地共 77 站寒潮、34 站强寒潮、14 站特强寒潮,4 日伊犁州、克拉玛依市、昌吉州、巴州、克州、和田地区等地共 56 站寒潮、15 站强寒潮、8 站特强寒潮。 日最大降温中心:2 日巴州且末县塔中镇一号井站(区域站)降温 17.9 ℃,塔城地区裕民站(国家站)降温 7.8 ℃(图 3.1b)。 过程最低气温:4 日阿勒泰地区富蕴县吐尔洪乡拜依格托别村站(区域站)最低气温－39.5 ℃,4 日阿勒泰地区青河县－34.6 ℃(图 3.1c)	
	大风	大风站数:伊犁州、博州、塔城地区北部、克拉玛依市、乌鲁木齐市南部、喀什地区、克州、和田地区、阿克苏地区、巴州、哈密市等地共 56 站出现 8 级以上大风,其中 10 级以上 8 站(图 3.1d)。 过程极大风速中心:区域站为巴州和静县阿拉沟乡奎先达坂站 33.6 m/s(12 级,4 日 02:41);国家站为哈密市伊州区十三间房站 25.4 m/s(10 级,4 日 01:21)	
	大雪	大雪站数:共计 2 站,2 日塔城地区沙湾站(7.9 mm)、石河子市乌兰乌苏站(6.2 mm)。 单日最大降雪中心:塔城地区沙湾站 2 日 7.9 mm	

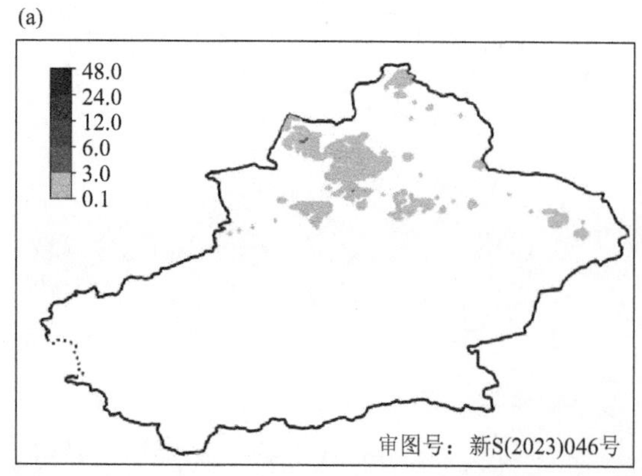

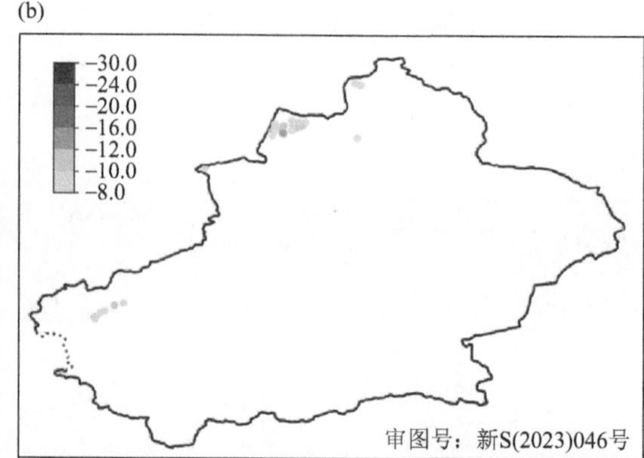

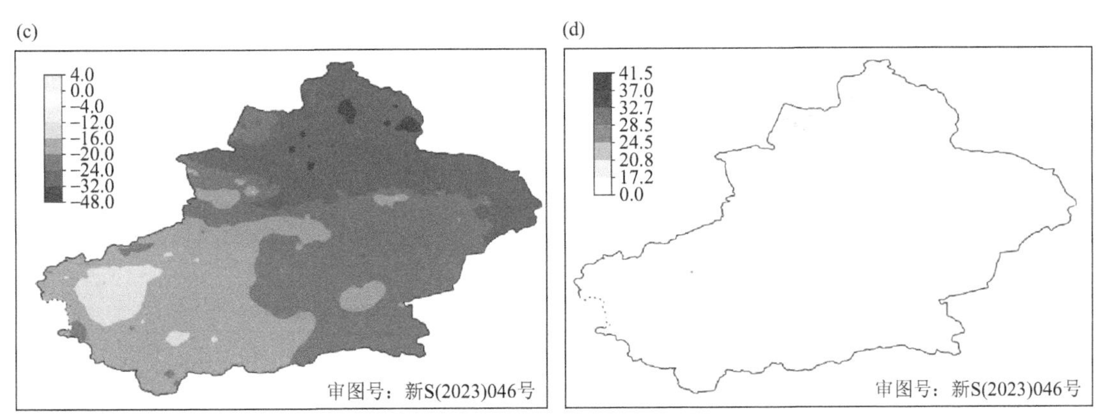

图3.1 (a)2020年12月31日20时至2021年1月4日08时过程累计降水量(单位:mm);(b)1月2日最低气温24 h降温幅度(单位:℃);(c)过程最低气温(单位:℃);(d)过程极大风速(单位:m/s)

3.1.2 环流形势

影响系统:100～200 hPa偏西急流,500 hPa西伯利亚低涡低槽、锋区,700～850 hPa偏西急流,地面冷高压、冷锋。

100～200 hPa:新疆受极涡底部锋区控制,1月2日20时200 hPa偏西急流核最大风速达44 m/s(图3.2a)。

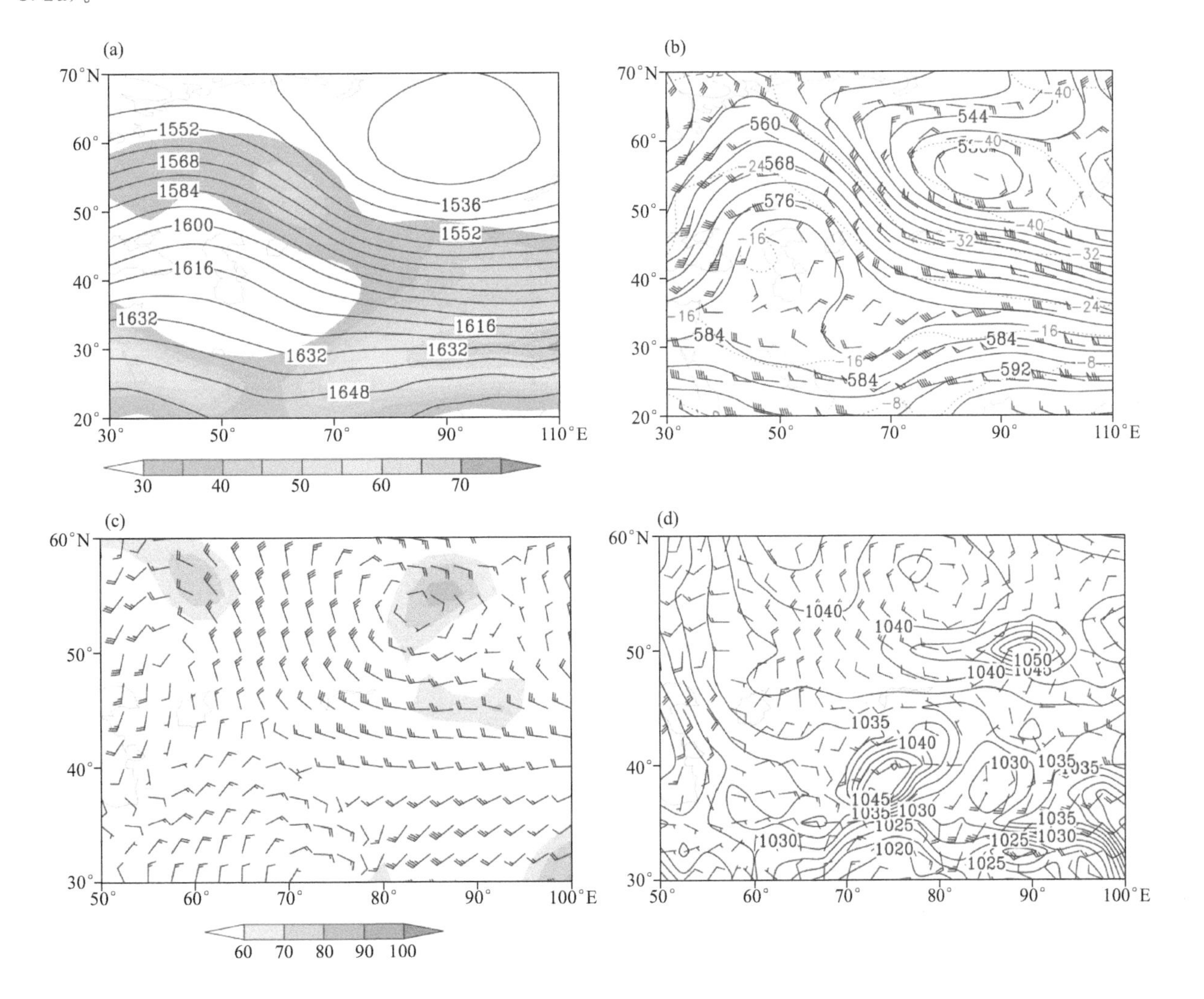

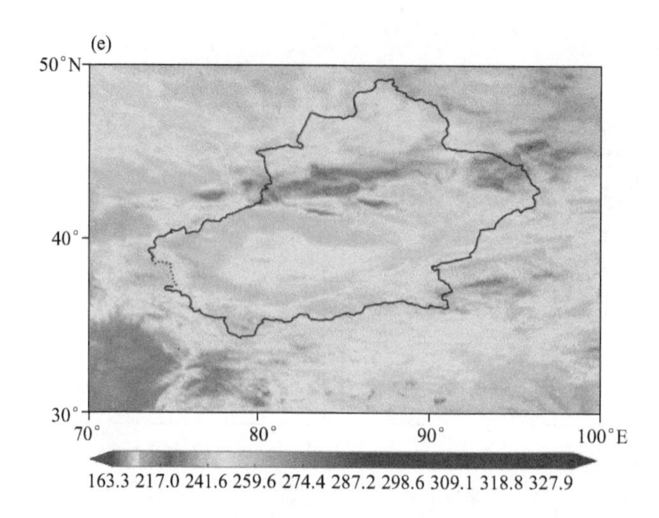

图 3.2 2021 年 1 月 1 日环流形势及 2 日 FY-4A 红外云图
(a)1 月 1 日 08 时 100 hPa 高度场(实线,单位:dagpm)和 200 hPa 风速≥30 m/s 的急流(填色区,单位:m/s);
(b) 1 月 1 日 08 时 500 hPa 高度场(黑实线,单位:dagpm)、风场(单位:m/s)和温度场(红虚线,单位:℃);
(c) 1 月 2 日 08 时 700 hPa 风场(单位:m/s)和相对湿度(填色区,%);(d) 1 月 1 日 08 时海平面气压
(实线,单位:hPa)和 850 hPa 风场(单位:m/s);(e)1 月 2 日 08:49 FY-4A 红外云图(单位:K)

500 hPa:1 日 08 时欧亚范围中高纬为“两槽一脊”型,西伯利亚地区为低涡,东欧至乌拉尔山为高压脊,中纬度锋区多短波槽活动。2 日东欧脊顶向东南衰退,西西伯利亚低涡减弱成槽,高压脊前偏北气流输送冷空气,致使西西伯利亚低槽东移南下,由于下游系统阻挡,且乌拉尔山脊前不断有冷空气顺西北风补充至西西伯利亚,伴随西西伯利亚低槽东移南下,造成北疆降温降水大风天气;3 日低涡减弱成槽快速东移,冷空气东灌造成南疆偏东大风(图 3.2b)。

700～850 hPa:2 日北疆北部 700 hPa 有低空急流(风速 16～22 m/s)、850 hPa 有弱切变(图 3.2c)。

地面:中心强度为 1055 hPa 的冷高压沿西方路径进入北疆(图 3.2d)。

3.2 1 月 12 日 20 时至 14 日 20 时北疆寒潮、暴雪、大风

3.2.1 天气实况综述

<table>
<tr><td>天气类型</td><td colspan="2">寒潮、暴雪、大风</td><td>过程强度</td><td>中度</td></tr>
<tr><td>天气实况</td><td colspan="4">①降雪:伊犁州、塔城地区、阿勒泰地区、石河子市南部、乌鲁木齐市、昌吉州、克州北部山区等地的部分区域和博州、哈密市北部等地的局部区域累计降水量 0.1～3.0 mm,其中伊犁州大部、塔城地区北部、阿勒泰地区大部、昌吉州东部山区、克州北部山区等地累计降水量 3.1～12.0 mm,伊犁州北部、塔城地区北部、阿勒泰地区西部局地累计降水量 12.1～14.6 mm,最大降水中心位于阿勒泰地区吉木乃站(图 3.3a)。
②风:北疆大部和喀什地区、克州、和田地区、巴州、哈密市等地出现 5～6 级西北风,风口风力 10～11 级,阵风 12 级左右。
③降温:伊犁州、塔城地区、阿勒泰地区中东部、石河子市、昌吉州、喀什地区、克州、和田地区、巴州等地的局部区域气温下降 5～8 ℃,上述地区局地气温下降 8 ℃以上,出现寒潮;塔城地区北部、阿勒泰地区、昌吉州山区、哈密市山区局地气温下降 10 ℃以上,出现强寒潮或特强寒潮</td></tr>
<tr><td>灾害性天气</td><td>暴雪</td><td colspan="3">暴雪站数:共计 1 站,13 日 1 站阿勒泰地区吉木乃站(14.6 mm)。
单日最大降雪中心:阿勒泰地区吉木乃站 14.6 mm(13 日)</td></tr>
</table>

续表

灾害性天气	大风	大风站数：博州西部、塔城地区北部、乌鲁木齐市南部、喀什地区、克州、阿克苏地区北部、巴州、哈密市等地共 199 站出现 8 级以上大风，其中 10 级以上 47 站(图 3.3b)。 过程极大风速中心：区域站为巴州和静县阿拉沟乡奎先达坂站 36.8 m/s(12 级，13 日 22:02)；国家站为塔城地区和布克赛尔站 29.2 m/s(11 级，13 日 18:33)
	寒潮	寒潮站数：245 站・次(其中强寒潮 57 站・次、特强寒潮 84 站・次)：其中 13 日伊犁州、塔城地区北部、阿勒泰地区、乌鲁木齐市南部、昌吉州等地共 49 站寒潮(其中强寒潮 12 站、特强寒潮 8 站)，13 日伊犁州、博州、塔城地区北部、阿勒泰地区、昌吉州、哈密市等地共 196 站寒潮(其中强寒潮 45 站、特强寒潮 76 站)。 日最大降温中心：14 日 阿勒泰地区哈巴河县萨尔布拉克镇克孜勒哈克村站(区域站)降温 20.5 ℃，塔城地区裕民站(国家站)降温 12.8 ℃(图 3.3c)。 过程最低气温：14 日阿勒泰地区富蕴县吐尔洪乡拜依格托别村站(区域站)最低气温−33.2 ℃、巴音布鲁克站(国家站)最低气温−36.2 ℃(图 3.3d)

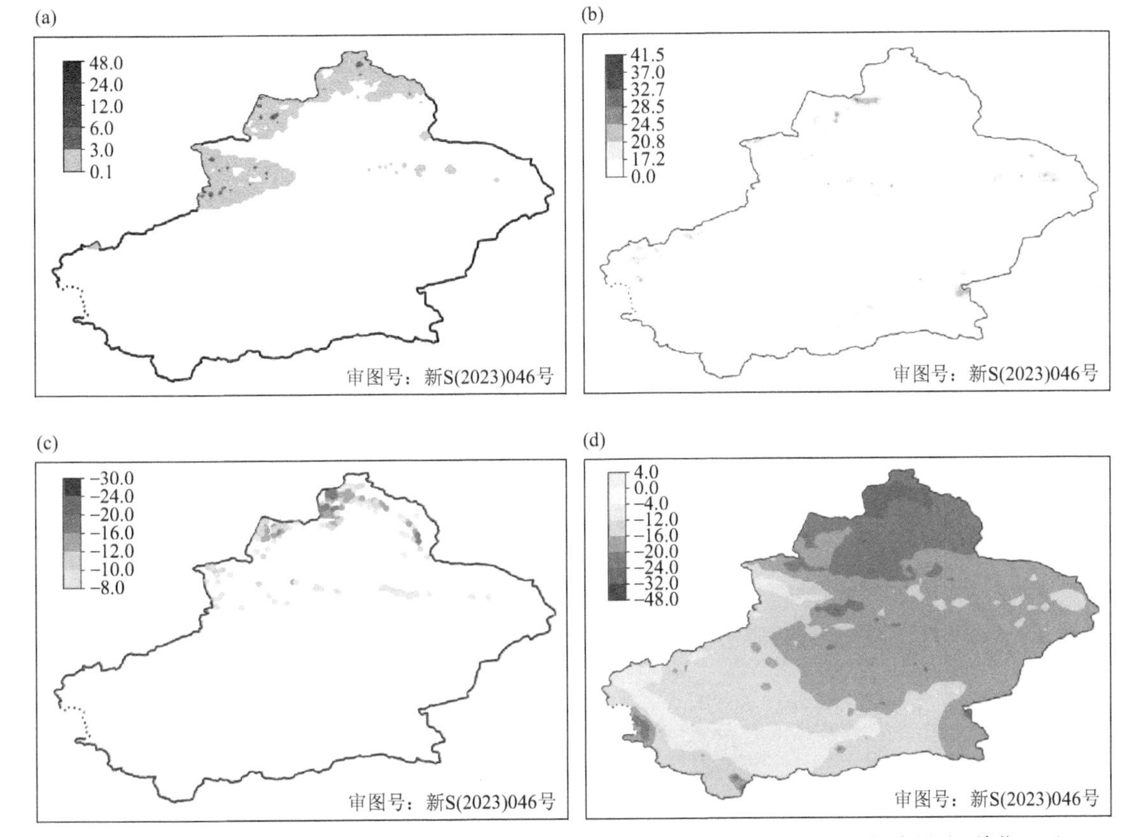

图 3.3　(a) 1 月 12 日 20 时至 14 日 08 时过程累计降水量(单位：mm)；(b) 过程极大风速(单位：m/s)；(c) 1 月 14 日最低气温 24 h 降温幅度(单位：℃)；(d) 过程最低气温(单位：℃)

3.2.2　环流形势

影响系统：100～200 hPa 偏西急流，500 hPa 位于巴尔喀什湖的低涡，700～850 hPa 偏西急流，地面冷高压、冷锋。

100～200 hPa：新疆位于长波槽前，13 日 08 时 200 hPa 偏西急流核最大风速达 68 m/s(图 3.4a)。

500 hPa：12 日 08 时，500 hPa 欧亚范围内中高纬为经向环流，东欧脊与里海-咸海北部低涡呈“北脊南涡”型，东欧脊发展，脊前冷空气南下与低涡前部分裂冷空气结合，于 12 日 20 时在巴尔喀什湖北部形成低涡，受巴尔喀什湖北部低涡底部强锋区影响，北疆北部开始暖区降雪；13 日 08 时极锋锋区加强至 40 m/s，暖区降雪强度最强。随后东欧脊衰退，推动低涡减弱成槽东移，对北疆其他地区造成降雪降温大风天气(图 3.4b)。

700～850 hPa：12 日 20 时至 13 日 20 时，北疆北部 700 hPa(风速 20～24 m/s)和 850 hPa(风速 12～

16 m/s)有低空急流(图 3.4c)。

地面:12 日 20 时,北疆北部处于 1007.5 hPa 低压底部减压区,13 日 20 时 1040 hPa 冷高压沿西北路径东移南下,14 日新疆北部受冷高压底前部锋区影响,最大中心强度 1050 hPa(图 3.4d)。

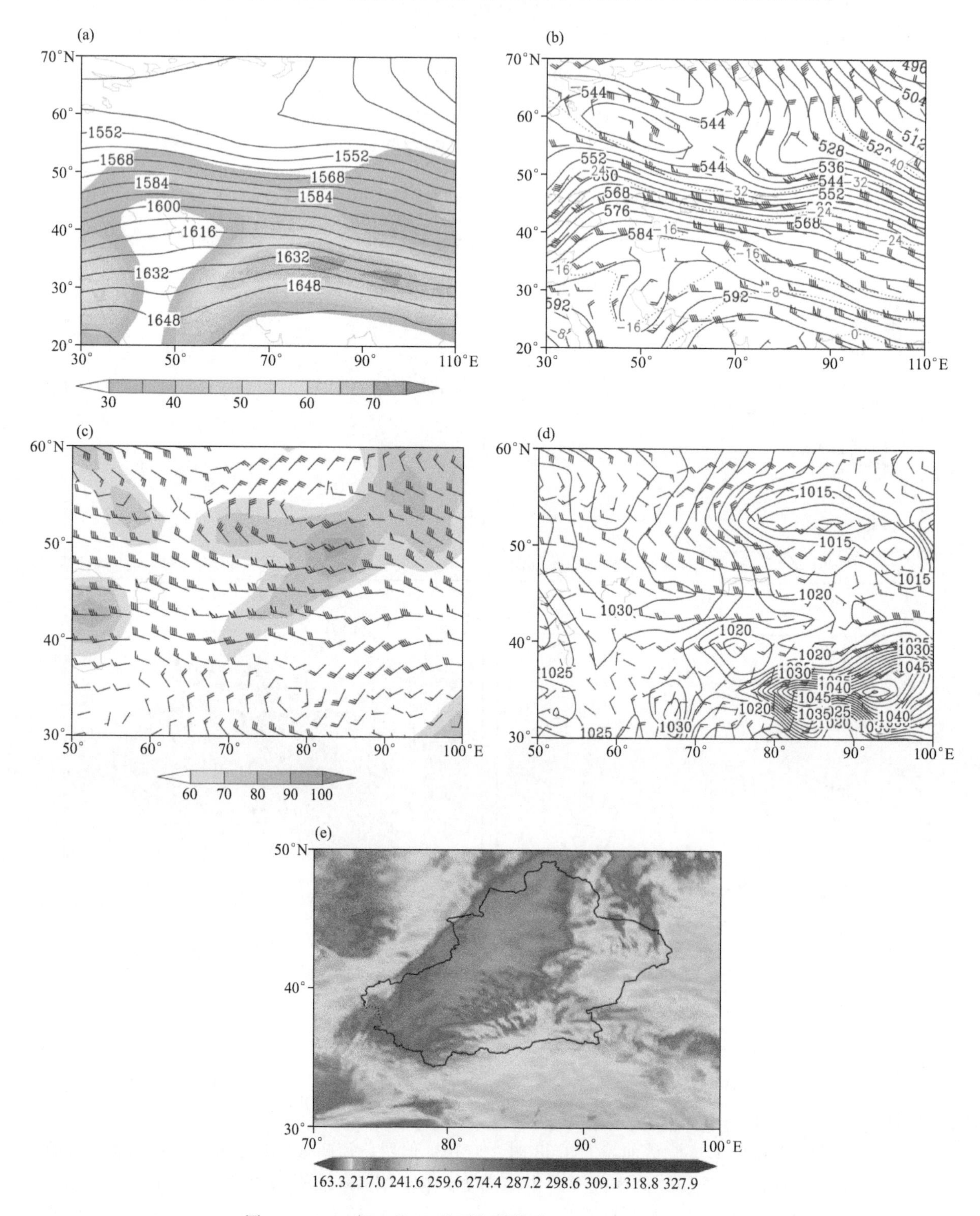

图 3.4　2021 年 1 月 13 日环流形势及 13 日 FY-4A 红外云图

(a) 1 月 13 日 08 时 100 hPa 高度场(实线,单位:dagpm)和 200 hPa 风速≥30 m/s 的急流(填色区,单位:m/s);(b) 1 月 13 日 08 时 500 hPa 高度场(黑实线,单位:dagpm)、风场(单位:m/s)和温度场(红虚线,单位:℃);(c) 1 月 13 日 08 时 700 hPa 风场(单位:m/s)和相对湿度(填色区,%);(d) 1 月 13 日 08 时海平面气压(实线,单位:hPa)和 850 hPa 风场(单位:m/s);(e)1 月 13 日 01:30 FY-4A 红外云图(单位:K)

3.3 1月22日20时至24日08时北疆寒潮、暴雪、大风

3.3.1 天气实况综述

<table>
<tr><td>天气类型</td><td colspan="2">寒潮、暴雪、大风</td><td>过程强度</td><td>强</td></tr>
<tr><td>天气实况</td><td colspan="4">①降雪：北疆大部和阿克苏地区北部、哈密市北部山区出现小雪，伊犁州东部山区、博州、塔城北部、石河子、乌鲁木齐、昌吉等地的部分区域累计降水量6.1～18.2 mm，乌鲁木齐市和伊犁州、昌吉州的局地累计降水量12.5～18.2 mm，最大降水中心位于乌鲁木齐站(图3.5a)。
②风：北疆大部和喀什地区、克州、和田地区、阿克苏地区北部、巴州、吐鲁番、哈密市有5～6级西北风，风口风力11～13级，阵风14级。
③降温：北疆偏西偏北、天山山区、阿勒泰地区东部、昌吉州东部气温下降8～10 ℃，出现寒潮，山区局地气温下降10 ℃以上，出现强寒潮或特强寒潮</td></tr>
<tr><td rowspan="3">灾害性天气</td><td>寒潮</td><td colspan="3">寒潮站数：361站・次(其中强寒潮99站・次、特强寒潮39站・次)；其中23日伊犁州、塔城地区北部、阿勒泰地区、乌鲁木齐市、昌吉州、哈密市等地共183站寒潮(其中强寒潮60站、特强寒潮28站)，24日南疆西部和伊犁州、塔城地区北部、阿勒泰地区、乌鲁木齐市、昌吉州、巴州、吐鲁番市、哈密市等地共178站寒潮(其中强寒潮39站、特强寒潮11站)。
日最大降温中心：23日乌鲁木齐市乌鲁木齐县水西沟镇丝绸之路滑雪场站(区域站)降温16.5 ℃，昌吉州北塔山站(国家站)降温10.6 ℃(图3.5b)。
过程最低气温：24日阿勒泰地区富蕴县吐尔洪乡拜依格托别村站(区域站)最低气温−33.2 ℃、巴州巴音布鲁克站(国家站)最低气温−28.8 ℃(图3.5c)</td></tr>
<tr><td>暴雪</td><td colspan="3">暴雪站数：共计9站，23日乌鲁木齐市7站、昌吉州阜康市1站、伊犁州霍城县1站。
单日最大降雪中心：乌鲁木齐站17.8 mm(23日)</td></tr>
<tr><td>大风</td><td colspan="3">大风站数：北疆偏西偏北、天山北坡、喀什地区山区、克州山区、阿克苏地区西部、巴州、吐鲁番市、哈密市等地共515站出现8级以上大风，其中10级以上133站(图3.5d)。
过程极大风速中心：区域站为塔城地区托里县加尔巴斯洪沟站44.8 m/s(14级，22日23:27)；国家站为哈密市伊州区十三间房站38.6 m/s(13级，23日14:55)</td></tr>
<tr><td>灾情</td><td colspan="4">1月22日夜间至23日大风，造成克拉玛依市城市设施受损</td></tr>
</table>

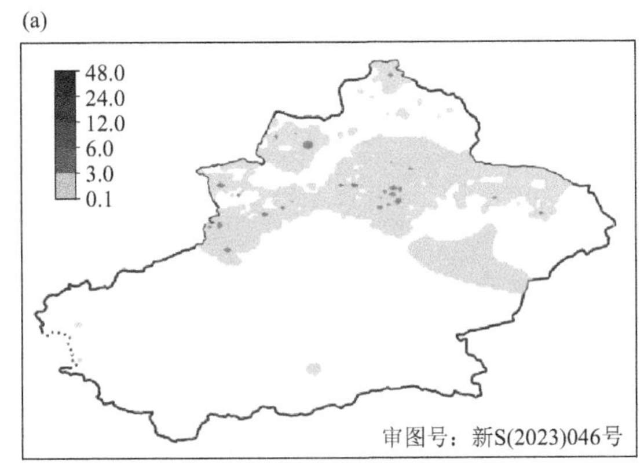

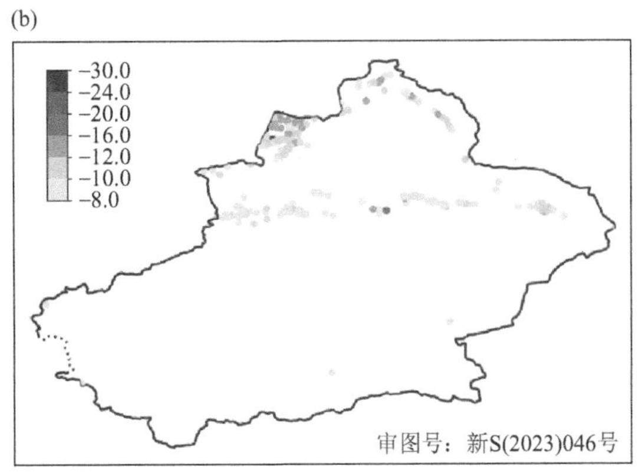

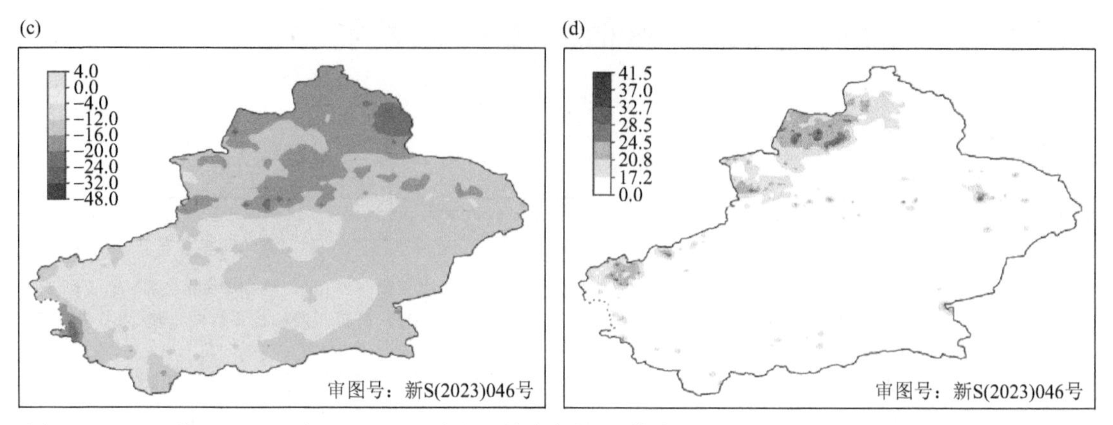

图 3.5 (a) 1 月 22 日 20 时至 24 日 08 时过程累计降水量(单位:mm);(b) 1 月 23 日最低气温 24 h 降温幅度(单位:℃);(c) 过程最低气温(单位:℃);(d) 过程极大风速(单位:m/s)

3.3.2 环流形势

影响系统:100～200 hPa 急流,500 hPa 西西伯利亚低槽,700～850 hPa 急流,地面强冷高压、冷锋。

100～200 hPa:新疆受西北急流控制,23 日 08 时 200 hPa 西北急流核最大风速达 44 m/s(图 3.6a)。

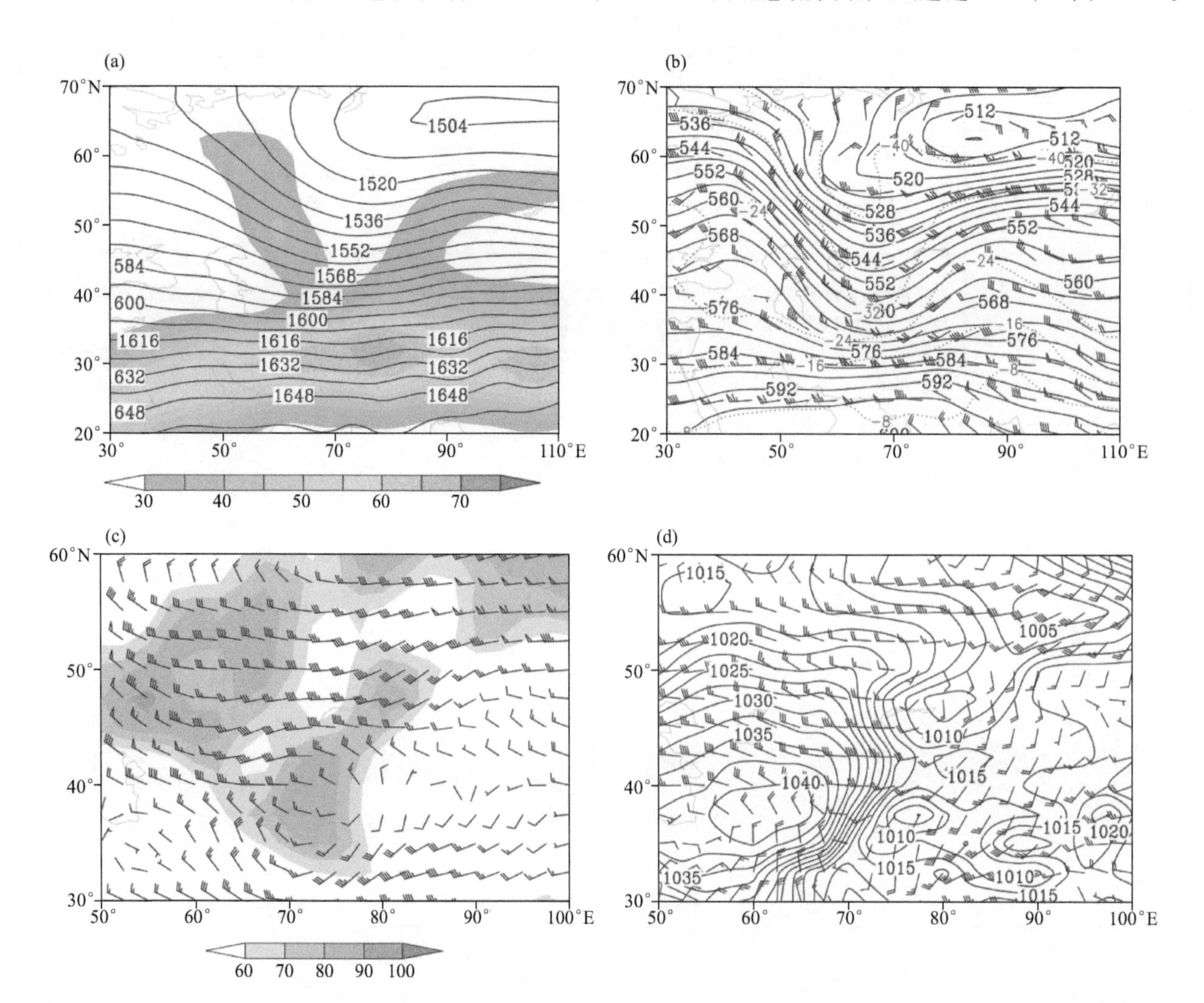

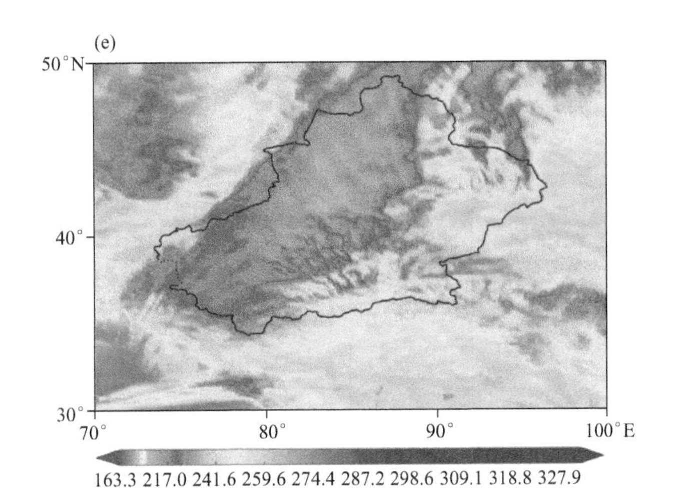

图 3.6　2021 年 1 月 22 日环流形势及 23 日 FY-4A 红外云图

(a)1 月 22 日 20 时 100 hPa 高度场(实线，单位：dagpm)和 200 hPa 风速≥30 m/s 的急流(填色区，单位：m/s)；(b) 1 月 22 日 20 时 500 hPa 高度场(黑实线，单位：dagpm)、风场(单位：m/s)和温度场(红虚线，单位：℃)；(c) 1 月 22 日 20 时 700 hPa 风场(单位：m/s)和相对湿度(填色区，%)；(d) 1 月 22 日 08 时海平面气压(实线，单位：hPa)和 850 hPa 风场(单位：m/s)；(e)1 月 23 日 08:30 FY-4A 红外云图(单位：K)

500 hPa：欧亚范围中高纬为“两槽一脊”的经向环流，西伯利亚至里海-咸海地区为低槽活动区，22 日 08 时东欧脊发展，引导冷空气南下堆积，配合有－47 ℃冷中心，环流经向度进一步发展，西西伯利亚低槽分裂短波与中亚低槽汇合，中纬度锋区加强，随后上游脊推动低槽整体东移，锋区南压，中亚低槽快速东移，造成此次北疆大部寒潮暴雪大风天气过程(图 3.6b)。

700～850 hPa：北疆西部北部存在西北风与西南风的切变线，中天山有偏北风与天山地形的辐合，地形强迫抬升有利于垂直上升运动发展，22 日 20 时 850hPa 有 18～28 m/s 偏西急流，23 日 20 时 700 hPa 偏西急流最大风速达 18 m/s(图 3.6c)。

地面：冷高压路径为西北路径，高压中心东移南下过程中不断增强，22 日 08 时高压前沿进入新疆北部，高压底部有明显的冷锋压至天山附近，并稳定少动(图 3.6d)。

3.4　2 月 8 日 23 时至 10 日 20 时北疆局地暴雪、大风

3.4.1　天气实况综述

<table>
<tr><td>天气类型</td><td colspan="2">暴雪、大风</td><td>过程强度</td><td>中</td></tr>
<tr><td>天气实况</td><td colspan="4">①降雪：北疆各地、哈密市北部出现微到小雨或雨夹雪转雪，其中伊犁州、塔城地区北部、阿勒泰地区、石河子市、克拉玛依市、乌鲁木齐市等地累计降水量 6.1～12.0 mm，伊犁州、塔城地区北部、阿勒泰地区等地累计降水量 12.1～38.9 mm，最大降水中心位于伊犁州霍尔果斯县霍尔果斯站旧址站(图 3.7a)。
②风：北疆、东疆、南疆普遍出现 5～6 级西北风，风口风力 10～13 级</td></tr>
<tr><td rowspan="2">灾害性天气</td><td>暴雪</td><td colspan="3">暴雪站数：共计 18 站，9 日伊犁州 3 站、阿勒泰地区西部 1 站、塔城地区北部 1 站、喀什地区山区 1 站，10 日伊犁州 10 站、阿勒泰地区东部 2 站。
单日最大降雪中心：霍尔果斯站旧址站 24.0 mm(9 日)</td></tr>
<tr><td>大风</td><td colspan="3">大风站数：伊犁州、博州西部、塔城地区北部、阿勒泰地区、克拉玛依市、乌鲁木齐市南部、喀什地区山区、克州山区、阿克苏地区、巴州、吐鲁番市、哈密市等地共 177 站出现 8 级以上大风，其中 10 级以上 34 站(图 3.7b)。
过程极大风速中心：区域站为巴州和静县奎先达坂站 38.8 m/s(13 级，10 日 16:16)；国家站为哈密市伊州区十三间房站 32.8 m/s(12 级，10 日 16:00)</td></tr>
<tr><td>灾情</td><td colspan="4">2 月 10 日 00 时至 18 时暴雪，造成伊犁州伊宁市农业设施受损</td></tr>
</table>

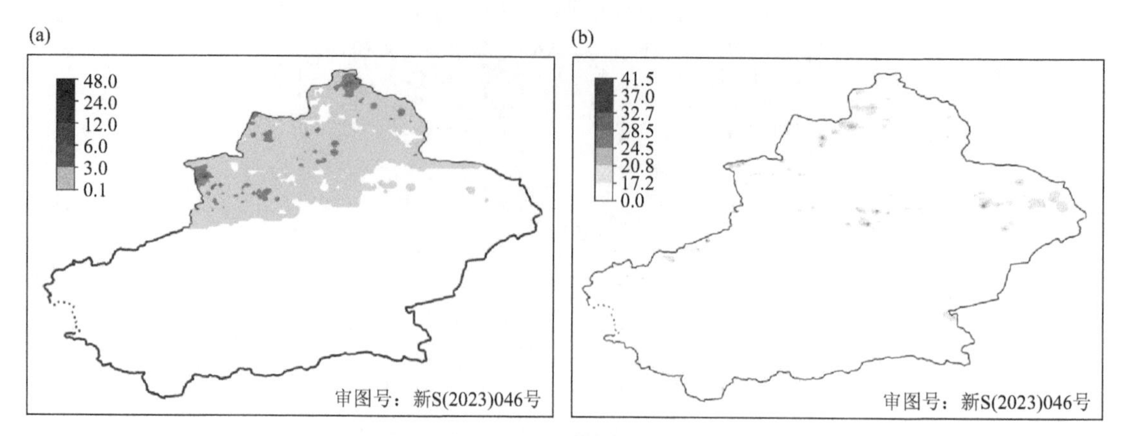

图 3.7 (a) 2 月 8 日 23 时至 10 日 20 时过程累计降水量(单位:mm);(b) 过程极大风速(单位:m/s)

3.4.2 环流形势

影响系统:100～200 hPa 偏西急流,500 hPa 西西伯利亚低槽,700～850 hPa 急流,地面强冷高压、冷锋。

100～200 hPa:新疆受偏西急流控制,9 日 08 时 200 hPa 偏西急流核最大风速达 40 m/s(图 3.8a)。

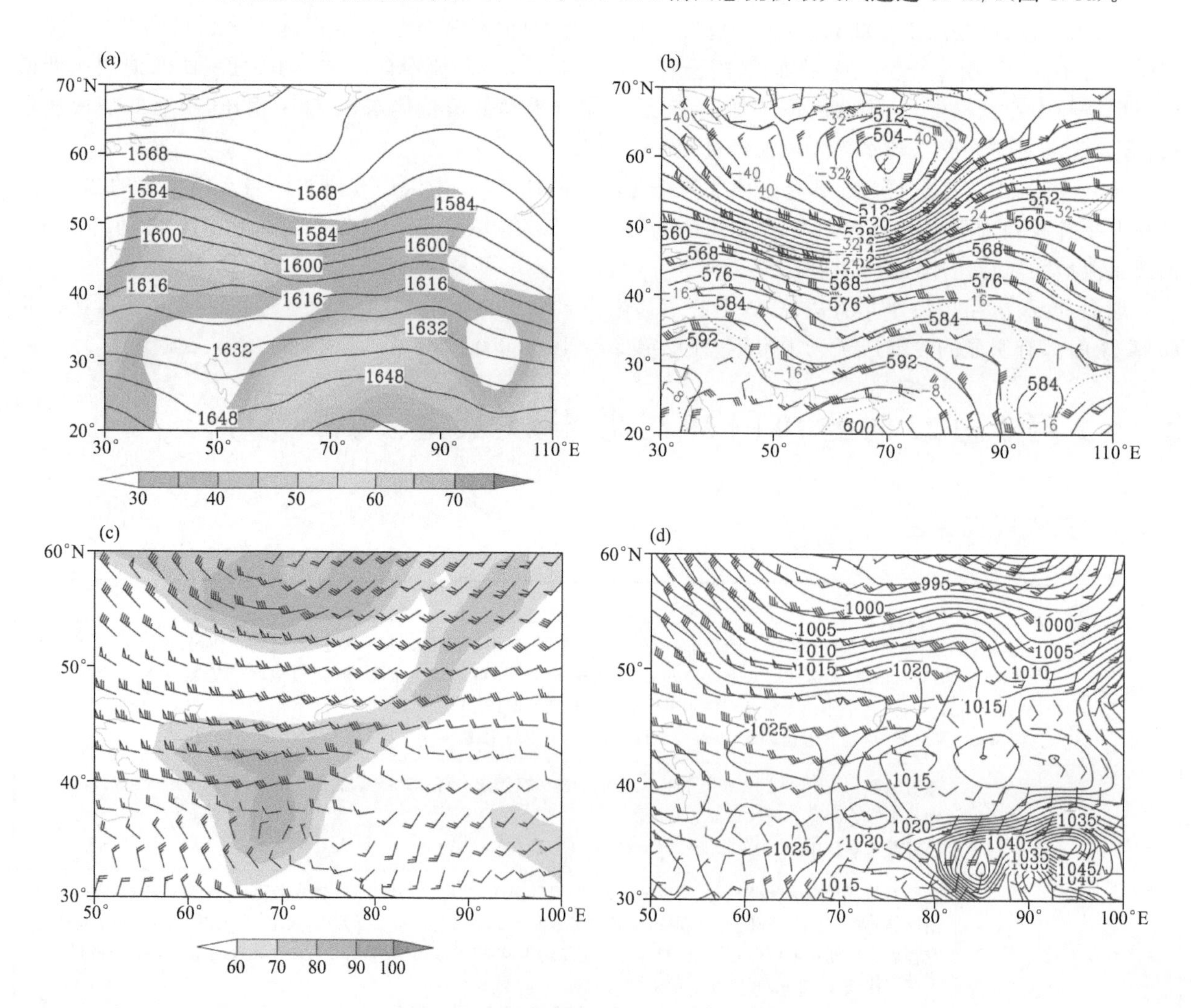

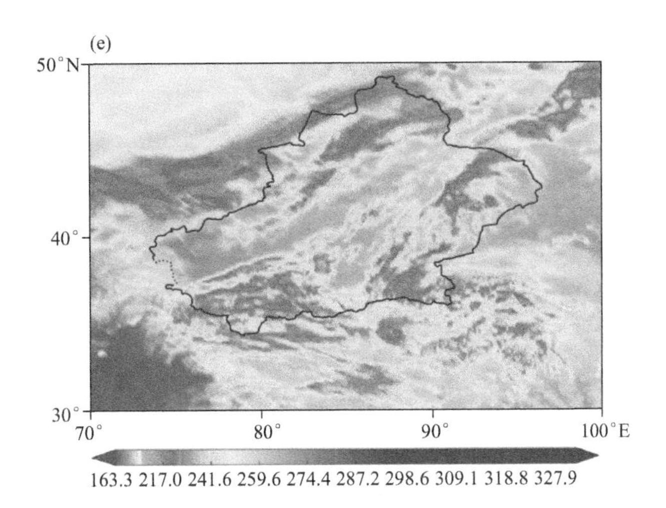

图3.8 2021年2月9日环流形势及9日FY-4A红外云图
(a)2月9日08时100 hPa高度场(实线,单位:dagpm)和200 hPa风速≥30 m/s的急流(填色区,单位:m/s);
(b) 2月8日20时500 hPa高度场(黑实线,单位:dagpm)、风场(单位:m/s)和温度场(红虚线,单位:℃);
(c) 2月9日08时700 hPa风场(单位:m/s)和相对湿度(填色区,%);(d) 2月9日08时海平面气压
(实线,单位:hPa)和850 hPa风场(单位:m/s);(e)2月9日21:15 FY-4A红外云图(单位:K)

500 hPa:欧亚范围中高纬为"两脊一槽"的经向环流,欧洲和贝加尔湖地区为高压脊,西西伯利亚至中亚地区为低槽。8日20时至9日20时,欧洲脊受不稳定小槽侵袭,向东南衰退,脊前北风带引导冷空气南下,西西伯利亚低槽底部强锋区南压,低值系统在逆转过程中不断分裂短波进入北疆,北疆多站$T-T_d<5$ ℃,湿度大,另外,下游脊较为稳定,低槽移动缓慢,长时间影响北疆地区,造成北疆强降雪天气(图3.8b)。

700~850 hPa:强降雪时北疆西北风(偏西风)明显加强,9日08时,伊犁河谷850 hPa(14 m/s)和700 hPa(22 m/s)出现偏西急流(图3.8c)。

地面:冷高压路径为西方路径,高压中心东移过程中不断增强,9日20时高压前沿进入新疆北部,10日08时中心强度达到1035.0 hPa,高压底部有明显的冷锋压至天山附近,并稳定少动(图3.8d)。

3.5 2月25日01时至27日08北疆寒潮、暴雪、大风

3.5.1 天气实况综述

天气类型	寒潮、暴雪、大风		过程强度	强
天气实况	①降雪:北疆大部、哈密市和喀什地区南部山区、克州山区、阿克苏地区、和田地区西部、巴州北部山区出现微到小雪,其中伊犁州山区、博州西部、塔城地区、阿勒泰地区西部、石河子市、乌鲁木齐市、昌吉州、哈密市北部、喀什地区南部山区、克州山区、阿克苏地区北部山区等地累计降雪量3.1~17.4 mm,最大降雪中心位于乌鲁木齐市达坂城区野生动物园站(图3.9a)。 ②风:北疆、东疆、南疆普遍出现5~6级西北风,风口风力11~13级,阵风14级。 ③降温:北疆偏西偏北、石河子市、乌鲁木齐市、昌吉州、哈密市气温下降8~10 ℃,出现寒潮,山区局地气温下降10 ℃以上,出现强寒潮或特强寒潮。 ④扬沙:喀什、库尔勒、十三间房、淖毛湖、红柳河站出现扬沙			
灾害性天气	暴雪	暴雪站数:共计7站,25日伊犁州霍城县1站;26日乌鲁木齐市4站、昌吉州吉木萨尔县1站;27日阿克苏地区拜城县1站。 单日最大降雪中心:阿克苏地区拜城县铁热克镇站16.8 mm(27日)		

续表

灾害性天气	大风	大风站数:北疆偏西偏北、天山北坡、喀什地区山区、克州山区、和田地区南部、阿克苏地区西部北部、巴州、吐鲁番市、哈密市等地共 492 站出现 8 级以上大风,其中 10 级以上 108 站(图 3.9b)。 过程极大风速中心:区域站为吐鲁番市托克逊县克尔碱镇站 39.4 m/s(13 级,26 日 04:08);国家站为哈密市伊州区十三间房站 40.3 m/s(13 级,26 日 03:40)
	寒潮	寒潮站数:760 站・次(其中强寒潮 187 站・次、特强寒潮 118 站・次)。其中,25 日伊犁州、塔城地区北部、喀什地区、巴州等地共 196 站寒潮(其中强寒潮 75 站、特强寒潮 30 站),26 日伊犁州、博州、塔城地区、阿勒泰地区、克拉玛依市、乌鲁木齐市、昌吉州、巴州、吐鲁番市、哈密市等地共 300 站寒潮(其中强寒潮 60 站、特强寒潮 24 站);27 日伊犁州、博州、塔城地区、阿勒泰地区、克拉玛依市、石河子市、乌鲁木齐市、昌吉州、巴州、克州、哈密市等地共 264 站寒潮(其中强寒潮 52 站、特强寒潮 64 站)。 日最大降温中心:27 日石河子市 150 团驼铃梦坡景区站(区域站)降温 17 ℃,石河子市莫索湾站(国家站)降温 14.2 ℃(图 3.9c)。 过程最低气温:27 日阿勒泰地区富蕴县吐尔洪乡拜依格托别村站(区域站)最低气温 −37.9 ℃、阿勒泰地区青河站(国家站)最低气温 −28.9 ℃(图 3.9d)
灾情	2 月 25 日至 27 日大风并伴有沙尘,造成吐鲁番市托克逊县农作物、林果业受损;2 月 26 日 20 时至 27 日出现暴雪,造成阿克苏地区拜城县拱棚损坏 15 座;2 月 27 日强降水,造成和田地区和田县农作物、家禽、农业设施、房屋受损;2 月 26 日至 28 日沙尘降水,造成和田地区策勒县农业设施、牲畜、房屋受损	

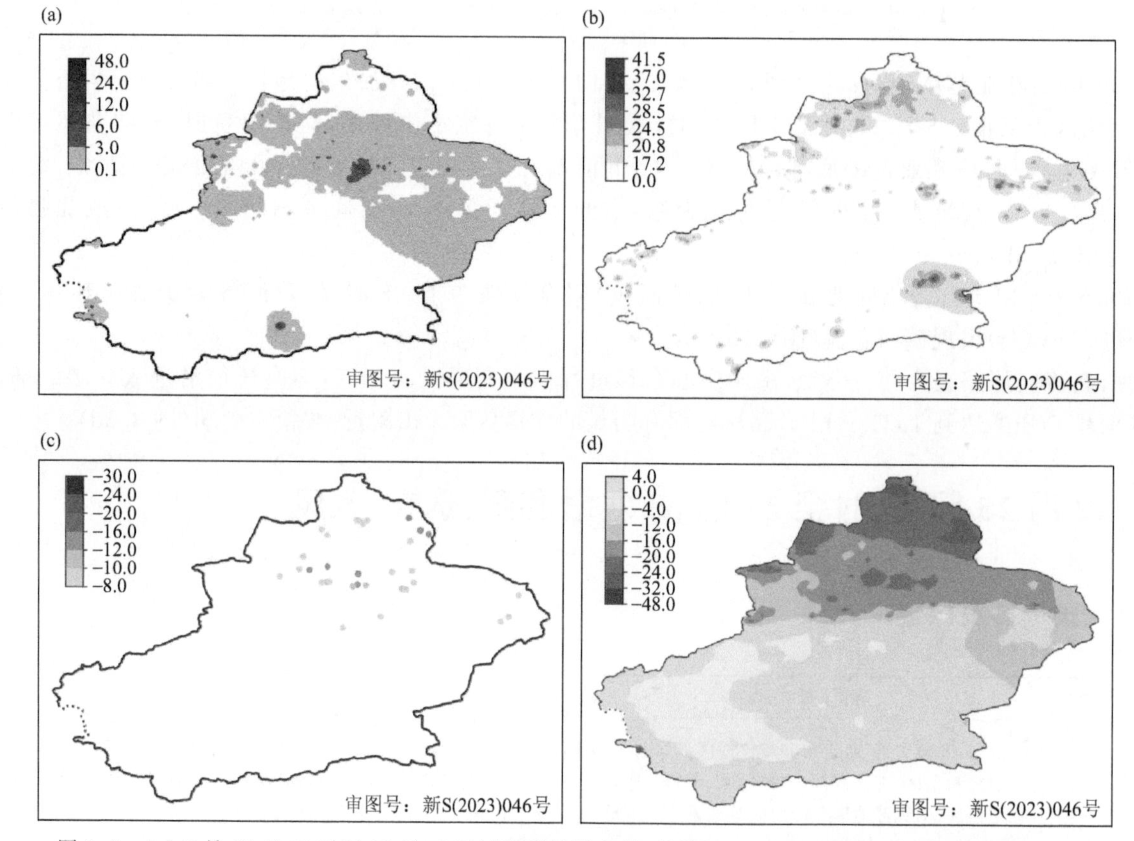

图 3.9 (a) 2 月 25 日 01 时至 27 日 08 时过程累计降水量(单位:mm);(b) 过程极大风速(单位:m/s);(c) 2 月 27 日最低气温 24 h 降温幅度(单位:℃);(d) 过程最低气温(单位:℃)

3.5.2 环流形势

影响系统:100~200 hPa 偏西急流,500 hPa 西西伯利亚低槽,700~850 hPa 急流,地面强冷高压、冷锋。

100~200 hPa:新疆受偏西急流控制,26 日 08 时 200 hPa 偏西急流核最大风速达 52 m/s(图 3.10a)。

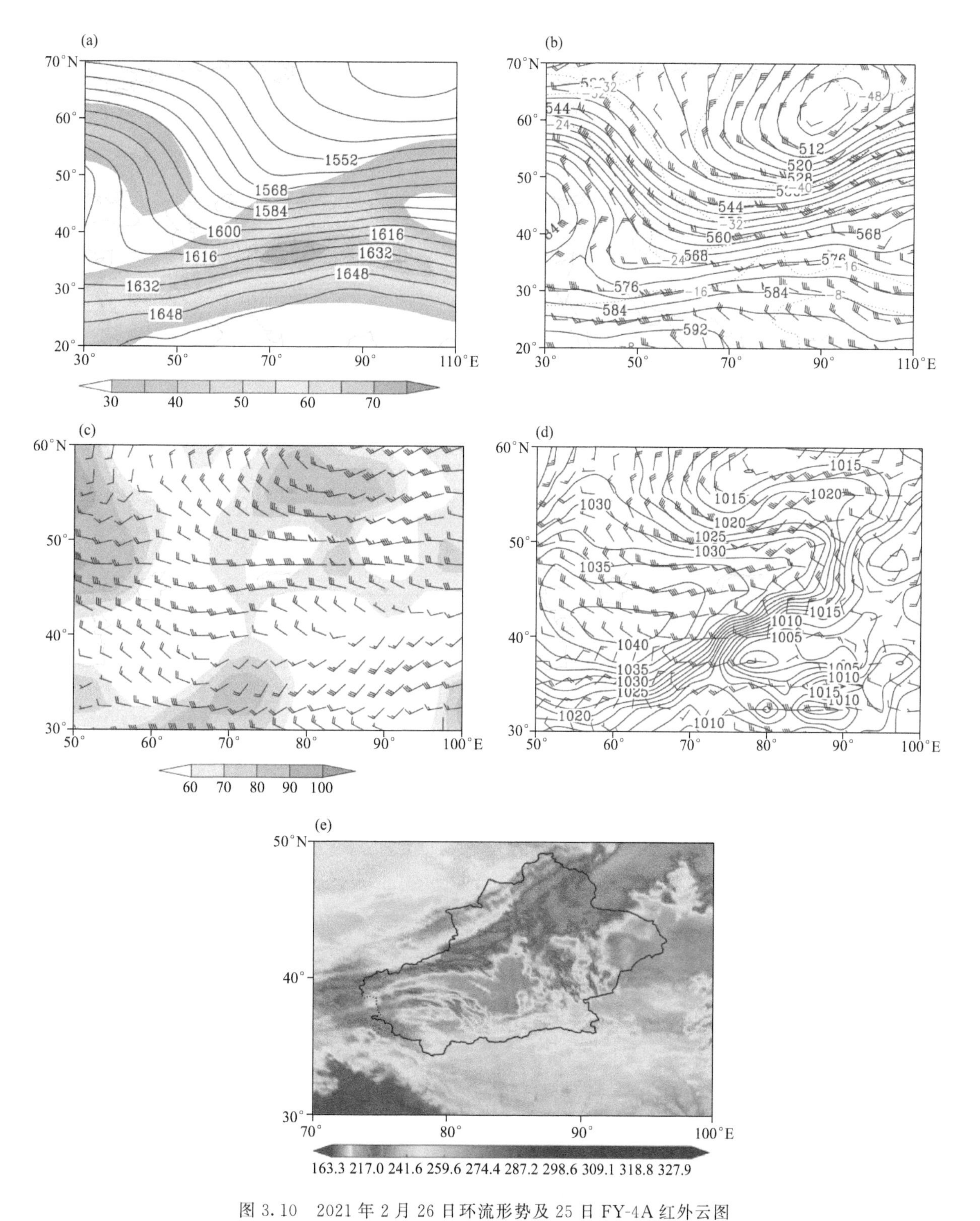

图 3.10　2021 年 2 月 26 日环流形势及 25 日 FY-4A 红外云图

(a)2 月 26 日 08 时 100 hPa 高度场(实线,单位:dagpm)和 200 hPa 风速≥30 m/s 的急流(填色区,单位:m/s);(b) 2 月 26 日 08 时 500 hPa 高度场(黑实线,单位:dagpm)、风场(单位:m/s)和温度场(红虚线,单位:℃);(c) 2 月 26 日 08 时 700 hPa 风场(单位:m/s)和相对湿度(填色区,%);(d) 2 月 25 日 20 时海平面气压(实线,单位:hPa)和 850 hPa 风场(单位:m/s);(e)2 月 25 日 23:15 FY-4A 红外云图(单位:K)

500 hPa:24 日 08 时欧亚范围中高纬为“两脊一槽”的经向环流,欧洲和新疆为高压脊,西伯利亚至中亚地区为低值系统活动区。24 日 20 时至 26 日 20 时,欧洲脊受不稳定小槽侵袭,向东南衰退,脊前北风带引导冷空气南下,冷中心强度达到−44 ℃,锋区加强并南压,−40 ℃等温线压在北疆偏北地区,西西伯利亚低槽在逆转过程中主体东移北收,冷槽东南移进入新疆,造成此次寒潮暴雪大风天气过程(图 3.10b)。

700~850 hPa:北疆西部北部、阿克苏地区存在西北风与西南风的切变线,中天山有偏北风与天山地形的辐合,地形强迫抬升有利于垂直上升运动发展,强降雪时北疆偏西风明显加强,700 hPa 出现 28 m/s 的偏西急流(图 3.10c)。

地面:冷高压路径为西方路径,高压中心东移过程中不断增强,25 日 08 时高压前沿进入新疆,中心强度达到 1042.5 hPa,高压前部有明显的冷锋(图 3.10d)。

3.6 3 月 14 日 17 时至 16 日 14 时北疆降雪大风、南疆局地沙尘暴

3.6.1 天气实况综述

天气类型	降雪、大风、沙尘暴	过程强度	中
天气实况	①降雪:北疆各地、巴州北部山区出现微到小雪或雨转雪,其中伊犁州、博州、塔城地区、阿勒泰地区、克拉玛依市、石河子市和乌鲁木齐市、昌吉州的部分区域累计降水量 3.1~12.7 mm,最大降水中心位于塔城地区托里站(图 3.11a)。 ②风:全疆大部出现 4~5 级西北或偏东大风,风口风力 9~10 级,阵风 11~12 级。 ③沙尘:南疆盆地和东疆出现不同程度沙尘,阿克苏地区、巴州共 5 站出现沙尘暴		
大风	大风站数:博州、塔城地区北部、喀什地区山区、克州山区、和田地区南部、阿克苏地区西部、巴州、吐鲁番市、哈密市等地共 189 站出现 8 级以上大风,其中 10 级以上 30 站(图 3.11b)。 过程极大风速中心:区域站为吐鲁番市托克逊县克尔碱镇站 35.1 m/s(12 级,15 日 06:06);国家站为哈密市伊州区十三间房站 36.4 m/s(12 级,15 日 06:46)		
沙尘暴	南疆盆地和东疆出现不同程度沙尘,阿克苏地区、巴州共 5 站出现沙尘暴。 沙尘暴站数:16 日 05:00—14:00,5 站出现沙尘暴(阿克苏地区阿克苏站、沙雅站,巴州塔中站、且末站、若羌站),其中塔中站、若羌站、且末站出现强沙尘暴。 最低能见度:哈密市十三间房站 177 m(5 日 05:17)		

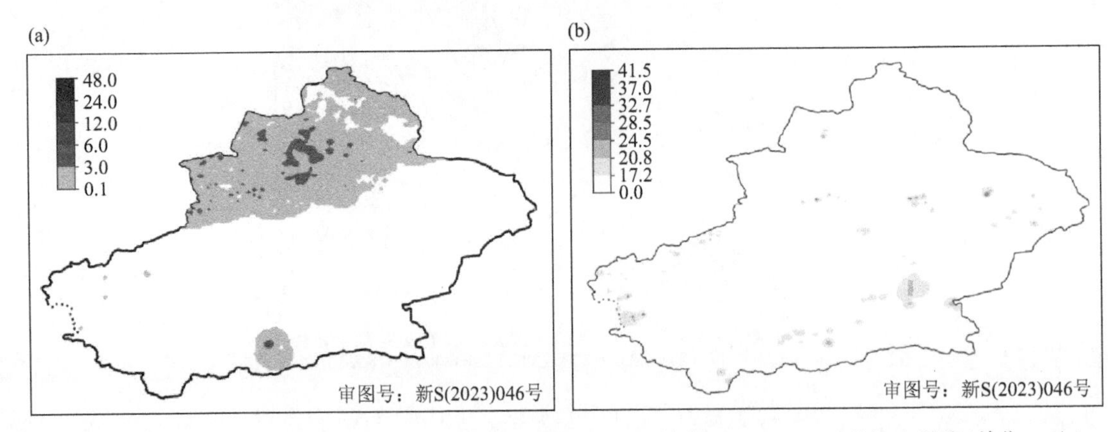

图 3.11 (a) 3 月 14 日 17 时至 16 日 14 时过程累计降水量(单位:mm);(b) 过程极大风速(单位:m/s)

3.6.2 环流形势

影响系统:100~200 hPa 偏西急流,500 hPa 中亚低槽,700~850 hPa 急流,地面强冷高压、冷锋。

100~200 hPa:新疆受偏西急流控制,15 日 08 时 200hPa 偏西急流核最大风速达 46 m/s(图 3.12a)。

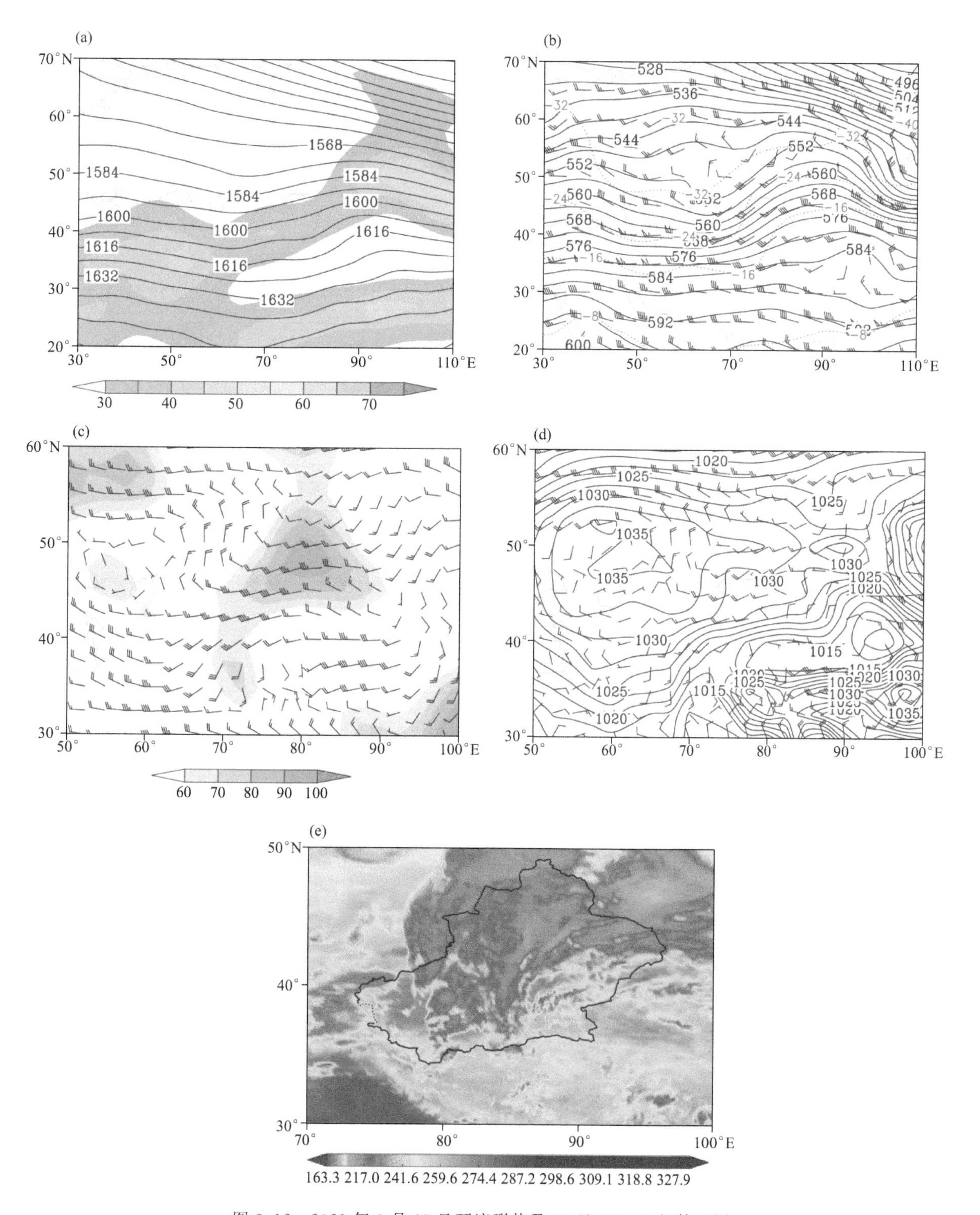

图3.12 2021年3月15日环流形势及15日FY-4A红外云图

(a)3月15日08时100 hPa高度场(实线,单位:dagpm)和200 hPa风速≥30 m/s的急流(填色区,单位:m/s);(b)3月14日20时500 hPa高度场(黑实线,单位:dagpm)、风场(单位:m/s)和温度场(红虚线,单位:℃);(c)3月15日08时700 hPa风场(单位:m/s)和相对湿度(填色区,%);(d)3月15日20时海平面气压(实线,单位:hPa)和850 hPa风场(单位:m/s);(e)3月15日00:15 FY-4A红外云图(单位:K)

500 hPa:欧亚范围中高纬为“两槽两脊”的经向环流,中亚地区为低槽活动区,新疆受浅脊控制,14—16 日受中亚低槽不断分裂短波东移和槽前西南气流共同影响,造成此次北疆大部降水天气(图 3.12b)。

700~850 hPa:强降雪时北疆西北风明显加强,15 日 08 时 850 hPa 出现 14 m/s 的急流(图 3.12c)。

地面:北疆处于冷高压底部,15 日 08 时冷高压中心强度达到 1042.5 hPa,高压前部有明显的冷锋压在沿天山一线,南疆受热低压控制,气压差达到 42.5 hPa,气压梯度力大(图 3.12d)。

3.7 3 月 16 日 14 时至 19 日 14 时南疆东疆大风

3.7.1 天气实况综述

<table>
<tr><td>天气类型</td><td colspan="2">大风、霜冻</td><td>过程强度</td><td>中</td></tr>
<tr><td>天气实况</td><td colspan="4">①降雪:北疆大部、巴州、哈密市和阿克苏地区北部、和田地区南部等地的局部出现小到中雪或雨转雪,伊犁州、塔城地区南部、乌鲁木齐市、昌吉州等地局部区域累计降水量 6.8~8.6 mm,最大降水中心位于乌鲁木齐站(图 3.13a)。
②风:北疆大部和喀什地区、克州、和田地区南部、阿克苏地区北部、巴州、吐鲁番市、哈密市的部分区域出现 5~6 级西北风,风口 10~11 级,阵风 12~13 级。
③霜冻:阿克苏地区、巴州出现霜冻</td></tr>
<tr><td rowspan="2">灾害性天气</td><td>大风</td><td colspan="3">大风站数:喀什地区山区、克州、阿克苏地区西部北部、巴州、吐鲁番市、哈密市等地共 160 站出现 8 级以上大风,其中 10 级以上 32 站(图 3.13b)。
过程极大风速中心:区域站为吐鲁番市托克逊县克尔碱镇站 36.7 m/s(13 级,18 日 13:30);国家站为哈密市伊州区十三间房站 33.6 m/s(12 级,18 日 14:38)</td></tr>
<tr><td>霜冻</td><td colspan="3">终霜冻:2 站,19 日阿克苏地区阿克苏站、巴州轮台站共 2 站</td></tr>
<tr><td>灾情</td><td colspan="4">3 月 16 日至 18 日浓浮尘天气,造成和田地区和田机场取消航班 6 架次,放行延误 4 架次;于田县取消航班 2 架次</td></tr>
</table>

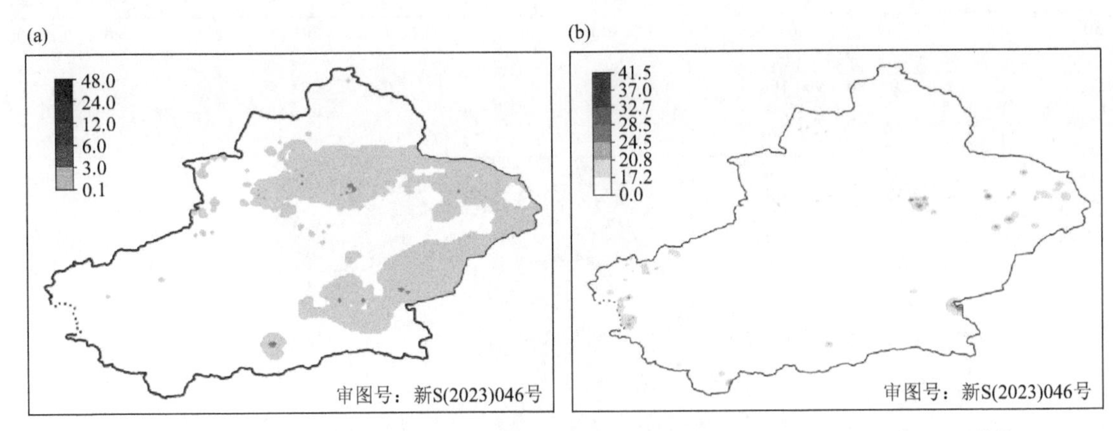

图 3.13 (a)3 月 16 日 14 时至 19 日 14 时过程累计降水量(单位:mm);(b) 过程极大风速(单位:m/s)

3.7.2 环流形势

影响系统:100~200 hPa 偏西急流,500 hPa 西西伯利亚低槽,700~850 hPa 偏东风,地面强冷高压。

100~200 hPa:新疆受偏西急流控制,17 日 20 时 200 hPa 偏西急流核最大风速达 40 m/s(图 3.14a)。

500 hPa:3 月 16 日 08 时 500 hPa 欧亚范围内中高纬度为“两槽两脊”的纬向环流,东欧至乌拉尔地区为高压脊区,西西伯利亚地区为低槽活动区,槽线分裂为南北两段,南段延伸至里海-咸海至巴尔喀什湖之间,贝加尔湖地区为浅脊控制,受上游高压脊东南衰退影响,推动西西伯利亚低槽东移,造成此次降水天气。18 日低槽快速东南下,冷空气东灌造成南疆东部大风沙尘(图 3.14b)。

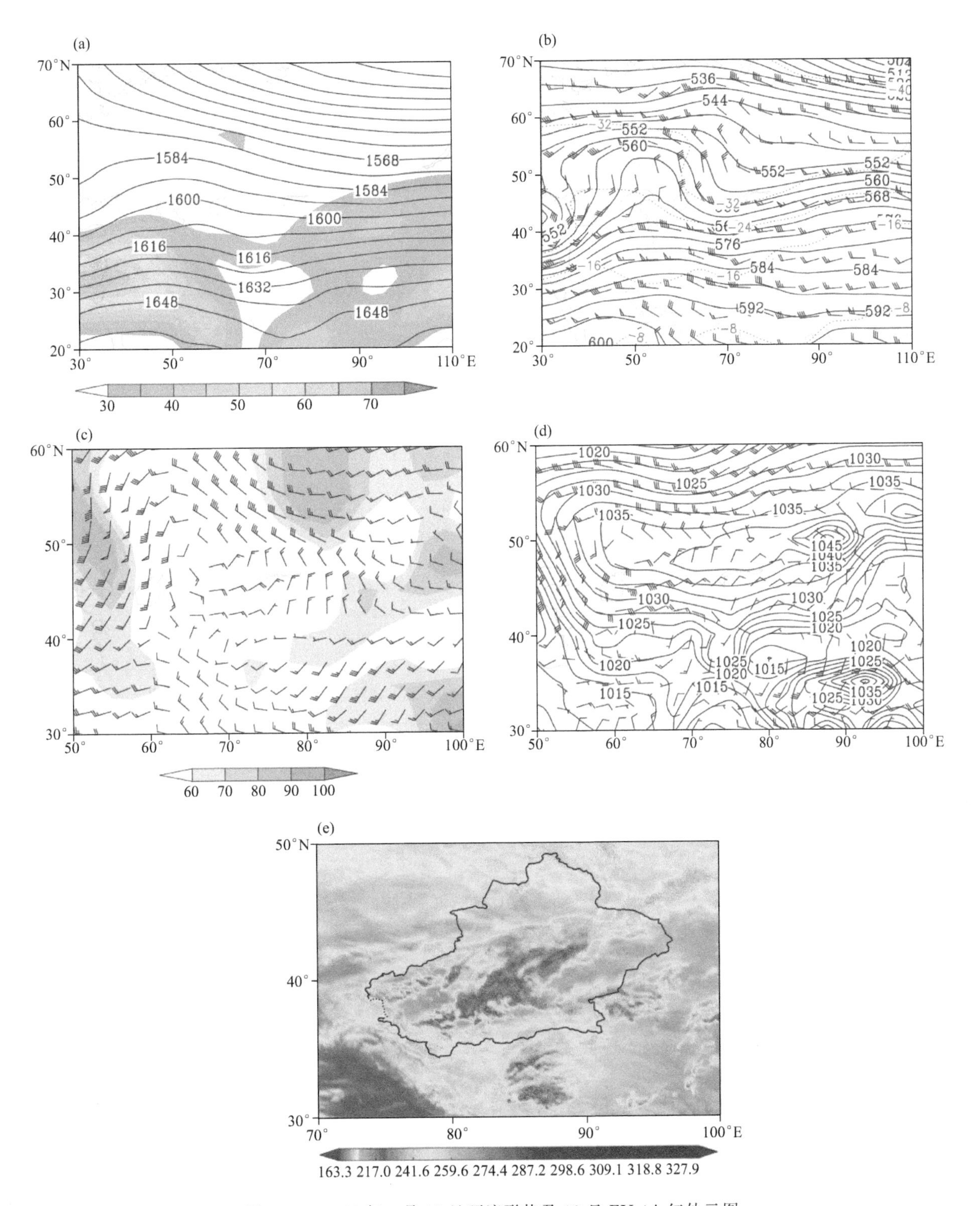

图 3.14　2021 年 3 月 17 日环流形势及 18 日 FY-4A 红外云图

(a)3 月 17 日 20 时 100 hPa 高度场(实线,单位:dagpm)和 200 hPa 风速≥30 m/s 的急流(填色区,单位:m/s);(b) 3 月 16 日 20 时 500 hPa 高度场(黑实线,单位:dagpm)、风场(单位:m/s)和温度场(红虚线,单位:℃);(c) 3 月 18 日 08 时 700 hPa 风场(单位:m/s)和相对湿度(填色区,%);(d) 3 月 17 日 08 时海平面气压(实线,单位:hPa)和 850 hPa 风场(单位:m/s);(e) 3 月 18 日 08:30 FY-4A 红外云图(单位:K)

700～850 hPa：18 日 08 时南疆盆地有偏东气流，喀什南部、和田西部有偏西风和偏东风的辐合(图 3.14c)。

地面：冷高压中心东移过程中不断增强，16 日 23 时高压前沿进入新疆，中心强度达到 1040 hPa，17 日 23 时高压中心压至北疆国境线以北，中心强度最高达到 1045 hPa(图 3.14d)。

3.8 3 月 28 日 08 时至 31 日 20 时局地暴雨、大风、冰雹

3.8.1 天气实况综述

<table>
<tr><td>天气类型</td><td colspan="2">暴雨、大风、霜冻、冰雹</td><td>过程强度</td><td>强</td></tr>
<tr><td>天气实况</td><td colspan="4">①降雪：全疆大部出现小雨或雪，其中伊犁州、塔城地区、阿勒泰地区北部、石河子市、乌鲁木齐市、昌吉州、和田地区、阿克苏地区、巴州、哈密市北部等地的部分区域和喀什地区、克州等地的局部区域累计降水量 6.1～24.0 mm，伊犁州、博州、塔城地区、乌鲁木齐市、昌吉州、阿克苏地区、巴州等地累计降水量 24.1～48.0 mm，巴州局部区域累计降水量 48.6～75.2 mm，最大降水中心位于巴州铁门关市二师 27 团粮食加工场站(图 3.15a)。
②风：全疆大部出现 4～5 级西北风，风口风力 9～10 级，阵风 11 级。
③霜冻：喀什地区、克州出现霜冻。</td></tr>
<tr><td rowspan="4">灾害性天气</td><td>暴雨</td><td colspan="3">暴雨站数：共计 23 站暴雨、21 站大暴雨，29 日伊犁州 4 站暴雨；30 日巴州北部 15 站暴雨、21 站大暴雨，乌鲁木齐市 3 站暴雨；31 日巴州北部 1 站暴雨。
日最大降水中心：区域站巴州铁门关市二师 27 团粮食加工场站 72.2 mm(30 日)，国家站巴州焉耆站 62.4 mm(30 日)。
最大小时雨强：巴州若羌县塔什萨依站 10.3 mm/h(30 日 20:00—21:00)(图 3.15b)</td></tr>
<tr><td>大风</td><td colspan="3">大风站数：北疆偏西偏北、喀什地区山区、克州山区、和田地区南部、阿克苏地区、巴州、吐鲁番市、哈密市等地共 443 站出现 8 级以上大风，其中 10 级以上 45 站(图 3.15c)。
过程极大风速中心：区域站为吐鲁番市高昌区艾丁湖景区站 28.3 m/s(10 级，30 日 08:30)；国家站为哈密市伊州区十三间房站 31.2 m/s(11 级，30 日 14:05)</td></tr>
<tr><td>霜冻</td><td colspan="3">终霜冻：2 站，31 日喀什地区伽师站、克州阿图什站共 2 站</td></tr>
<tr><td>冰雹</td><td colspan="3">阿克苏地区温宿县：3 月 31 日 02:30 左右，局地出现冰雹天气；
阿克苏地区库车市：3 月 31 日至 4 月 1 日，局地出现冰雹天气</td></tr>
<tr><td>灾情</td><td colspan="4">3 月 29 日至 31 日强降水天气，造成巴州库尔勒市、尉犁县、若羌县、和硕县道路、农作物、牲畜、农业设施等受损；3 月 30 日至 31 日暴雪，造成阿克苏地区温宿县牲畜、农业设施受损；3 月 29 日至 4 月 1 日雷雨大风、冰雹天气，造成阿克苏地区温宿县、库车市林果业、农作物、农业设施、家禽牲畜等受损</td></tr>
</table>

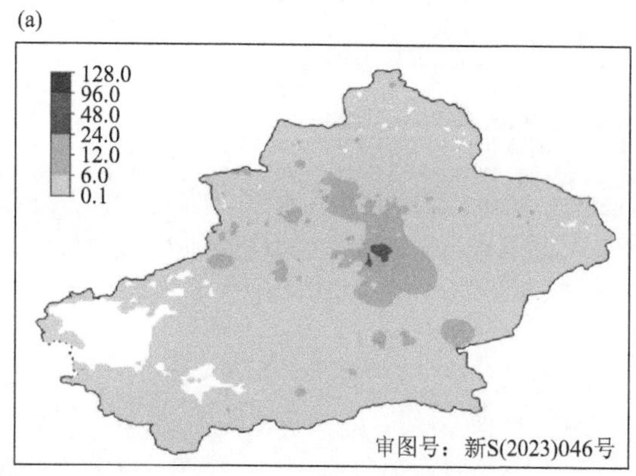

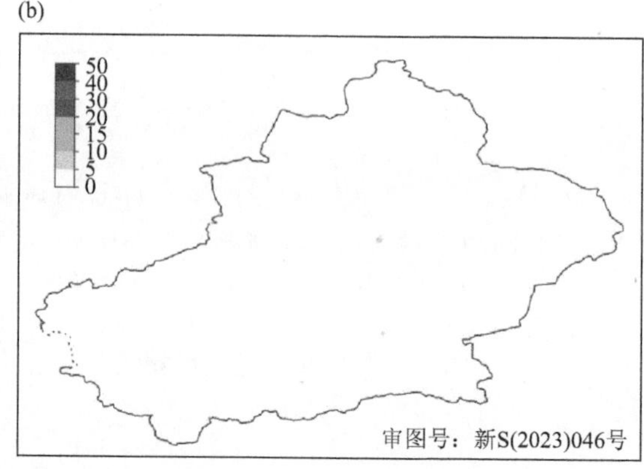

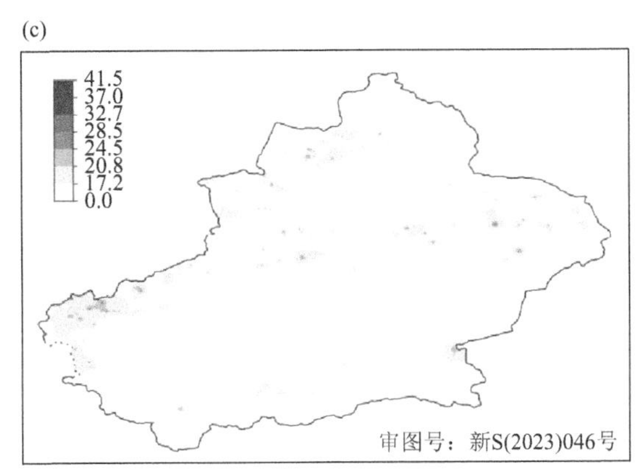

图 3.15　(a) 3 月 28 日 08 时至 31 日 20 时过程累计降水量(单位：mm)；(b) 过程最大小时雨强(单位：mm/h)；(c) 过程极大风速(单位：m/s)

3.8.2　环流形势

影响系统：100～200 hPa 急流，500 hPa 位于巴尔喀什湖的低槽，700～850 hPa 急流、切变，地面强冷高压、冷锋。

100～200 hPa：副热带急流位于天山附近，高空大范围辐散场，辐散抽吸作用强，有利于低层上升运动的发展，29 日 08 时 200 hPa 偏西急流核最大风速达 40 m/s(图 3.16a)。

500 hPa：28 日 08 时 500 hPa 中高纬度欧洲至西伯利亚地区为"两脊一槽"的经向环流，东欧和贝加尔湖为高压脊，西西伯利亚至里海-咸海地区为低槽活动区。29 日至 30 日，随着东欧脊东南衰退，推动巴尔喀什湖北部低槽东移过程中分裂短波东南移与中纬度西风锋区上东北移短波槽相结合，北方冷空气与西南暖湿气流交汇，造成此次天山山区及其两侧强降水天气(图 3.16b)。

700～850 hPa：28 日 20 时 700 hPa 沿天山两侧存在切变线；28 日 20 时至 29 日 08 时 850 hPa 博州至阿勒泰地区存在切变线；29 日 08 时至 31 日 08 时 700 hPa 北疆及南疆偏西地区存在低空急流，急流中心最强达 20 m/s；29 日 08 至 20 时 850 hPa 伊犁州附近存在低空急流，急流中心最强达 20 m/s(图 3.16c)。

地面：冷高压稳定于西西伯利亚地区，冷空气路径为西北路径。29 日 11 时，北疆处于冷高压底前部，29 日 17 时冷高压外沿压至新疆地区边境线，30 日 02 时起冷高压不断分裂小高压进入新疆地区，过程中冷高压中心强度达到 1035.0 hPa，高压前部有明显的冷锋压在北疆北部及南疆偏西地区，南疆受热低压控制，气压梯度力大(图 3.16d)。

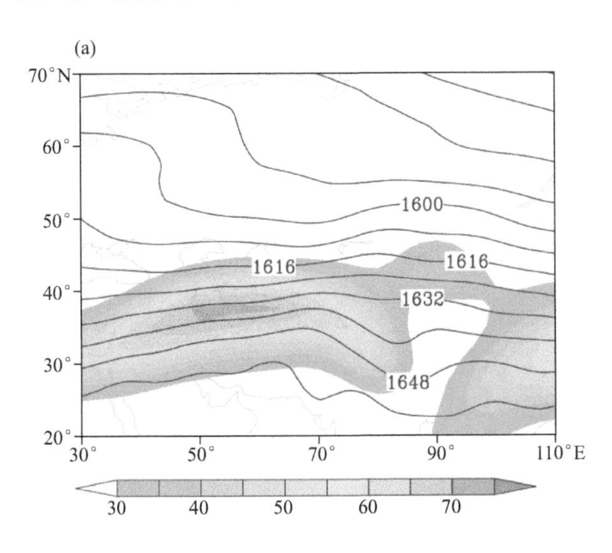

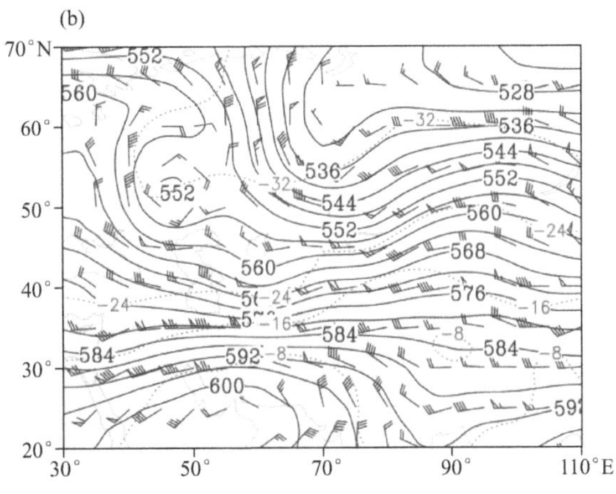

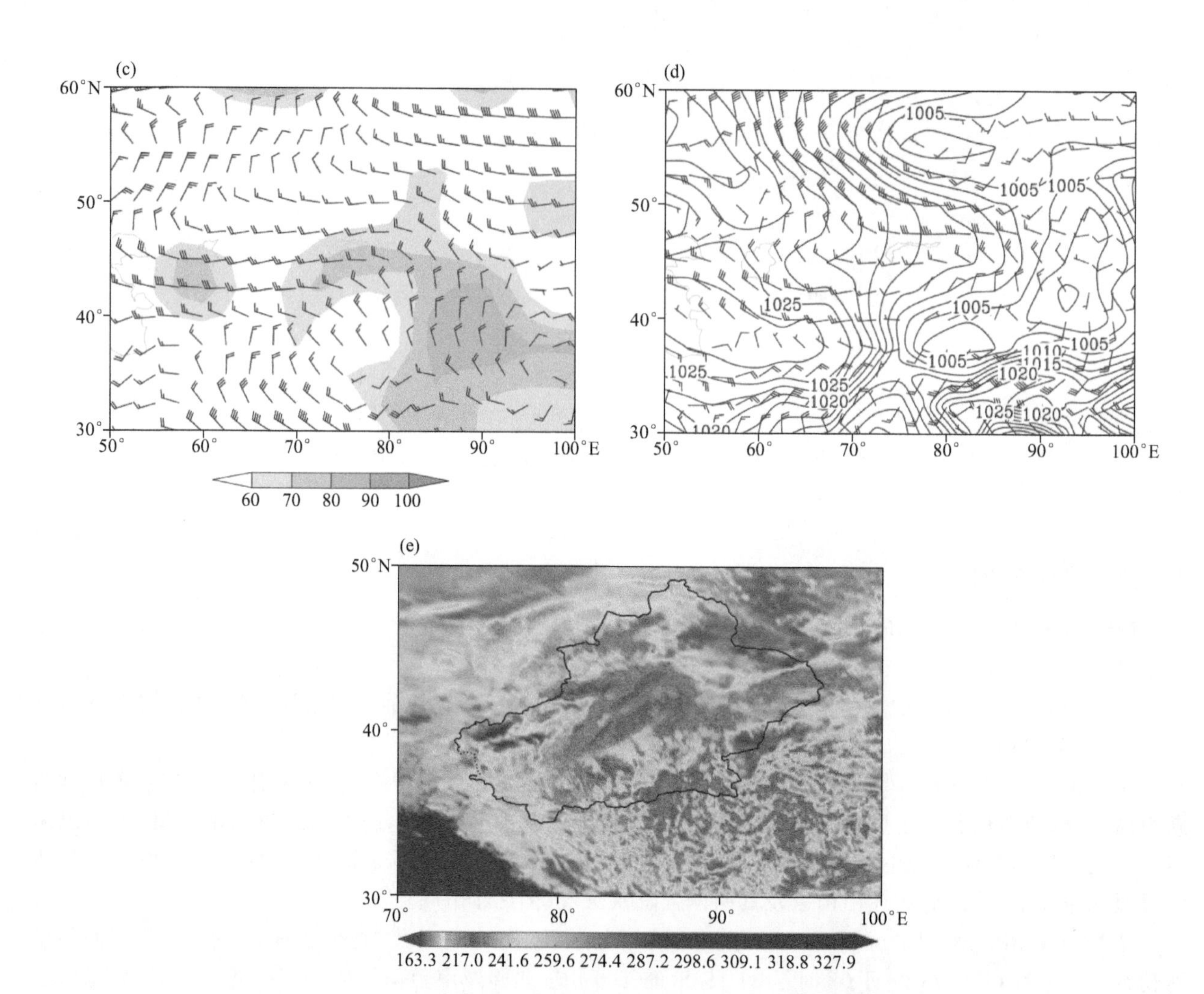

图3.16 2021年3月28日环流形势及29日FY-4A红外云图

(a)3月28日08时100 hPa高度场(实线,单位:dagpm)和200 hPa风速≥30 m/s的急流(填色区,单位:m/s);
(b) 3月28日20时500 hPa高度场(黑实线,单位:dagpm)、风场(单位:m/s)和温度场(红虚线,单位:℃);
(c) 3月30日20时700 hPa风场(单位:m/s)和相对湿度(填色区,%);
(d) 3月29日08时海平面气压(实线,单位:hPa)和850 hPa风场(单位:m/s);
(e)3月29日18:15 FY-4A红外云图(单位:K)

3.9 4月1日02时至5日14时南疆西部暴雨、暴雪、大风、冰雹

3.9.1 天气实况综述

天气类型	暴雨、暴雪、大风、霜冻、冰雹	过程强度	强
天气实况	①降雪:伊犁州、博州、喀什地区、克州、和田地区、阿克苏地区和塔城地区南部山区、乌鲁木齐市南部山区、昌吉州山区、巴州山区、哈密市等地的部分区域出现微、小到中雨或雪,其中阿克苏地区的部分区域和伊犁州、博州、塔城地区南部山区、昌吉州山区、喀什地区、克州、和田地区南部、哈密市东部的局部区域累计降水量12.1～24.0 mm,阿克苏地区和博州西部、和田地区的局地累计降水量24.1～89.0 mm,最大降水中心位于阿克苏地区拜城县铁热克镇站(图3.17a)。 ②风:南北疆偏西地区、乌鲁木齐市南部山区、昌吉州山区、和田地区、阿克苏地区、巴州山区、哈密市等地出现4～5级西北风,风口风力9～10级,阵风11级。 ③霜冻:伊犁州、昌吉州、喀什地区、和田地区、克州、巴州、哈密市等地出现终霜冻		

续表

灾害性天气	雨雪	阿克苏地区出现雨转雪天气。 暴雨雪站数：暴雪 43 站、大暴雪 10 站，1 日阿克苏地区 13 站暴雪，2 日伊犁州、博州西部、阿克苏地区北部 19 站暴雪，阿克苏地区北部 8 站大暴雪，3 日阿克苏地区北部 8 站暴雪、2 站大暴雪，4 日阿克苏地区北部 3 站暴雪；暴雨 5 站，1 日阿克苏地区 5 站暴雨。 日最大降水中心：区域站阿克苏地区拜城县亚吐尔乡库木买里村站 39.9 mm(2 日)，国家站阿克苏地区拜城站 41.0 mm(2 日)。 最大小时雨强：阿克苏地区温宿县大石峡电站 11.2 mm/h(3 日 14:00—15:00)(图 3.17b)
	大风	大风站数：伊犁州、塔城地区北部、喀什地区山区、克州山区、和田地区、巴州、吐鲁番市、哈密市等地共 174 站出现 8 级以上大风，其中 10 级以上 8 站(图 3.17c)。 过程极大风速中心：区域站为喀什地区塔什库尔干县库里杜库里站 31.6 m/s(11 级，5 日 00:04)；国家站为哈密市伊州区十三间房站 23.2 m/s(9 级，5 日 11:39)
	霜冻	终霜冻：13 站，1 日昌吉州呼图壁站、和田地区民丰站、巴州焉耆站共 3 站；2 日巴州且末站共 1 站；3 日伊犁州新源站，喀什地区叶城站，和田地区皮山站、策勒站、洛浦站，哈密市淖毛湖站共 6 站；4 日克州阿克陶站、巴州塔中站共 2 站；5 日阿克苏地区拜城站共 1 站
	冰雹	阿图什市：4 月 1 日 18 时至 18 时 30 分格达良乡出现冰雹天气，冰雹直径为 3 mm，主要集中在库也克村和乔克其村
灾情		3 月 31 日 08 时至 4 月 3 日 14 时暴雨天气，造成阿克苏地区阿克苏市农作物、牲畜受损；3 月 31 日至 4 月 2 日雨雪天气，造成阿克苏地区拜城县农作物、农业设施、家禽牲畜受损；3 月 31 日至 4 月 2 日冰雹天气，造成克州阿图什市、阿克苏地区温宿县、喀什地区泽普县农作物、林果、家禽牲畜受灾；4 月 2 日至 5 日霜冻天气，造成和田地区和田市、于田县、墨玉县，喀什地区莎车县农作物、林果受灾

(a)

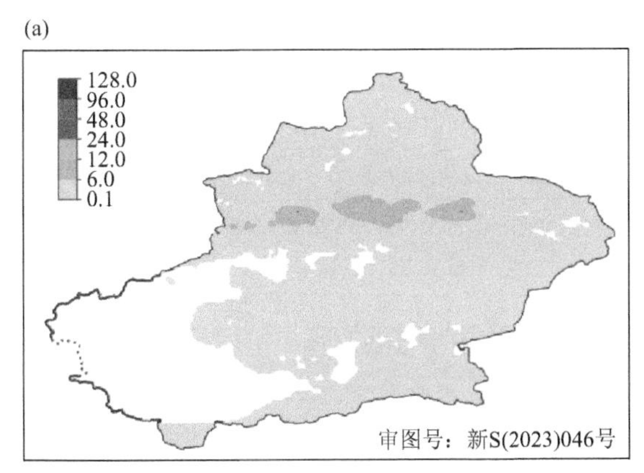

(b)

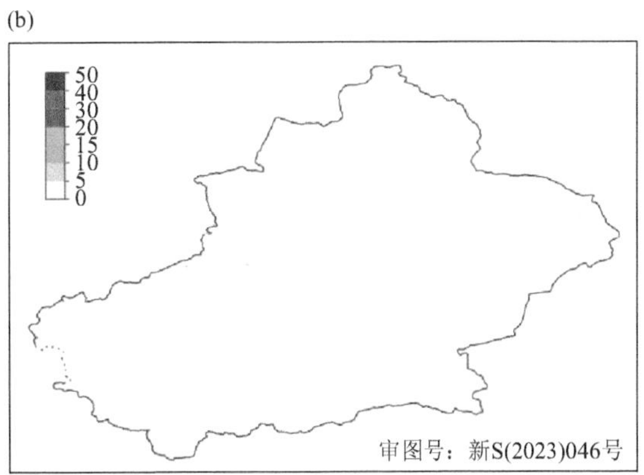

(c)

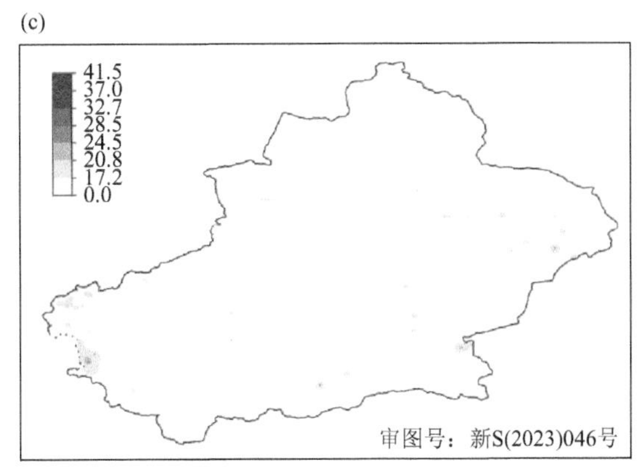

图 3.17　(a)4 月 1 日 20 时至 5 日 14 时过程累计降水量(单位：mm)；(b)过程最大小时雨强(单位：mm/h)；(c)过程极大风速(单位：m/s)

3.9.2 环流形势

影响系统:100～200 hPa 急流,500 hPa 中亚低涡,700～850 hPa 急流、切变,地面强冷高压、冷锋。100～200 hPa:受副热带长波槽影响,新疆处于长波槽前,是有利的降水环流形势(图 3.18a)。

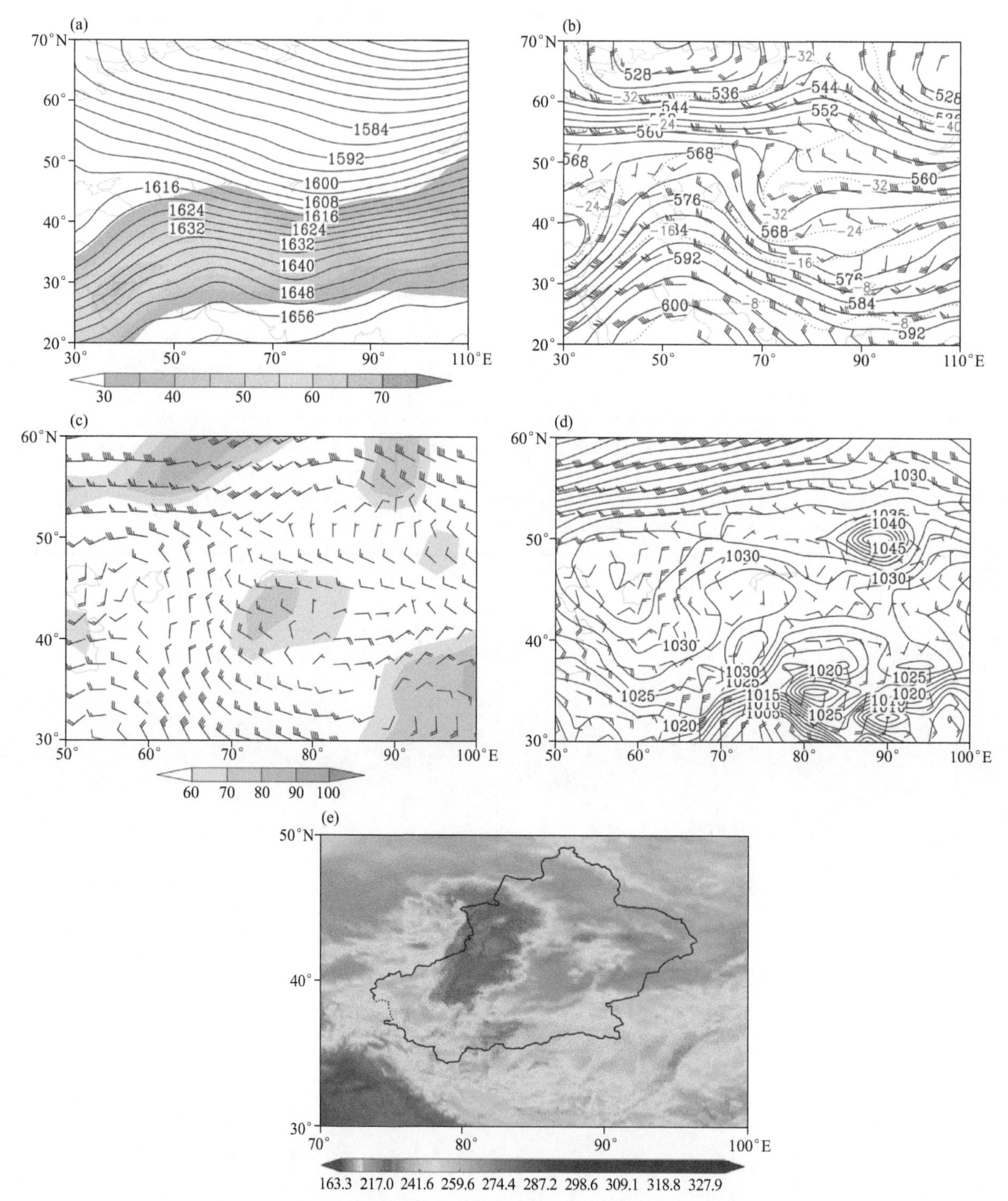

图 3.18　2021 年 4 月 1 日环流形势及 2 日 FY-4A 红外云图

(a)4 月 1 日 08 时 100 hPa 高度场(实线,单位:dagpm)和 200 hPa 风速≥30 m/s 的急流(填色区,单位:m/s);

(b)4 月 1 日 20 时 500 hPa 高度场(黑实线,单位:dagpm)、风场(单位:m/s)和温度场(红虚线,单位:℃);

(c)4 月 1 日 20 时 700 hPa 风场(单位:m/s)和相对湿度(填色区,%);

(d)4 月 1 日 08 时海平面气压(实线,单位:hPa)和 850 hPa 风场(单位:m/s);

(e)4 月 2 日 07:38 FY-4A 红外云图(单位:K)

500 hPa:欧亚范围内为“两脊两槽”的经向环流,南北两支锋区上多波动。4月1日乌拉尔山至西西伯利亚地区为高压脊区,高压脊向东北方向发展,使得脊前低槽南压,冷空气补充至低槽并发展为低涡,形成“北脊南涡”的形势,冷涡中心为−35 ℃。由于下游脊的阻挡,1日至4日中亚低涡在巴尔喀什湖以南地区逆转,阿克苏地区位于低涡东南象限,受低涡不断分裂短波的影响,出现了极端降水天气;4月4日至5日,中亚低涡快速东移影响天山山区及哈密市,造成雨雪天气(山区为雪)(图3.18b)。

700～850 hPa:1日08时至2日08时,阿克苏地区维持偏东风与偏西风的辐合;3日08时至4日08时伊犁至阿克苏地区为西北风与西南风的切变,700 hPa出现12 m/s的偏东风急流,持续12 h(图3.18c)。

地面:1日至2日冷高压沿着偏西方向缓慢东移,高压在东移过程中分裂为两个中心:一个在巴尔喀什湖,配合地面冷锋缓慢东移影响南北疆偏西地区,地面冷锋在克州、阿克苏、伊犁河谷一线长时间影响;一个中心快速东移至蒙古附近,中心强度1040 hPa,新疆地区气压场呈现北高南低,东高西低形成典型的东灌形势(图3.18d)。

3.10 4月5日20时至9日17时南北疆偏西地区暴雨、暴雪、大风、霜冻

3.10.1 天气实况综述

<table>
<tr><td>天气类型</td><td colspan="2">暴雨、暴雪、大风、霜冻</td><td>过程强度</td><td>中</td></tr>
<tr><td>天气实况</td><td colspan="4">①降雪:喀什地区、克州、阿克苏地区和伊犁州山区、塔城地区、和田地区南部、巴州山区等地的局部区域出现微到小雨或雪,其中喀什地区、克州、阿克苏地区西北部山区的部分区域和伊犁州山区、塔城地区南部、和田地区西部的局部区域累计降水量12.1～24.0 mm,喀什地区南部、克州的局部累计降水量24.1～38.4 mm,最大降水中心位于喀什地区英吉沙县乌恰乡6村站(图3.19a)。
②风:伊犁州、塔城地区北部、阿勒泰地区、喀什地区、克州、和田地区、阿克苏地区、巴州、吐鲁番、哈密市有5～6级西北或偏东风,风口风力9～10级。
③霜冻:和田地区、巴州局地出现终霜冻</td></tr>
<tr><td rowspan="3">灾害性天气</td><td>雨雪</td><td colspan="3">喀什地区、和田地区出现雨转雪。
暴雨雪站数:暴雨8站,6日喀什地区1站暴雨,7日喀什地区、和田地区6站暴雨;暴雪15站,6日喀什地区、克州8站暴雪,7日喀什地区南部、和田地区西部7站暴雪。
日最大降水中心:区域站喀什地区莎车县喀群乡库木巴格村站30.5 mm(7日),国家站克州乌恰站14.1 mm(6日)</td></tr>
<tr><td>大风</td><td colspan="3">大风站数:博州、塔城地区北部、阿勒泰地区西部、喀什地区山区、和田地区南部、巴州、吐鲁番市、哈密市等地共101站出现8级以上大风,其中10级以上2站(图3.19b)。
过程极大风速中心:区域站为喀什地区塔什库尔干县班迪尔乡下板地水库站25.9 m/s(10级,6日22:09);国家站为哈密市伊州区十三间房站21.1 m/s(9级,8日3:45)</td></tr>
<tr><td>霜冻</td><td colspan="3">终霜冻:1站,5日阿克苏地区拜城站共1站</td></tr>
<tr><td>灾情</td><td colspan="4">4月7日霜冻天气,造成喀什地区莎车县林果、农业设施受灾</td></tr>
</table>

3.10.2 环流形势

影响系统:100～200 hPa急流,500 hPa位于巴尔喀什湖的低槽,700～850 hPa急流、切变,地面强冷高压、冷锋。

100～200 hPa:南疆受偏西急流控制,6日20时200 hPa偏西急流核最大风速达34 m/s(图3.20a)。

500 hPa:5日20时,500hPa欧亚范围内为经向环流,乌拉尔山至咸海-巴尔喀什湖之间为低槽区,中亚低槽位置在25°～40°N间,较常年同期偏北,新疆地区下游有弱脊维持。6日08时东欧脊发展,引导冷空气进入乌拉尔低槽并使之加深而形成的低涡位置有所东移,冷中心强度−32 ℃。里海低槽有部分冷空

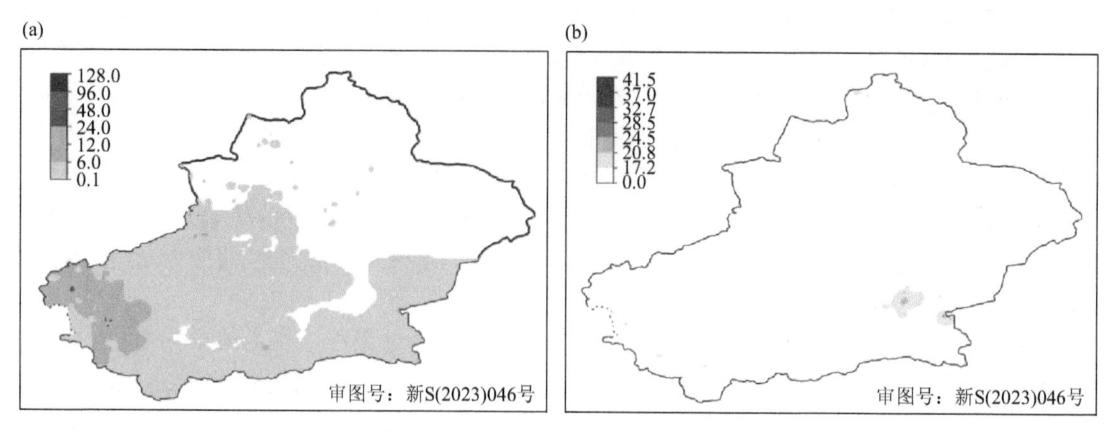

图 3.19 (a)4 月 5 日 20 时至 9 日 17 时过程累计降水量(单位：mm)；(b)过程极大风速(单位：m/s)

气南下使中亚低槽加深，形成闭合中心，中亚低槽槽前不断分裂短波东移，造成了新疆地区西部为主的降水降温天气。7 日 20 时乌拉尔脊发展，推动原先位于西伯利亚的低涡东移减弱，中亚低值系统也因无冷空气补充，逐渐减弱东移，以分散性降水为主(图 3.20b)。

700～850 hPa：强降水时(6—7 日)，南疆出现偏东风并伴有风速的加强，和田地区西部有风速的辐合(图 3.20c)。

地面：6 日 20 时至 9 日，南疆西部一直受巴尔喀什湖附近冷高压控制，冷高压中心最强达 1027.5 hPa(图 3.20d)。

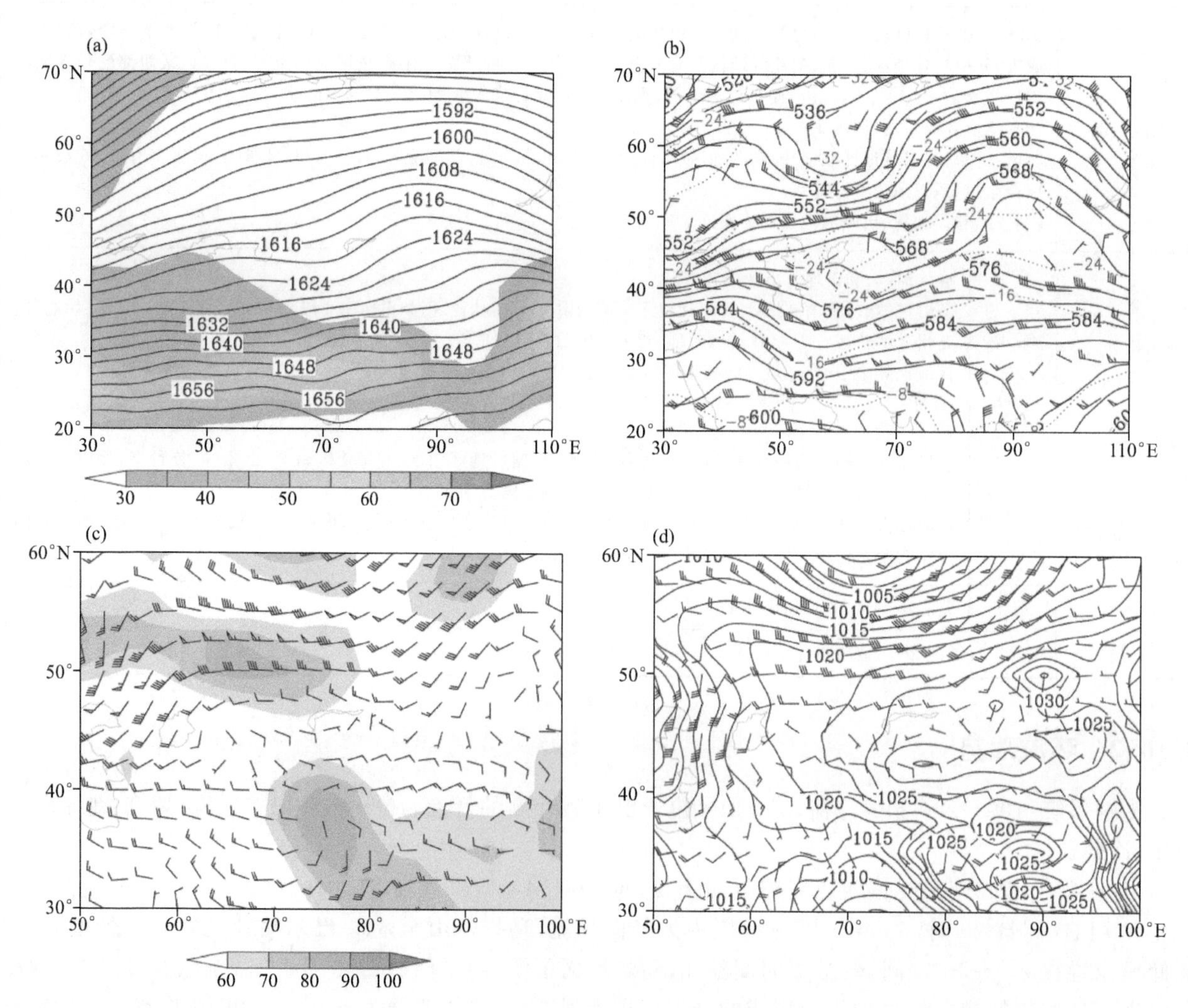

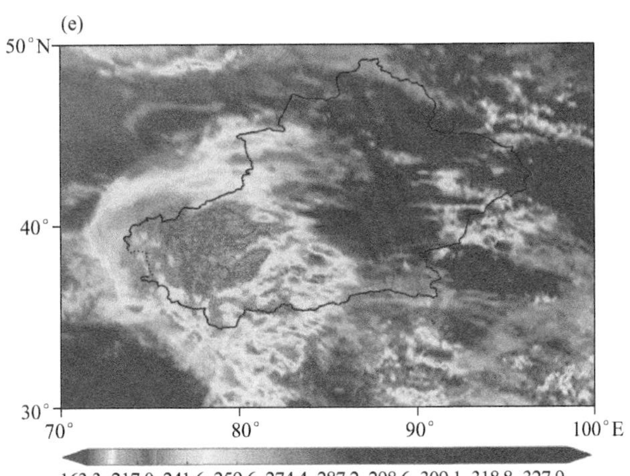

图 3.20　2021 年 4 月 6 日环流形势及 7 日 FY-4A 红外云图

(a)4 月 6 日 20 时 100 hPa 高度场(实线,单位:dagpm)和 200 hPa 风速≥30 m/s 的急流(填色区,单位:m/s);
(b)4 月 5 日 20 时 500 hPa 高度场(黑实线,单位:dagpm)、风场(单位:m/s)和温度场(红虚线,单位:℃);
(c)4 月 6 日 20 时 700 hPa 风场(单位:m/s)和相对湿度(填色区,%);
(d)4 月 6 日 08 时海平面气压(实线,单位:hPa)和 850 hPa 风场(单位:m/s);
(e)4 月 7 日 11:53 FY-4A 红外云图(单位:K)

3.11　4 月 20 日 20 时至 25 日 20 时北疆暴雪,局地寒潮、大风、沙尘暴

3.11.1　天气实况综述

<table>
<tr><td>天气类型</td><td colspan="2">寒潮、暴雪、大风、沙尘暴</td><td>过程强度</td><td>强</td></tr>
<tr><td>天气实况</td><td colspan="4">①雨雪:北疆大部、阿克苏地区北部、巴州大部、吐鲁番市、哈密市北部出现雨转雨夹雪或雪,其中伊犁州、博州、塔城地区、阿勒泰地区、克拉玛依市、石河子市、乌鲁木齐市、昌吉州、阿克苏地区、吐鲁番市、哈密市等地的部分区域累计降水量 6.1～12.0 mm,伊犁州东部、博州、塔城地区北部、昌吉州、哈密市北部等地的局地累计降水量 12.1～57.3 mm,最大降水中心位于昌吉州吉木萨尔县吾塘沟站(图 3.21a)。
②降温:北疆大部、天山山区最低气温下降 8～10 ℃,出现寒潮,其中阿勒泰地区东部、乌鲁木齐市、昌吉州东等地的部局部区域气温下降 10～12 ℃以上,出现强寒潮。
③风:北疆大部、喀什地区山区、克州、和田地区南部、阿克苏地区、巴州、吐鲁番市、哈密市等地出现 8 级以上偏西或西北大风,上述地区的风口风力 10～14 级。
④沙尘:喀什地区、和田地区、阿克苏地区、巴州、吐鲁番市等地出现扬沙;其中喀什地区莎车县、岳普湖县、巴楚县、泽普县、麦盖提县、和田地区和田市、墨玉县、民丰县、巴州且末县、若羌县、塔中县共 11 站出现沙尘暴。
⑤霜冻:伊犁州 9 站,塔城地区 5 站,博州 3 站,克拉玛依市 1 站,石河子市 4 站,乌鲁木齐市 1 站,昌吉州 1 站,克州 1 站,阿克苏地区 1 站,巴州 1 站,和田地区 1 站,哈密市 1 站共 29 站出现终霜冻</td></tr>
<tr><td rowspan="2">灾害性天气</td><td>暴雪</td><td colspan="3">伊犁州、吐鲁番市、哈密市北部等地出现雨转雪天气。
暴雪站数:35 站,22 日伊犁州、中天山北部 29 站,23 日昌吉州 2 站,24 日昌吉州阜康市 1 站,25 日昌吉州、哈密市 3 站。
日最大降雪中心:区域站吉木萨尔县吾塘沟站 36.1 mm(22 日),国家站伊犁州新源站 24.2 mm(22 日)。
最大小时雪强:伊犁州巩留县吉尔格朗乡沙尕村站 7.7 mm(21 日 22 时)</td></tr>
<tr><td>寒潮</td><td colspan="3">寒潮站数:406 站・次(其中强寒潮 101 站・次、特强寒潮 24 站・次):21 日博州、塔城地区、阿勒泰地区共 71 站(其中强寒潮 19 站、特强寒潮 1 站);22 日伊犁州、博州、塔城地区、阿勒泰地区、石河子市、乌鲁木齐市、昌吉州、巴州、吐鲁番市、哈密市 213 站(其中强寒潮 54 站,特强寒潮 15 站);23 日伊犁州、阿勒泰地区、喀什地区、克州、阿克苏地区、巴州、哈密市 72 站(其中强寒潮 14 站,特强寒潮 4 站);24 日喀什地区、克州、和田地区、阿克苏地区、巴州、吐鲁番市 48 站(其中强寒潮 14 站,特强寒潮 4 站);25 日喀什地区、哈密市 2 站</td></tr>
</table>

续表

灾害性天气	寒潮	日最大降温中心:23 日阿拉尔市新疆生产建设兵团第一师 16 团飞机场站(区域站)降温 14.6 ℃,喀什地区塔什库尔干(国家站)降温 12.6 ℃(图 3.21b)。 过程最低气温:23 日喀什地区塔什库尔干县红其拉甫站(区域站)最低气温 −29.4 ℃,昌吉州天池站(国家站)−14.0 ℃(图 3.21c)
	霜冻	终霜冻:29 站,22 日昌吉州吉木萨尔站 1 站;23 日阿克苏地区乌什站 1 站;24 日伊犁州伊宁市、伊宁县、霍尔果斯站、霍城站、察布查尔站,博州阿拉山口站、精河站,克拉玛依市站,巴州和硕站,克州阿合奇站,和田墨玉站共 11 站;25 日博州博乐市,塔城地区塔城市站、额敏站、托里站、沙湾站、乌苏站,石河子市、乌拉乌苏站、莫索湾站、炮台站,伊犁州尼勒克站、特克斯站、昭苏站、巩留站,乌鲁木齐市站,哈密市十三间房站共 16 站
	大风	大风站数:北疆大部、喀什地区山区、克州、和田地区南部、阿克苏地区、巴州、吐鲁番市、哈密市等地共 964 站出现 8 级以上大风,其中 10 级以上 183 站(图 3.21d)。 过程极大风速中心:区域站为吐鲁番市托克逊县克尔碱镇站 38.4 m/s(14 级,22 日 11:46);国家站为哈密市十三间房站 40.5 m/s(14 级,22 日 17:41)
	沙尘暴	喀什地区、和田地区、巴州共 11 站出现沙尘暴。 沙尘暴站数:23 日喀什地区莎车县、岳普湖县、泽普县、巴楚县、麦盖提县,和田地区和田市、墨玉县、民丰县,巴州且末县、若羌县、塔中共 11 站出现沙尘暴。 最低能见度:巴州且末县 158 m(22 日 22:55)
灾情		受大风天气影响,阿克苏地区、巴州、吐鲁番、喀什地区等地的棉花、林果和农业设施受到不同程度的损失。受寒潮低温影响,伊犁州、克拉玛依市、石河子市、吐鲁番市的玉米、棉花和林果业受到损失

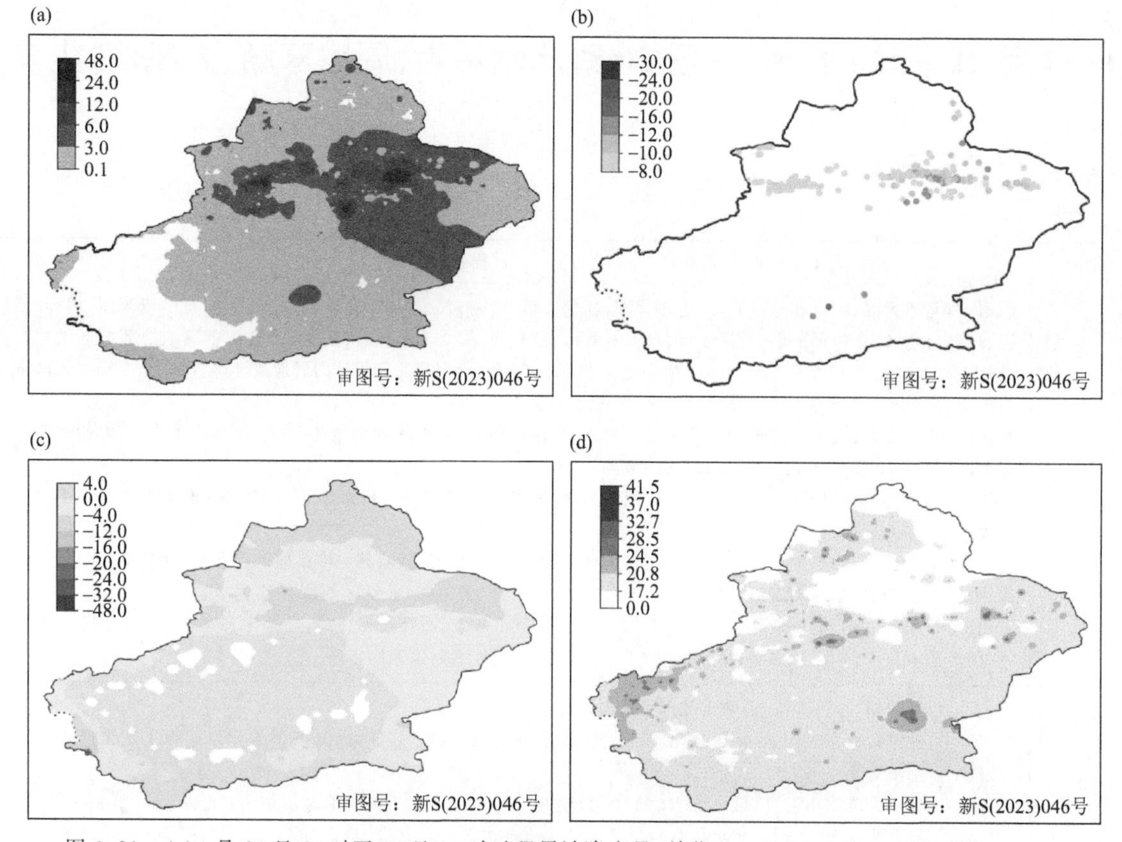

图 3.21 (a)4 月 20 日 20 时至 25 日 20 时过程累计降水量(单位:mm);(b)4 月 22 日最低气温 24 h 降温幅度(单位:℃);(c)过程最低气温(单位:℃);(d)过程极大风速(单位:m/s)

3.11.2 环流形势

影响系统:500 hPa 西西伯利亚低槽,700～850 hPa 偏西急流和南疆东部偏东急流、切变线,地面冷高压、冷锋。

100～200 hPa：受副热带长波槽影响，新疆处于长波槽前，是有利的降水环流形势，23日20时200 hPa偏西急流核最大风速达50 m/s（图3.22a）。

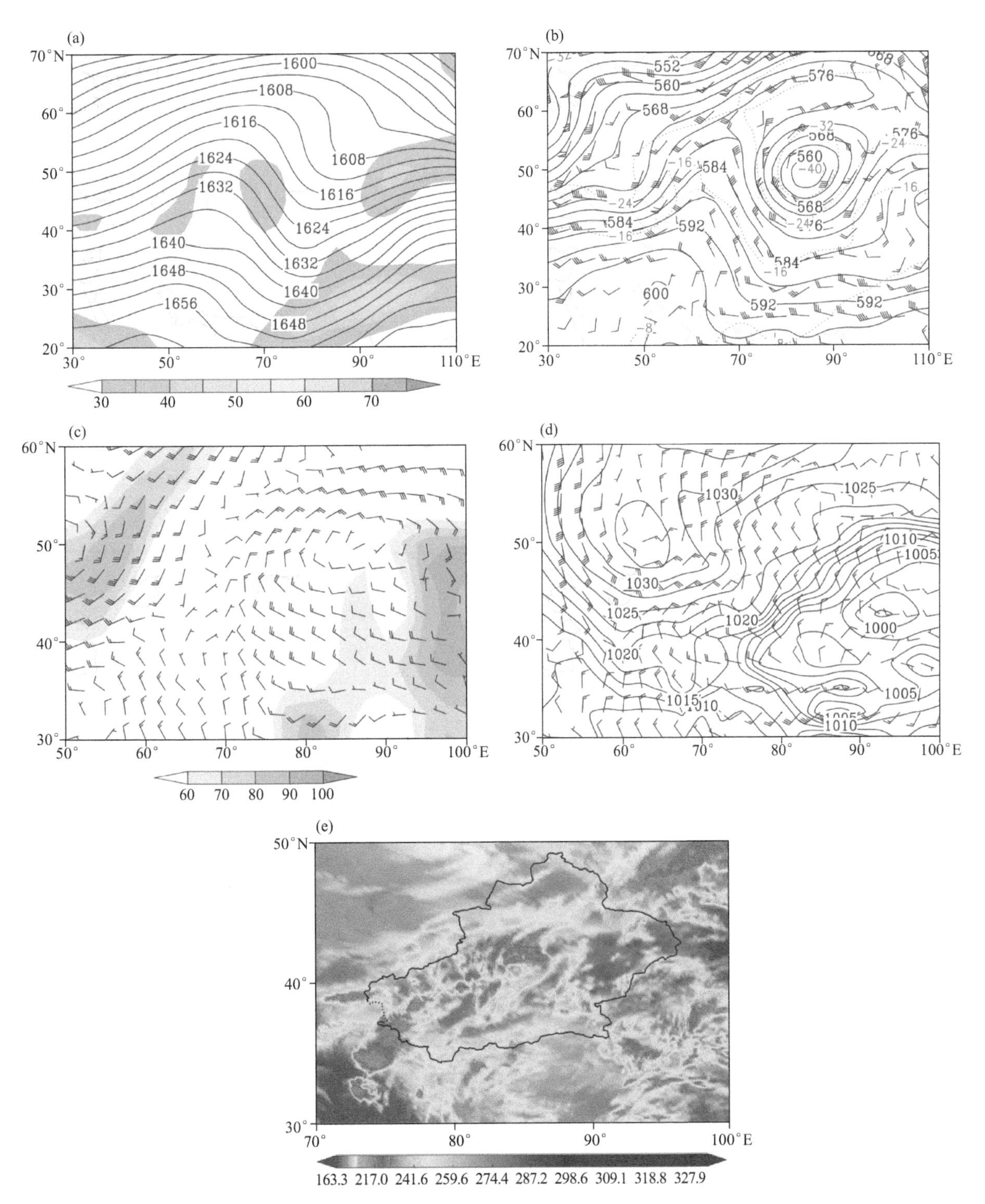

图3.22　2021年4月23日环流形势及22日FY-4A红外云图

(a)4月23日20时100 hPa高度场（实线，单位：dagpm）和200 hPa风速≥30 m/s的急流（填色区，单位：m/s）；

(b)4月23日20时500 hPa高度场（黑实线，单位：dagpm）、风场（单位：m/s）和温度场（红虚线，单位：℃）；

(c)4月23日20时700 hPa风场（单位：m/s）和相对湿度（填色区，%）；

(d)4月23日20时海平面气压（实线，单位：hPa）和850 hPa风场（单位：m/s）；

(e)4月22日08:15 FY-4A红外云图（单位：K）

500 hPa:欧亚范围中高纬为“两脊一槽”的环流形势,东欧地区和贝加尔湖为高压脊区,西西伯利亚至中亚北部为长波槽区,环流形势稳定少动;随着东欧高压脊顶东北伸,高压脊前西北气流引导冷空气南下,低槽向南加深,配合有−40 ℃冷中心,同时槽底南伸至 30°N 附近,造成了此次北疆暴雪,局地寒潮、大风、沙尘暴的天气过程(图 3.22b)。

700～850 hPa:700 hPa 北疆西部和南疆存在偏西急流和西风与偏南风的切变线,23 日 08 时北疆西部偏西风达 18 m/s,850 hPa 北疆偏西风达 14 m/s(图 3.22c)。

地面:1035 hPa 地面冷高压沿西北路径东移南下,冷高压中心东移南下过程中增强,南疆盆地为 1005 hPa 低压,与寒潮冷高压形成“西高东低”形势。冷高压前沿冷锋进入新疆后,移速缓慢,冷锋附近等压线密集,气压梯度力大(图 3.22d),有利于暴雪、寒潮天气的产生。

3.12 5月1日02时至2日20时局地暴雨、大风、沙尘暴

3.12.1 天气实况综述

<table>
<tr><td>天气类型</td><td colspan="2">暴雨、大风、沙尘暴</td><td>过程强度</td><td>中强</td></tr>
<tr><td>天气实况</td><td colspan="4">①降雨:北疆大部和阿克苏地区西部北部、巴州北部山区、吐鲁番市北部山区、哈密市等地的部分区域出现微到小雨(山区雨转雪),其中伊犁州、塔城地区、石河子市南部山区、乌鲁木齐市、昌吉州等地的部分区域累计降水量 6.1～23.7 mm,伊犁州东部山区、昌吉州山区累计降水量 24.2～45.7 mm,最大降水中心位于昌吉州木垒县大南沟站(图 3.23a)。
②风:北疆大部、喀什地区、克州、和田地区、阿克苏地区、巴州、吐鲁番市、哈密市等地出现 5～6 级西北风,阵风 8～9 级,风口风力 12～14 级。
③沙尘暴:昌吉州奇台站出现沙尘暴,石河子市和巴州且末站出现强沙尘暴</td></tr>
<tr><td rowspan="3">灾害性天气</td><td>暴雨</td><td colspan="3">暴雨站数:5 站,1 日伊犁州、昌吉州共 5 站。
日最大降水中心:区域站伊犁州尼勒克县景区唐布拉景区站 30.7 mm(1 日),国家站昌吉州天池站 20.3 mm(1 日)。
最大小时雨强:昌吉州呼图壁县红山水库站 10.4 mm/h(1 日 19:00—20:00)(图 3.23b)</td></tr>
<tr><td>大风</td><td colspan="3">大风站数:北疆大部、喀什地区、克州、和田地区、阿克苏地区、巴州、吐鲁番市、哈密市等地共 948 站出现 8 级以上大风,其中 10 级以上 279 站(图 3.23c)。
过程极大风速中心:区域站为吐鲁番市托克逊县山洪克尔碱站 41.7 m/s(14 级,2 日 23:40);国家站为哈密市十三间房站 37.9 m/s(13 级,1 日 13:34)</td></tr>
<tr><td>沙尘暴</td><td colspan="3">阿勒泰地区、石河子市、昌吉州、哈密市、巴州共 5 站出现沙尘暴。
沙尘暴站数:5 站出现沙尘暴(阿勒泰地区阿克达拉、石河子市、昌吉州奇台县、哈密市淖毛湖、巴州且末县),其中 2 站(石河子市站、巴州且末站)强沙尘暴。
最低能见度:巴州且末县最小能见度 548 m(2 日 17:10)</td></tr>
<tr><td>灾情</td><td colspan="4">博州、阿勒泰地区、克拉玛依市、吐鲁番市 4 个地(州)6 个县(市)农作物、林果受灾,农业设施、市政设施损坏,房屋受损,电线倾倒</td></tr>
</table>

3.12.2 环流形势

影响系统:500 hPa 西西伯利亚低槽,700～850 hPa 切变线和偏西风急流,地面冷高压、冷锋。

100～200 hPa:新疆处于低槽前偏西急流控制,1 日 20 时 200 hPa 西南急流核最大风速达 38 m/s(图 3.24a)。

500 hPa:5 月 1 日 08 时,欧亚范围内中高纬为“两槽两脊”型,里海-咸海地区和贝加尔湖地区为高压脊区,西西伯利亚地区为低压槽区,里海-咸海高压脊向东北方向伸展,推动西西伯利亚低压槽快速东移影响新疆北部,造成北疆和东疆大部降水和大风(图 3.24b)。

700～850 hPa:700 hPa 北疆地区存在西北风与偏南风的切变线(图 3.24c),1 日 20 时,700 hPa 北疆

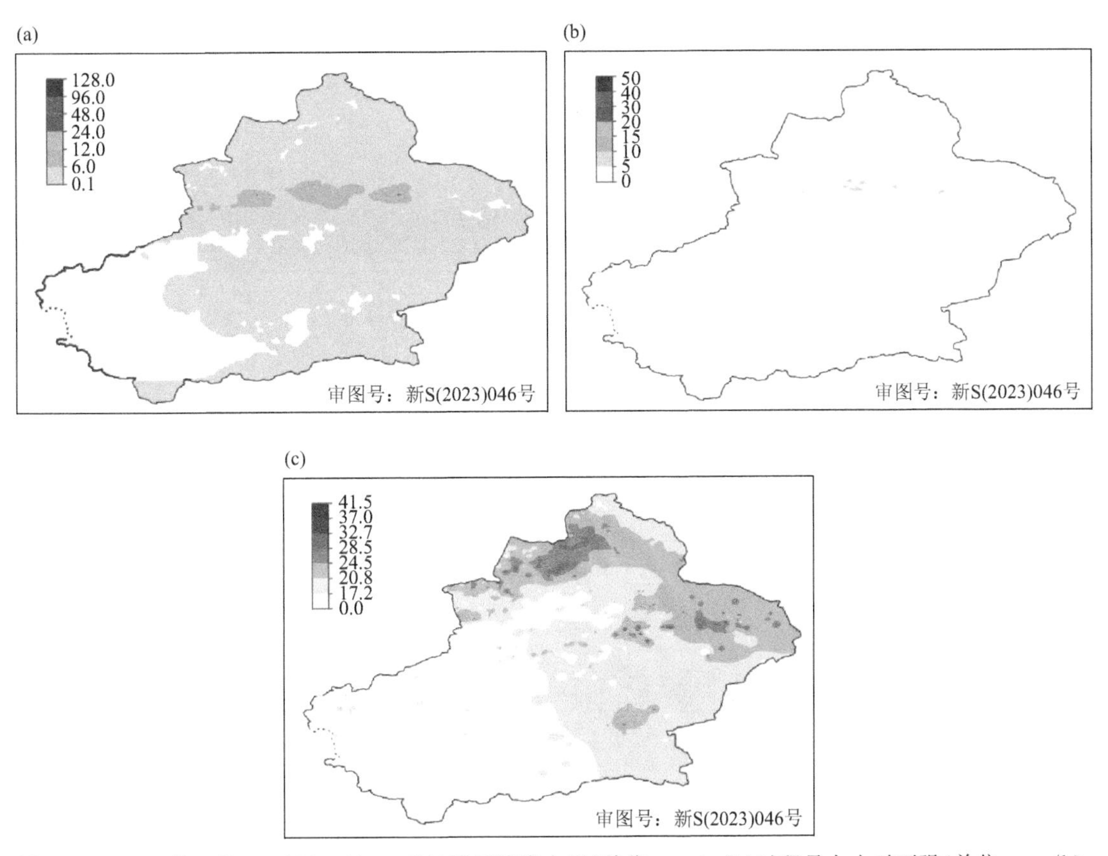

图3.23 (a)5月1日02时至2日20时过程累计降水量(单位:mm);(b)过程最大小时雨强(单位:mm/h);(c)过程极大风速(单位:m/s)

地区存在18 m/s西风急流,850 hPa北疆地区存在24 m/s西北急流。

地面:冷高压沿偏西路径进入新疆,中心强度1030 hPa,冷高压东移过程中前沿分裂冷高压东移,中心强度1025 hPa。冷高压前沿冷锋进入新疆后,移速缓慢,冷锋附近等压线密集,气压梯度力大(图3.24d)。

探空 T-ln$p$:湿层深厚(550～850 hPa),低层(750～850 hPa)存在不稳定层结,对流参数中,暴雨点最近乌鲁木齐站1日20时的探空站资料,K指数为2.5 ℃、SI指数为7.71 ℃、CAPE值为18.3 J/kg、BLI指数为2.3、$T_{850-500}$ 为21.5 ℃(图3.24f)。

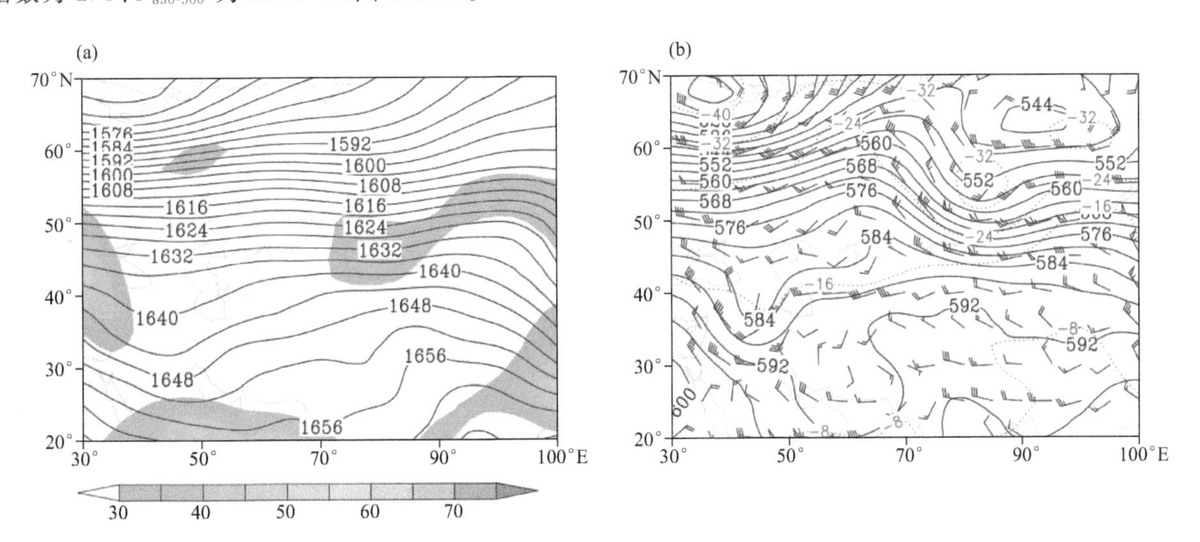

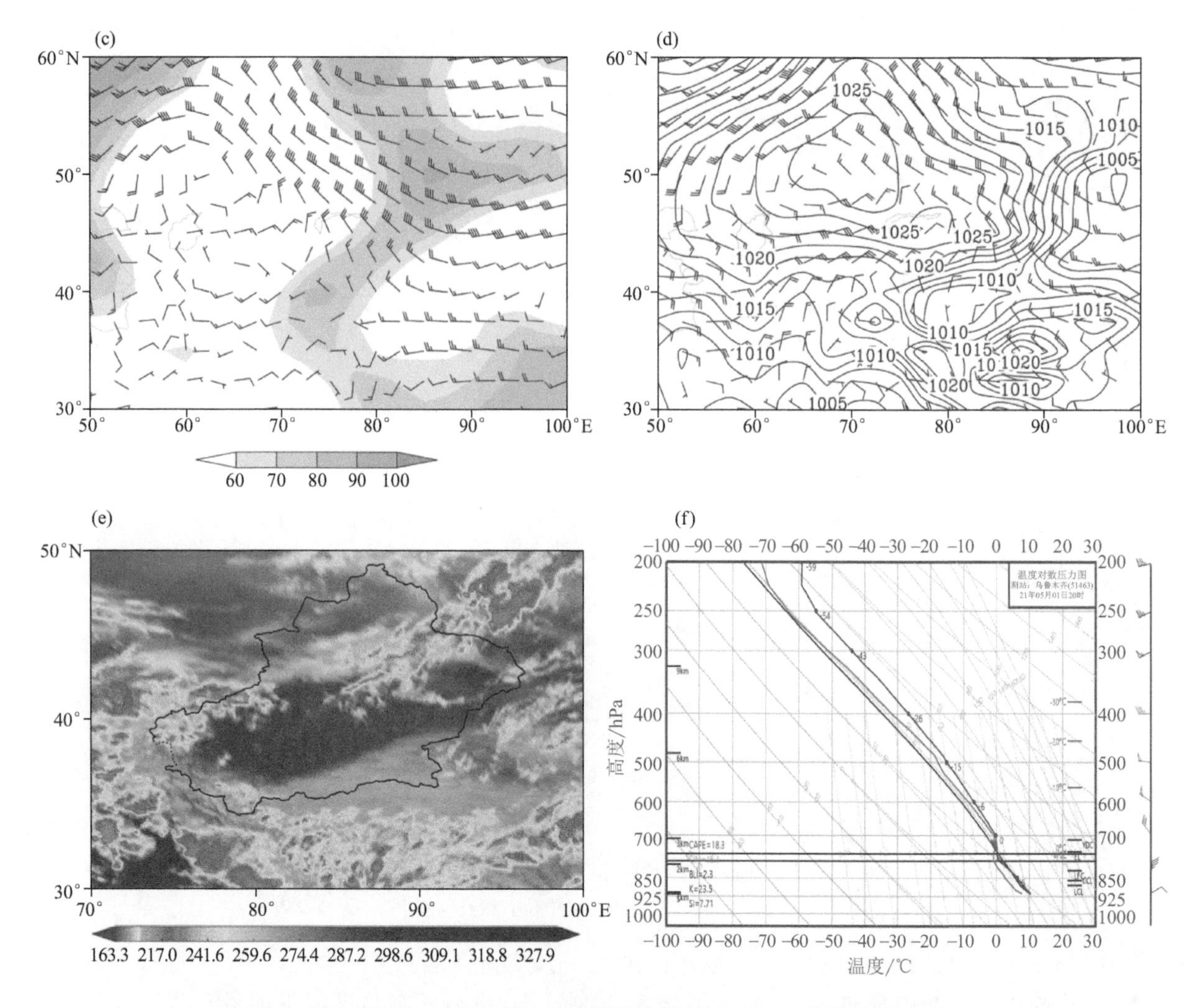

图 3.24　2021 年 5 月 1 日环流形势及 1 日 FY-4A 红外云图

(a)5 月 1 日 20 时 100 hPa 高度场(实线,单位:dagpm)和 200 hPa 风速≥30 m/s 的急流(填色区,单位:m/s);
(b)5 月 1 日 20 时 500 hPa 高度场(黑实线,单位:dagpm)、风场(单位:m/s)和温度场(红虚线,单位:℃);
(c)5 月 1 日 14 时 700 hPa 风场(单位:m/s)和相对湿度(填色区,%);
(d)5 月 1 日 20 时海平面气压(实线,单位:hPa)和 850 hPa 风场(单位:m/s);
(e)5 月 1 日 21:15 FY-4A 红外云图(单位:K);(f)5 月 1 日 20 时乌鲁木齐站 T-ln$p$ 图

3.13　5 月 10 日 20 时至 13 日 08 时局地暴雨、大风

3.13.1　天气实况综述

天气类型	暴雨、大风、沙尘暴	过程强度	中
天气实况	①降雨:全疆大部出现微到小雨,其中伊犁州、博州、塔城地区、石河子市、乌鲁木齐市、昌吉州、喀什地区南部、和田地区东部南部、阿克苏地区、巴州山区、哈密市等地的部分区域降水量为 6.1～23.9 mm;伊犁州、塔城地区山区、石河子市南部山区、昌吉州、乌鲁木齐市山区、喀什地区南部山区、和田地区山区、阿克苏地区北部山区、巴州山区等地累计降水量 24.3～61.9 mm,最大降水中心位于塔城地区沙湾市大南沟站(图 3.25a)。 ②风:北疆大部、喀什地区、克州、和田地区、阿克苏地区、巴州、吐鲁番市、哈密市等地出现 5～6 级西北风,阵风 8～9 级,风口风力 12～14 级。 ③沙尘暴:阿克苏地区、喀什地区、和田地区、巴州、吐鲁番市共 15 站出现沙尘暴。其中喀什地区莎车县、和田地区墨玉县、洛浦县、和田市、民丰县 5 站出现强沙尘暴		

续表

灾害性天气	暴雨	暴雨站数：38 站，11 日伊犁州、塔城地区共 7 站；12 日伊犁州、塔城地区、石河子市、昌吉州共 27 站；13 日阿克苏地区、喀什地区 4 站。 日最大降水中心：区域站昌吉州玛纳斯县南山小白杨沟站（11 日）41.2 mm，国家站昌吉州天池站（12 日）22.3 mm。 短时强降水和最大小时雨强：3 站，最大小时雨强喀什地区巴楚县红海景区站 22.4 mm/h（12 日 20：00—21：00）、塔城地区沙湾市大南沟站 20.0 mm/h（11 日 19：00—20：00）；昌吉州阜康市天池站 10.2mm/h（12 日 18：00—19：00）
	大风	大风站数：北疆大部、喀什地区、克州、和田地区、阿克苏地区、巴州、吐鲁番市、哈密市等地共 976 站出现 8 级以上大风，其中 10 级以上 147 站（图 3.25b）。 过程极大风速中心：区域站为巴州轮台县阳霞镇水管站 42.5 m/s（14 级，12 日 23：03）；国家站为哈密市十三间房站 32.5 m/s（13 级，13 日 00：44）
	沙尘暴	阿克苏地区、喀什地区、和田地区、巴州、吐鲁番市共 15 站出现沙尘暴。 沙尘暴站数：11 日 17—20 时，9 站出现沙尘暴（吐鲁番东砍站，阿克苏地区阿克苏市、库车市、阿拉尔市、温宿县、阿瓦提县、喀什地区岳普湖县、莎车县、泽普县），其中莎车县出现强沙尘暴。12 日 20 时—13 日 08 时，6 站出现沙尘暴（和田地区墨玉县、洛浦县、和田市、于田县、民丰县、巴州塔中站）。其中墨玉县、洛浦县、和田市、民丰县出现强沙尘暴。 最低能见度：和田地区洛浦站 180 m（11 日 22：58）
灾情	阿克苏地区 6 个县（市），喀什地区麦盖提县，巴州 3 个县出现大风灾情，阿克苏市暴雨洪涝灾情，造成棉花、玉米、小麦等农作物受损	

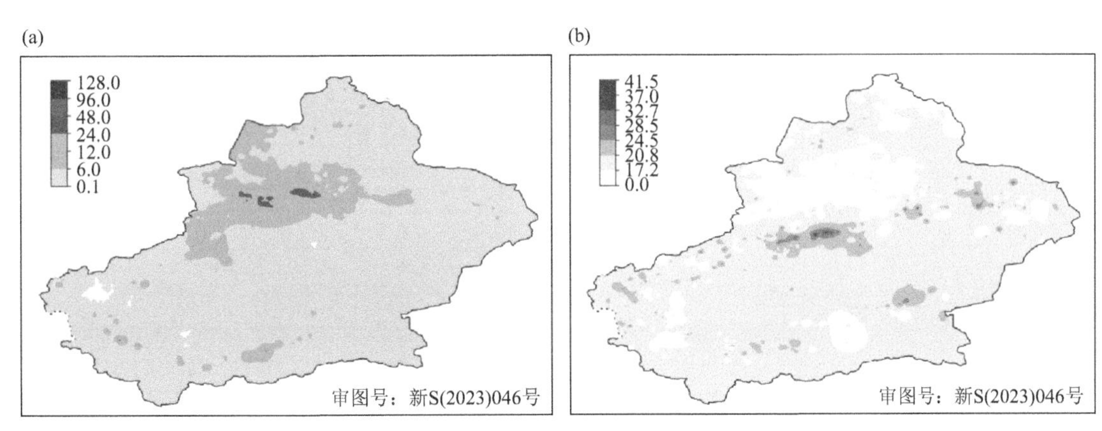

图 3.25　(a)5 月 10 日 20 时至 13 日 08 时过程累计降水量（单位：mm）；(b)过程极大风速（单位：m/s）

3.13.2　环流形势

影响系统：500 hPa 西西伯利亚低槽，700～850 hPa 切变线和偏西急流，地面冷高压、冷锋。

100～200 hPa：新疆处于槽前偏西南急流控制，随着上游长波脊发展东移，低槽东移，5 月 12 日 20 时 200 hPa 偏西急流核最大风速达 48 m/s（图 3.26a）。

500 hPa：500hPa 欧亚范围内呈“两槽一脊”的经向环流，东欧至乌拉尔山为高压脊区，中亚为低槽活动区，里海-咸海脊北伸与乌拉尔山脊叠加，脊前偏北气流引导冷空气南下，补充至西西伯利亚低槽内，低槽发展东移南下与中纬度短波槽结合并东移，槽底南伸至 30°N，造成全疆大部的降水、风沙天气（图 3.26b）。

700～850 hPa：北疆地区存在偏西风和西南风的切变线，5 月 12 日 20 时北疆地区存在西风急流，700 hPa、850 hPa 偏西急流最大风速均达 18 m/s（图 3.26c）。

地面：冷高压沿西北路径影响新疆，高压主体在东移过程中由 1020 hPa 增加至 1025 hPa，11 日 14 时高压前沿进入新疆西部，中心强度 1020 hPa，冷高压前沿冷锋进入北疆后受天山阻挡移速减缓，冷高压中心与南疆盆地低压中心，压差大，有利于南疆沙尘天气（图 3.26d）。

探空 T-ln$p$：中层湿（400～700 hPa），低层（750～850 hPa）存在不稳定层结，对流参数中，暴雨中心点最近塔城站11日20时的探空站资料，垂直风切变0.24，K指数为26.8 ℃、SI指数为0.15 ℃、CAPE值为89.8 J/kg、BLI指数为−0.8、$T_{850\text{-}500}$ 为32.3 ℃(图3.26f)。

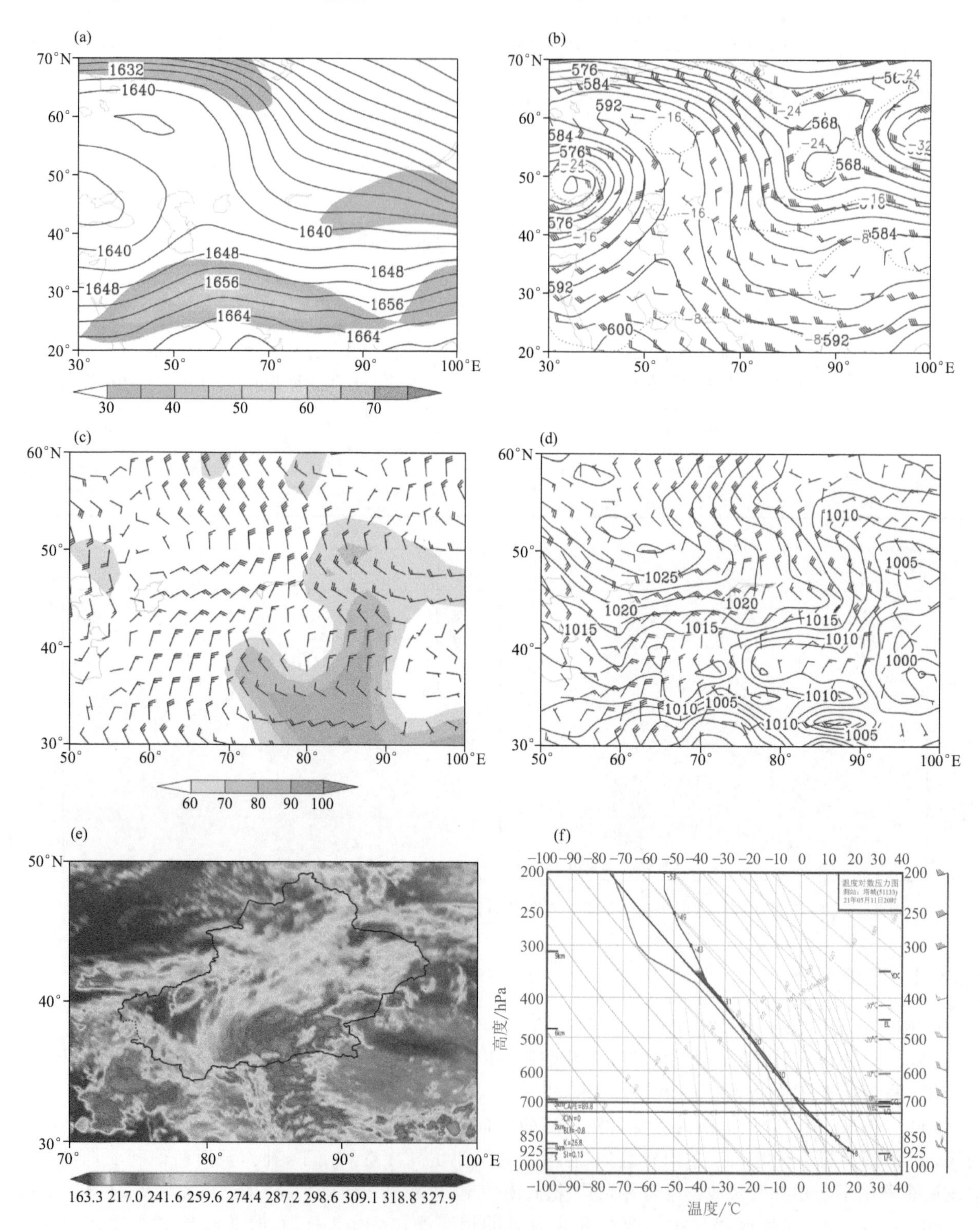

图3.26 2021年5月12日环流形势及12日FY-4A红外云图

(a)5月12日20时100 hPa高度场(实线，单位：dagpm)和200 hPa风速≥30 m/s的急流(填色区，单位：m/s)；
(b)5月12日20时500 hPa高度场(黑实线，单位：dagpm)、风场(单位：m/s)和温度场(红虚线，单位：℃)；
(c)5月12日08时700 hPa风场(单位：m/s)和相对湿度(填色区，%)；
(d)5月12日20时海平面气压(实线，单位：hPa)和850 hPa风场(单位：m/s)；
(e)5月12日20:30 FY-4A红外云图(单位：K)；(f)5月11日20时塔城站 $T\text{-}\ln p$ 图

3.14 5 月 13 日 08 时至 14 日 17 时局地暴雨

3.14.1 天气实况综述

<table>
<tr><td>天气类型</td><td colspan="2">暴雨、大风</td><td>过程强度</td><td>中</td></tr>
<tr><td>天气实况</td><td colspan="4">①降雨：阿克苏地区、和田地区、巴州和伊犁州、博州、塔城地区、阿勒泰地区、喀什地区、克州山区、哈密市等地的部分区域出现降水，阿克苏地区、和田地区、巴州的部分区域和塔城地区、阿勒泰地区西部、喀什地区、哈密市等地的局部区域累计降水量 6.1～12 mm，阿克苏地区、和田地区、巴州、哈密市等地的局部区域累计降水量 12.3～51 mm，最大降水中心位于和田地区于田县英巴格乡站（图 3.27a）。
②风：全疆大部区域出现 6 级左右西北阵风，伊犁州、博州、塔城地区、阿勒泰地区、喀什地区、克州、和田地区、阿克苏地区、巴州、吐鲁番市、哈密市等地出现 8 级以上偏西或西北大风，上述地区的风口风力 10～11 级，极大风速出现在吐鲁番市托克逊县山洪克尔碱站（31.5 m/s，11 级）</td></tr>
<tr><td rowspan="2">灾害性天气</td><td>暴雨</td><td colspan="3">暴雨站数：14 站。13 日和田地区、阿克苏地区、哈密市共 4 站；14 日阿克苏地区、和田地区、巴州共 10 站。
日最大降水中心：区域站和田地区于田县英巴格乡站 51 mm（14 日），国家站巴州且末县塔中站 34.0 mm（14 日）。
短时强降水和最大小时雨强：2 站，最大小时雨强和田地区于田县英巴格乡站 27.2 mm/h（13 日 21:00—22:00）、巴州尉犁县古勒巴格乡淀粉村站 24.0 mm/h（13 日 15:00—16:00）</td></tr>
<tr><td>大风</td><td colspan="3">大风站数：伊犁州、博州、塔城地区、阿勒泰地区、喀什地区、克州、和田地区、阿克苏地区、巴州、吐鲁番市、哈密市等地共 207 站出现 8 级以上大风，其中 10 级以上 9 站（图 3.27b）。
过程极大风速中心：区域站为吐鲁番市托克逊县山洪克尔碱站 31.5 m/s（11 级，13 日 08:35）；国家站为哈密市十三间房站 28.4 m/s（10 级，13 日 11:30）</td></tr>
<tr><td>灾情</td><td colspan="4">阿克苏地区阿克苏市、拜城县出现降水，造成农户受灾，农作物、农田受损；阿克苏地区沙雅县、温宿县、阿拉尔市出现强降水和冰雹，造成农作物、农田受损</td></tr>
</table>

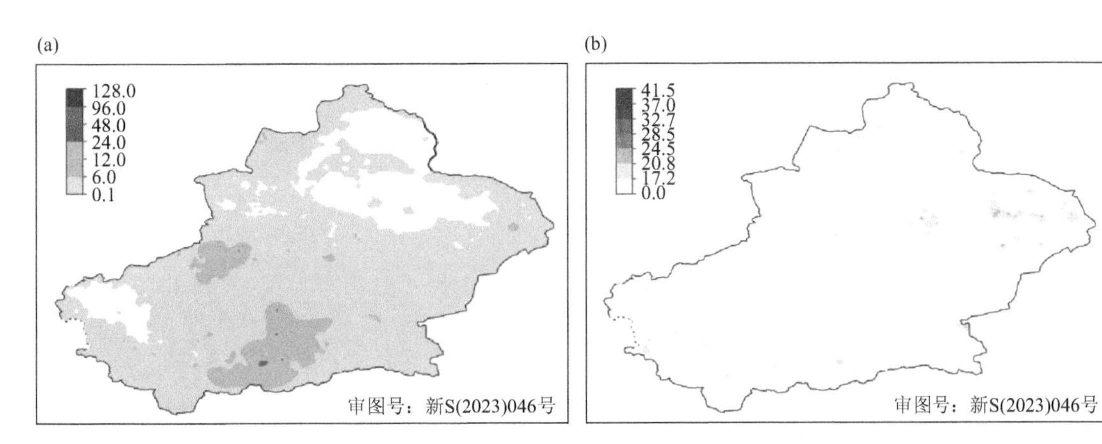

图 3.27 (a)5 月 13 日 08 时至 14 日 17 时过程累计降水量(单位：mm)；(b)过程极大风速(单位：m/s)

3.14.2 环流形势

影响系统：500 hPa 西西伯利亚低槽，700 hPa 偏北急流、切变线，850 hPa 偏东急流，地面冷高压。

100～200 hPa：新疆受长波槽前西南急流控制，随着长波槽东移南压，锋区南压加强，5 月 13 日 20 时 200 hPa 偏西急流核最大风速达 46 m/s（图 3.28a）。

500 hPa：欧亚范围中高纬为“两槽一脊”的经向环流，东欧至乌拉尔山为高压脊区，西西伯利亚为低槽区，低槽发展东移南下，槽底南伸至 35°N，随着高压脊顶东南落，推动低槽分裂冷空气进入新疆，造成南疆地区、东疆的降水、风沙天气（图 3.28b）。

700～850 hPa：南疆西部存在偏北急流和偏西风的切变线，13 日 20 时，700 hPa 北疆北部有中心为

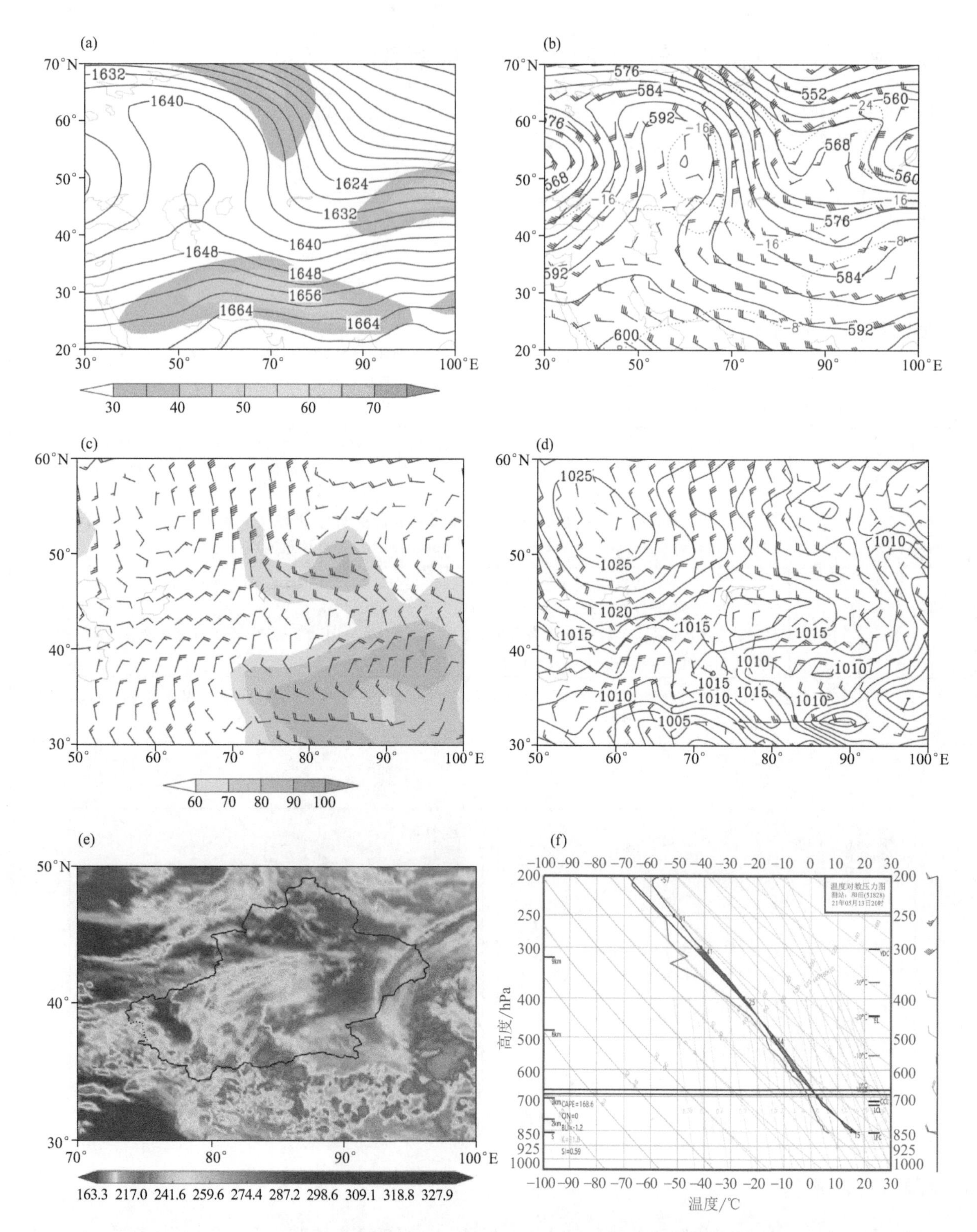

图 3.28　2021 年 5 月 13 日环流形势及 FY-4A 红外云图

(a)5 月 13 日 20 时 100 hPa 高度场(实线,单位:dagpm)和 200 hPa 风速≥30 m/s 的急流(填色区,单位:m/s);

(b)5 月 13 日 20 时 500 hPa 高度场(黑实线,单位:dagpm)、风场(单位:m/s)和温度场(红虚线,单位:℃);

(c)5 月 13 日 20 时 700 hPa 风场(单位:m/s)和相对湿度(填色区,%);

(d)5 月 13 日 20 时海平面气压(实线,单位:hPa)和 850 hPa 风场(单位:m/s);

(e)5 月 13 日 20:15 FY-4A 红外云图(单位:K);(f)5 月 13 日 20 时和田站 T-ln$p$ 图

32 m/s 的偏北急流(图 3.28c),13 日 20 时 850 hPa 塔城地区北部偏西急流最大风速达 14 m/s,南疆盆地存在偏北风和偏东风的辐合切变线,13 日 20 时 850 hPa 巴州南部偏东急流最大风速达 16 m/s。

地面:冷高压路径为西北路径影响新疆,高压中心 1025 hPa,冷高压中心东移过程中不断增强,中心位于里海北部,5 月 13 日 20 时冷高压分裂冷空气翻山进入南疆盆地,造成南疆地区的降水(图 3.28d)。

探空 T-ln$p$:中层湿(500～700 hPa),低层(700～850 hPa)存在不稳定层结,对流参数中,暴雨中心点最近和田站 13 日 20 时的探空站资料,垂直风切变 0.08,K 指数为 31.6 ℃、SI 指数为 0.59 ℃、CAPE 值为 168.6 J/kg、BLI 指数为−1.2、$T_{850\text{-}500}$ 为 29.7 ℃(图 3.28f)。

3.15　5 月 14 日 17 时至 18 日 20 时局地暴雨、大风、沙尘暴

3.15.1　天气实况综述

<table>
<tr><td>天气类型</td><td colspan="2">暴雨、大风、沙尘暴</td><td>过程强度</td><td>中</td></tr>
<tr><td>天气实况</td><td colspan="4">①降雨:全疆大部出现降水,南北疆部分区域累计降水量 6.1～12.0 mm,伊犁州、博州、塔城地区南部、石河子市南部山区、乌鲁木齐市南部山区、昌吉州山区、克州山区、和田地区、阿克苏地区、巴州山区的部分区域 12.1～48.0 mm;塔城地区南部、和田地区东部、阿克苏地区北部山区的局地 48.1～73.2 mm,最大降水中心位于阿克苏地区拜城县亚吐尔乡古勒阿塔村站(图 3.29a)。
②风:全疆大部区域出现 5 级左右西北阵风,风口阵风 10～11 级,最大风速中心出现在喀什地区塔什库尔干县迪尔乡下坂地水库站 11 级(29.8 m/s)。
③沙尘暴:喀什地区岳普湖站出现沙尘暴</td></tr>
<tr><td rowspan="3">灾害性天气</td><td>暴雨</td><td colspan="3">暴雨站数:24 站,15 日阿克苏地区、克州共 16 站;16 日阿克苏地区、巴州 3 站;17 日阿克苏地区、塔城地区、巴州、喀什地区 5 站。
日最大降水中心:区域站阿克苏地区拜城县亚吐尔乡古勒阿塔村站 48.3 mm(15 日),国家站克州乌恰站 19.5 mm(15 日)。
短时强降水和最大小时雨强:2 站,最大小时雨强阿克苏地区温宿县台兰河水电站 21.7 mm/h(16 日 20:00—21:00);巴州和硕县塔哈其镇葡萄基地 20.1 mm/h(17 日 14:00—15:00)</td></tr>
<tr><td>大风</td><td colspan="3">大风站数:博州、塔城地区北部、阿勒泰地区、昌吉州、喀什地区、克州山区、和田地区、阿克苏地区、巴州、吐鲁番市、哈密市等地共 204 站出现 8 级以上大风,其中 10 级以上 8 站(图 3.29b)。
过程极大风速中心:区域站为喀什地区塔什库尔干县迪尔乡下坂地水库站 29.8 m/s(11 级,16 日 22:29);国家站为巴州库尔勒市站 23.4 m/s(9 级,16 日 04:02)</td></tr>
<tr><td>沙尘暴</td><td colspan="3">喀什地区岳普湖站出现沙尘暴。
沙尘暴站数:14 日 1 站出现沙尘暴(喀什地区岳普湖县)。
最低能见度:喀什地区岳普湖县站 371 m(14 日 20:03)</td></tr>
<tr><td>灾情</td><td colspan="4">喀什地区巴楚县、阿克苏地区沙雅县,巴州库尔勒市,轮台县出现冰雹灾情,阿克苏地区阿瓦提县出现暴雨洪涝灾情,造成棉花、小麦、林果、蔬菜等作物不同程度受损</td></tr>
</table>

3.15.2　环流形势

影响系统:500 hPa 中亚低涡,700 hPa 切变线,850 hPa 偏东急流,地面冷高压。

100～200 hPa:欧亚范围里海-咸海地区为高压脊区,新疆受长波槽控制,随着上游高压脊减弱东移,推动长波槽东移影响新疆。5 月 15 日 20 时 200 hPa 偏西急流核最大风速达 52 m/s(图 3.30a)。

500 hPa:欧亚范围中高纬为“两槽两脊”的经向环流,东欧到乌拉尔山地区为高压脊区,西欧和西伯利亚至巴尔喀什湖地区为低槽活动区,中心位于巴尔喀什湖南部,随着上游高压脊顶顺转,分裂正变高南下推动巴尔喀什湖低槽转竖东南移,与中亚地区东移的短波槽结合,低涡加强,影响新疆,同时受下游高压脊阻挡,影响系统移速缓慢,造成了此次暴雨、大风天气(图 3.30b)。

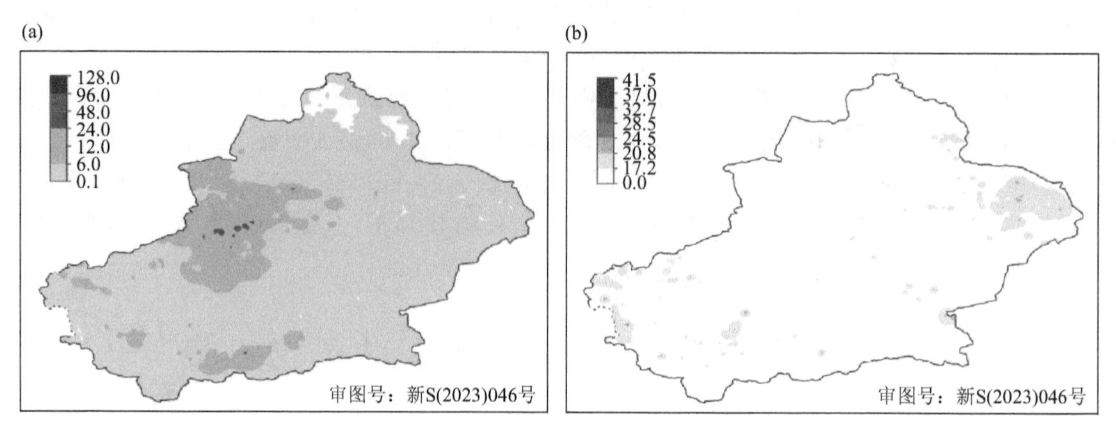

图 3.29 (a)5 月 14 日 17 时至 18 日 20 时过程累计降水量(单位:mm);(b)过程极大风速(单位:m/s)

700～850 hPa:700 hPa 南疆西部存在偏北风和偏西风的切变线(图 3.30c),15 日 20 时,850 hPa 南疆盆地有中心为 20 m/s 的偏东急流,东风急流西伸至南疆西部,与偏西风和地形有辐合。

地面:冷高压以偏西路径影响新疆,冷高压中心在巴尔喀什湖及以西地区维持,15 日 20 时冷高压前沿分裂冷空气翻山进入南疆盆地,造成此次南疆的降水、大风天气(图 3.30d)。

探空 T-ln$p$:低层湿(850 hPa),低层(700～850 hPa)、中层(500～600 hPa)存在不稳定层结,对流参数中,短时强降水最近点阿克苏站 16 日 20 时的探空站资料,垂直风切变 0.12,K 指数为 32.2 ℃、SI 指数为－2.0 ℃、CAPE 值为 287.3 J/kg、BLI 指数为－2.6、$T_{850\text{-}500}$ 为 31.6 ℃(图 3.30f)。

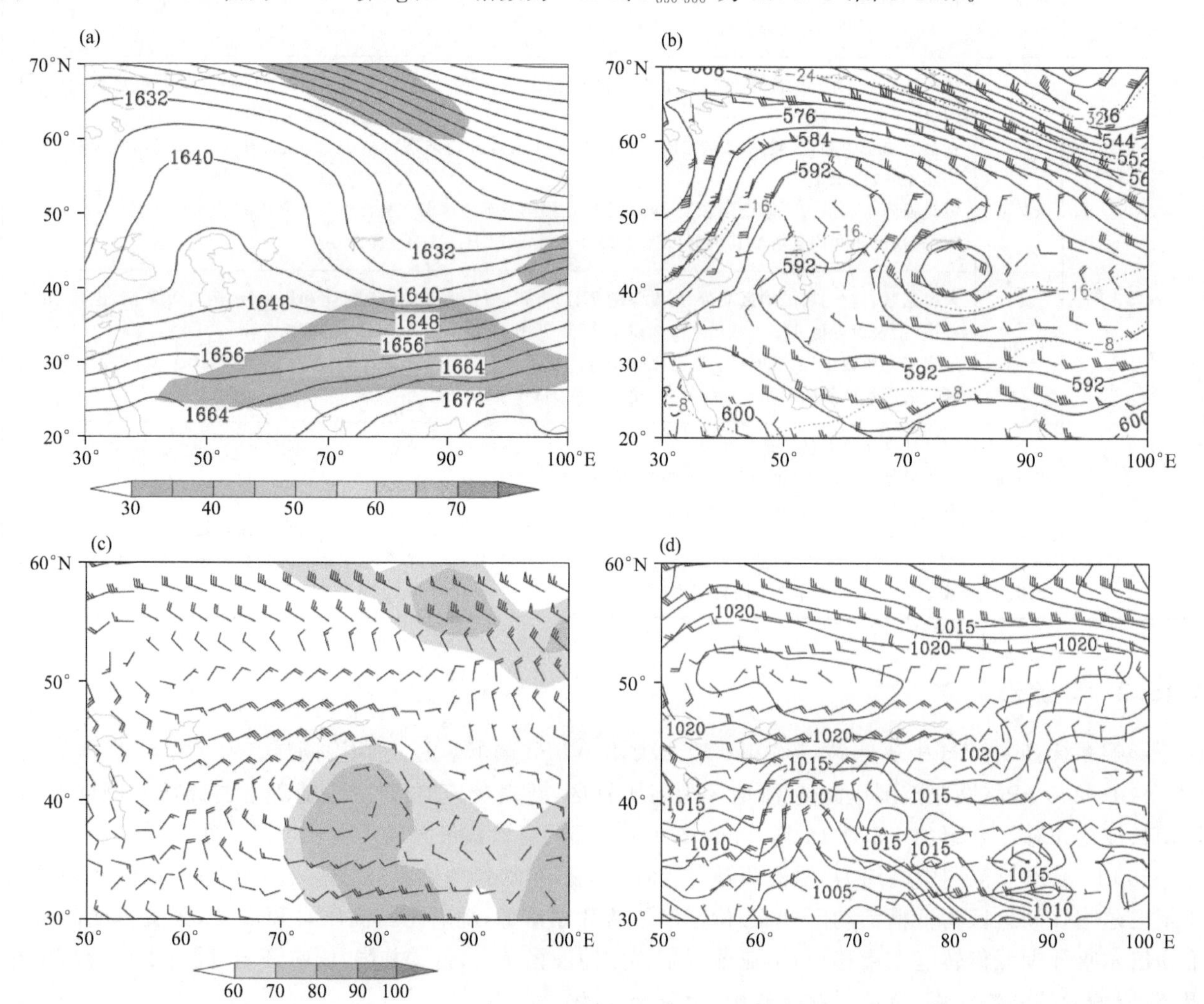

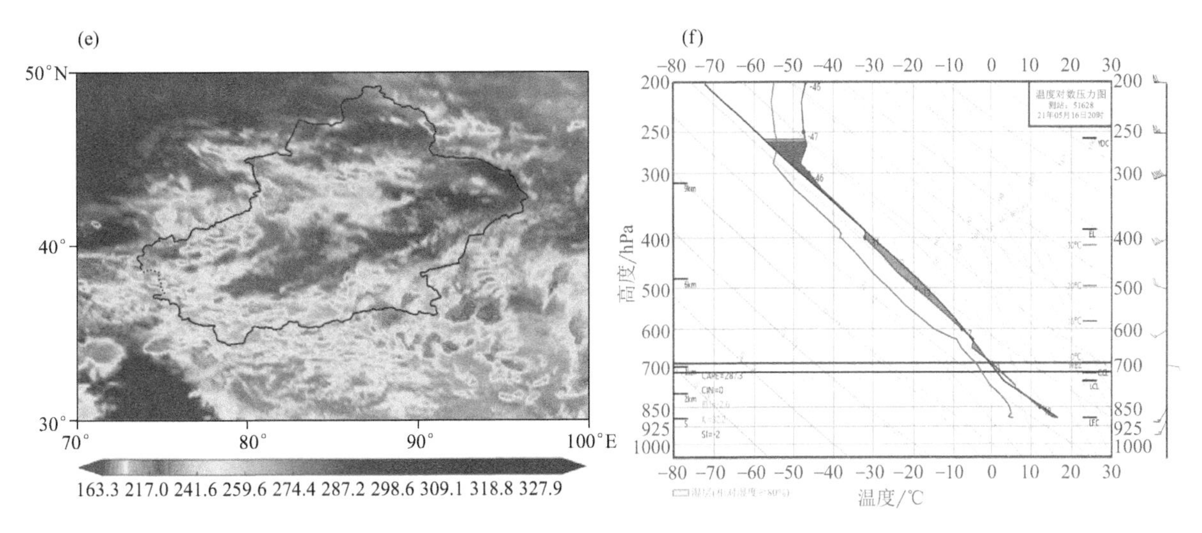

图 3.30　2021 年 5 月 15 日环流形势及 FY-4A 红外云图

(a)5 月 15 日 20 时 100 hPa 高度场(实线,单位:dagpm)和 200 hPa 风速≥30 m/s 的急流(填色区,单位:m/s);
(b)5 月 15 日 20 时 500 hPa 高度场(黑实线,单位:dagpm)、风场(单位:m/s)和温度场(红虚线,单位:℃);
(c)5 月 15 日 20 时 700 hPa 风场(单位:m/s)和相对湿度(填色区,%);
(d)5 月 15 日 20 时海平面气压(实线,单位:hPa)和 850 hPa 风场(单位:m/s);
(e)5 月 15 日 20:30 FY-4A 红外云图(单位:K);(f)5 月 16 日 20 时阿克苏站 T-ln$p$ 图

3.16　5 月 19 日 14 时至 23 日 02 时局地暴雨、大风、沙尘暴

3.16.1　天气实况综述

天气类型	暴雨、大风		过程强度	强
天气实况	①降雨:全疆大部出现降水,南北疆部分区域累计降水量 6.1～12.0 mm,伊犁州东部、博州东部、塔城地区、阿勒泰地区北部东部、石河子市南部山区、乌鲁木齐市、昌吉州山区、克州南部山区、和田地区西部山区、哈密市的局部区域 12.1～46.4 mm;最大降水中心位于昌吉州阜康市三工河乡天池景区马牙山站(图 3.31a)。 ②风:全疆大部地区出现 5 级左右西北风,北疆东疆风口及克州山区、阿克苏地区西部等地阵风 10～12 级,最大风速中心出现在吐鲁番市托克逊县阿拉沟水库 41.9 m/s(14 级)。 ③霜冻:阿勒泰地区青河站、昌吉州北塔山站共 2 站出现终霜冻			
灾害性天气	暴雨	暴雨站数:9 站,20 日昌吉州、阿勒泰地区、塔城地区共 6 站;21 日伊犁州、昌吉州、哈密市 3 站。 日最大降水中心:区域站昌吉州阜康市三工河乡天池景区马牙山站 35.5 mm(20 日),国家站昌吉州天池站 24.9 mm(20 日)。 最大小时雨强:伊犁州特克斯县喀拉托海镇也什克勒克牧业村 13.4mm/h、阿勒泰地区布尔津县禾木乡黑流滩中游站 13.4 mm/h(图 3.31b)		
	大风	大风站数:伊犁州、博州、塔城地区、阿勒泰地区、石河子市、乌鲁木齐市、昌吉州、喀什地区、克州山区、和田地区、阿克苏地区、巴州、吐鲁番市、哈密市等地共 1065 站出现 8 级以上大风,其中 10 级以上 199 站(图 3.31c)。 过程极大风速中心:区域站为吐鲁番市托克逊县阿拉沟水库站 41.9 m/s(14 级,20 日 20:51);国家站为哈密市十三间房站 33.9 m/s(12 级,20 日 21:04)		
	霜冻	终霜冻:22 日阿勒泰地区青河站 1 站、昌吉州北塔山站 1 站,共 2 站出现终霜冻		
灾情	克拉玛依、鄯善县、福海县大风造成市政设施受损,农牧民、农作物受灾			

(a)

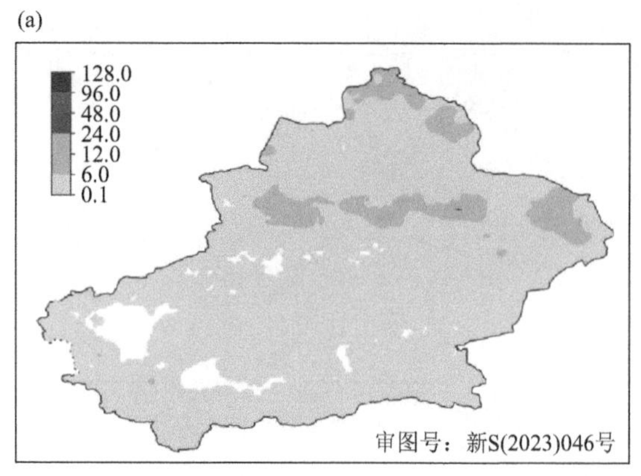

(b)

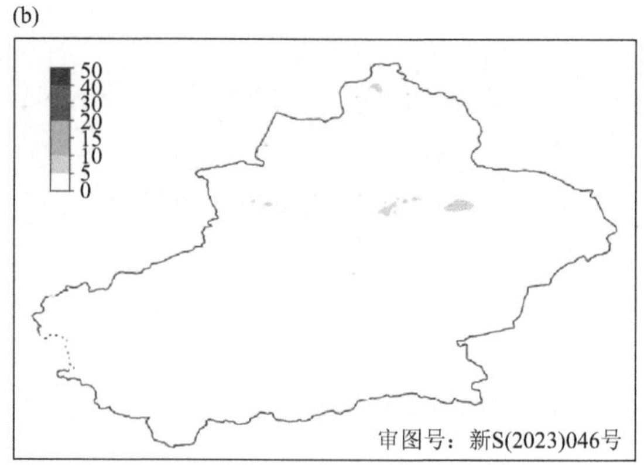

(c)

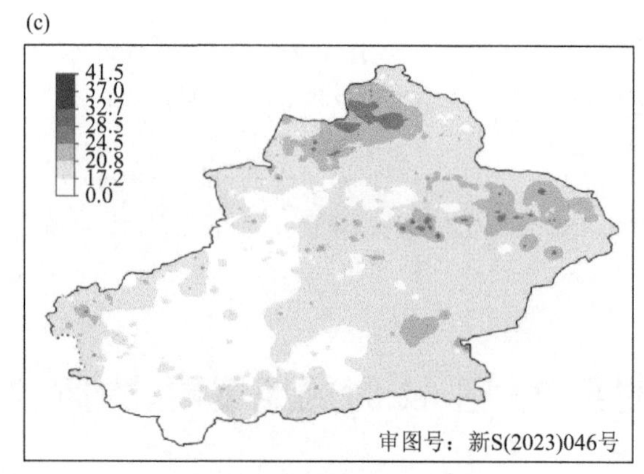

图 3.31 (a)5 月 19 日 14 时至 23 日 02 时过程累计降水量(单位：mm)；(b)过程最大小时雨强(单位：mm/h)；(c)过程极大风速(单位：m/s)

3.16.2 环流形势

影响系统：500 hPa 西西伯利亚低槽，700～850 hPa 西北急流和切变线，地面冷高压、冷锋。

100～200 hPa：新疆处于长波槽前西南气流影响，是有利的降水环流形势，5 月 21 日 08 时 200 hPa 西南急流核最大风速达 50 m/s(图 3.32a)。

500 hPa：5 月 21 日 08 时，欧亚范围中高纬以“两槽两脊”的经向环流为主，乌拉尔山地区和贝加尔湖地区为高压脊区，西西伯利亚地区为低槽区，里海-咸海地区高压脊不断北伸与乌拉尔山高压脊南北结合，脊前北风带引导极区冷空气南下东移主体影响新疆北部，造成了北疆地区的降水、大风天气，部分冷空气继续南下在南疆西部上游形成低槽，东移造成了南疆西部的降水、大风天气(图 3.32b)。

700～850 hPa：北疆和南疆西部存在西北急流和偏西风与西南风的切变线(图 3.32c)，中天山有偏北风与天山地形的辐合，地形强迫抬升有利于垂直上升运动发展。22 日 20 时，700 hPa 北疆有中心为 22 m/s 的偏西急流，对应 850 hPa 偏西急流最大风速达 20 m/s。

地面：地面高压以西北路径影响新疆，中心位于巴尔喀什湖地区冷高压前沿冷锋沿西北—东南向进入新疆北部，锋区等压线密集，进入北疆后受天山地形阻挡移速缓慢，造成此次暴雨、降温、大风天气(图 3.32d)。

探空 T-ln$p$：湿层深厚(500～850 hPa)，低层(700～850 hPa)存在不稳定层结，对流参数中，暴雨中心最近点乌鲁木齐站 20 日 20 时的探空站资料，垂直风切变 1.85，K 指数为 31.2 ℃、SI 指数为 2.09 ℃、CAPE 值为 91 J/kg、BLI 指数为 1.0、$T_{850\text{-}500}$ 为 24.2 ℃(图 3.32f)。

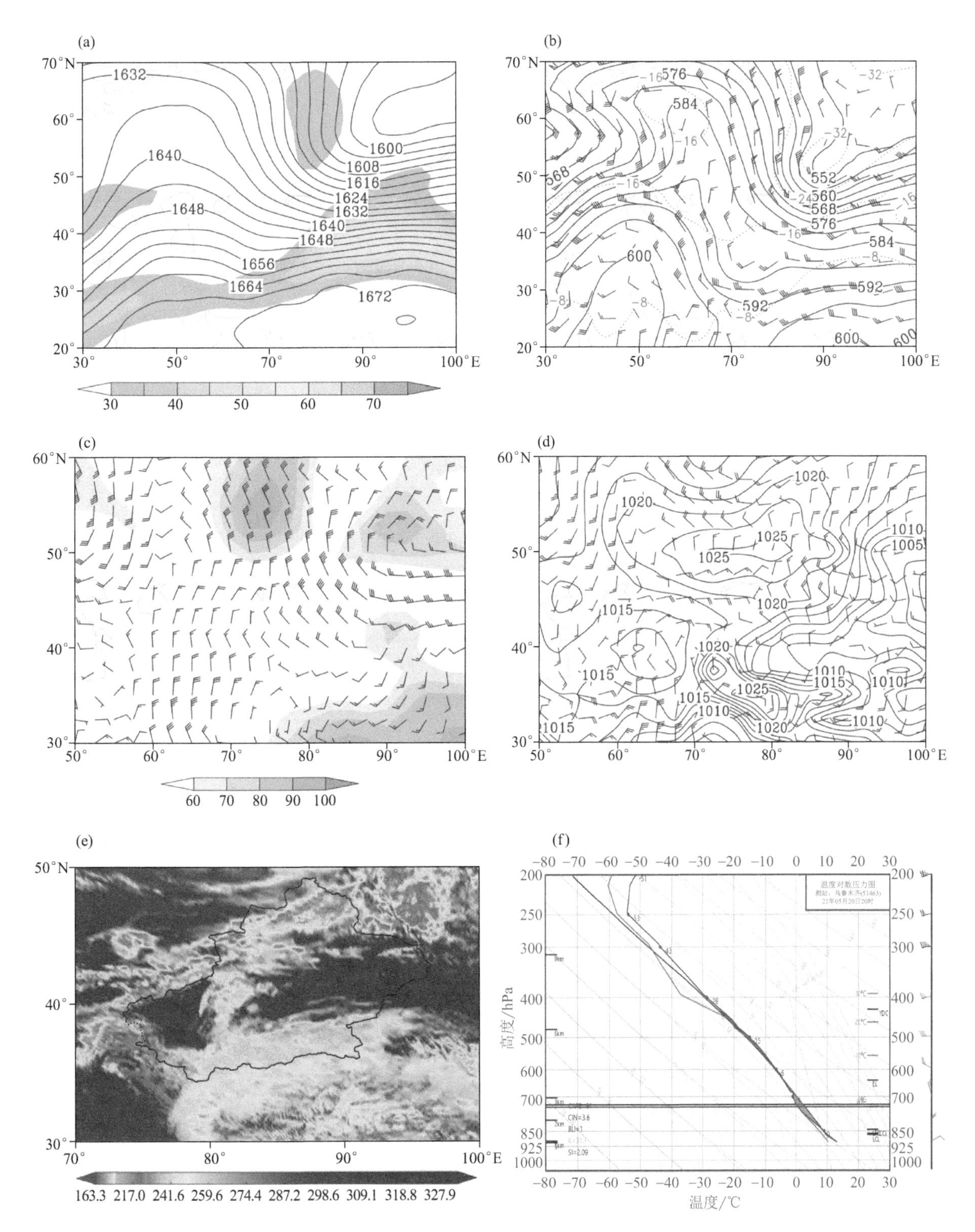

图 3.32　2021 年 5 月 20、21 日环流形势及 21 日 FY-4A 红外云图

(a)5 月 21 日 08 时 100 hPa 高度场(实线,单位:dagpm)和 200 hPa 风速≥30 m/s 的急流(填色区,单位:m/s);
(b)5 月 21 日 08 时 500 hPa 高度场(黑实线,单位:dagpm)、风场(单位:m/s)和温度场(红虚线,单位:℃);
(c)5 月 21 日 08 时 700 hPa 风场(单位:m/s)和相对湿度(填色区,%);
(d)5 月 21 日 08 时海平面气压(实线,单位:hPa)和 850 hPa 风场(单位:m/s);
(e)5 月 20 日 14:30FY-4A 红外云图(单位:K);(f)5 月 20 日 20 时乌鲁木齐站 T-ln$p$ 图

3.17 6月4日08时至6日20时局地暴雨、大风、沙尘暴

3.17.1 天气实况综述

天气类型	暴雨、大风、沙尘暴	过程强度	中强
天气实况	①降雨:北疆各地和克州山区、阿克苏地区北部山区、巴州、吐鲁番市、哈密市等地的部分区域出现微到小雨,其中伊犁州、塔城地区南部山区、阿勒泰地区北部山区、石河子市、乌鲁木齐市、昌吉州、巴州山区、吐鲁番市北部山区、哈密市北部山区等地的部分区域出现中到大雨,累计降水量 6.1～23.9 mm,伊犁州、乌鲁木齐市、昌吉州东部山区、吐鲁番市北部山区等地局部区域暴雨,累计降水量 24.1～51.2 mm,最大降雨中心位于吐鲁番市高昌区恰勒坎渠首站(图 3.33a)。 ②风:北疆各地和克州山区、阿克苏地区北部山区、巴州、吐鲁番市、哈密市等地风力 5 级,风口风力 10～11 级,极大风速出现在伊犁州特克斯县喀拉峻湖站和巴州若羌县罗布泊公路站,均为 34.0 m/s(12 级)。 ③沙尘暴:巴州且末站出现沙尘暴		
灾害性天气	暴雨	暴雨站数:10 站,4 日,伊犁州 1 站;6 日伊犁州、昌吉州,吐鲁番市,共 9 站。 日最大降水中心:区域站为吐鲁番市高昌区恰勒坎渠首站 44.7 mm(6 日),国家站昌吉州天池站 26.1 mm(6 日)。 短时强降水和最大小时雨强:2 站,最大小时雨强伊犁州伊宁县喀拉亚尕奇乡奥依曼布拉克村站 21.2 mm/h(4 日 19:00—20:00);昌吉州天池站 10.4 mm/h(5 日 20:00—21:00)(图 3.33b)	
	大风	大风站数:伊犁州、博州、塔城地区、阿勒泰地区、克拉玛依市、石河子市、昌吉州、喀什地区、克州、和田地区、阿克苏地区、巴州、吐鲁番市、哈密市等地共 979 站出现 8 级以上大风,其中 10 级以上 182 站(图 3.33c)。 过程极大风速中心:区域站为极大风速出现在伊犁州特克斯县阔克苏乡马场喀拉峻湖长 43.2 m/s(14 级,6 日 08:48);国家站为哈密市十三间房站 28.1 m/s(11 级,6 日 00:46)	
	沙尘暴	巴州且末站出现沙尘暴。 沙尘暴站数:4 日 1 站出现沙尘暴(巴州且末县)。 最低能见度:巴州且末站 347 m(4 日 18:13)	
灾情	伊犁州新源县、特克斯县出现冰雹灾情,造成冬麦、玉米、苜蓿、水稻、油葵等农作物以及水利、道路等不同程度受灾;伊宁市暴雨洪涝灾情,造成农作物、桥涵、牲畜等不同程度受灾		

3.17.2 环流形势

影响系统:500 hPa 西西伯利亚低槽,700～850 hPa 西风急流和切变线,地面冷高压、冷锋。

100～200 hPa:新疆受极锋锋区上的低槽控制,6 月 5 日 20 时 200 hPa 北疆北部偏西急流核最大风速达 52 m/s(图 3.34a)。

500 hPa:5 日 20 时,500 hPa 欧亚范围内中高纬为“两槽两脊”型的经向环流,北欧地区为低槽活动区,新疆脊与贝加尔湖高压脊叠加呈西南—东北向,伊朗副热带高压(以下简称副高)北抬与里海-咸海浅脊同位相叠加,发展强盛,脊前短波槽东移南下产生北疆东疆降水、大风天气(图 3.34b)。

700～850 hPa:北疆存在偏西急流和偏西风与西南风的切变线,5 日 08 时,700 hPa 北疆北部偏西急流中心为 22 m/s(图 3.34c),6 月 5 日 20 时,850 hPa 北疆北部偏西急流最大风速达 20 m/s。

地面:地面冷高压以西北路径影响新疆,最大中心强度达 1027.5 hPa,南疆盆地受低压控制。6 月 5 日 20 时地面高压前沿冷锋东移影响北疆,等压线密集,气压梯度力大(图 3.34d)。

探空 T-ln$p$:湿层深厚(400～700 hPa),低层(700～850 hPa)存在不稳定层结,对流参数中,暴雨中心最近乌鲁木齐站 5 日 20 时的探空站资料,垂直风切变 0.22,K 指数为 34.5 ℃、SI 指数为 1.05 ℃、CAPE 值为 70.2 J/kg、BLI 指数为−0.1、$T_{850-500}$ 为 29.7 ℃。

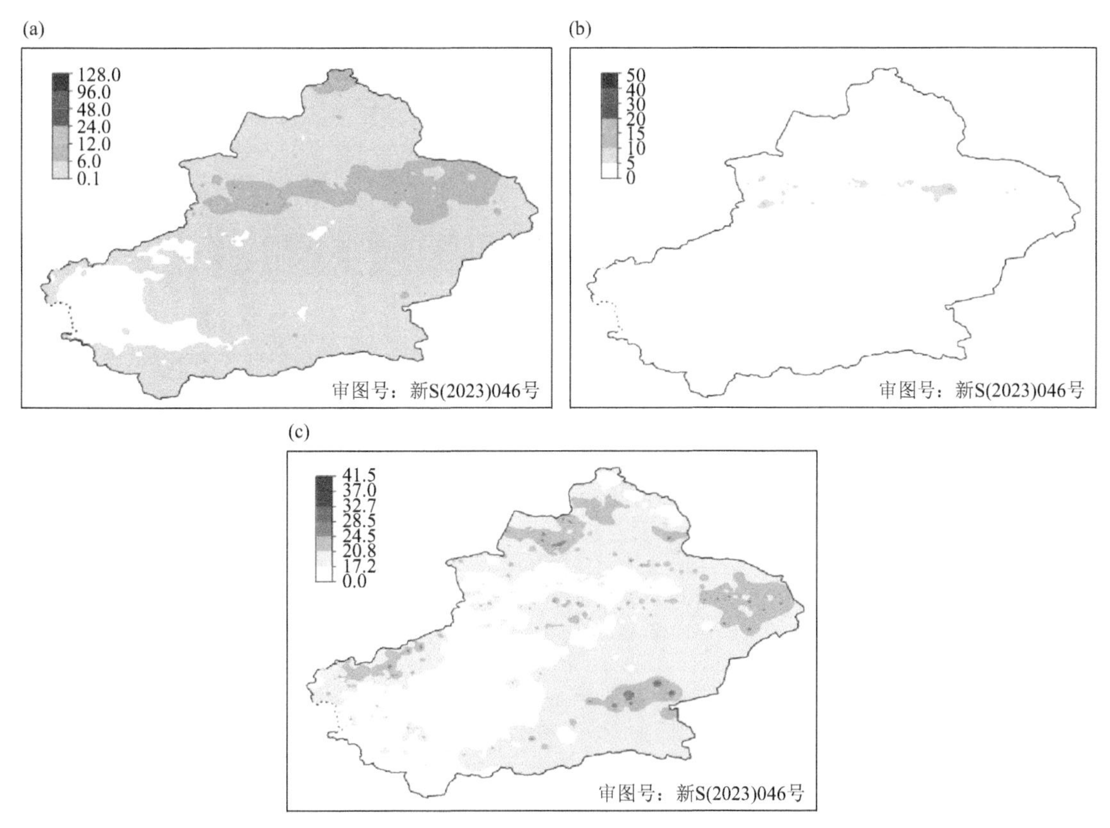

图 3.33　(a)6 月 4 日 08 时至 6 日 20 时过程累计降水量(单位：mm)；(b)过程最大小时雨强(单位：mm/h)；(c)过程极大风速(单位：m/s)

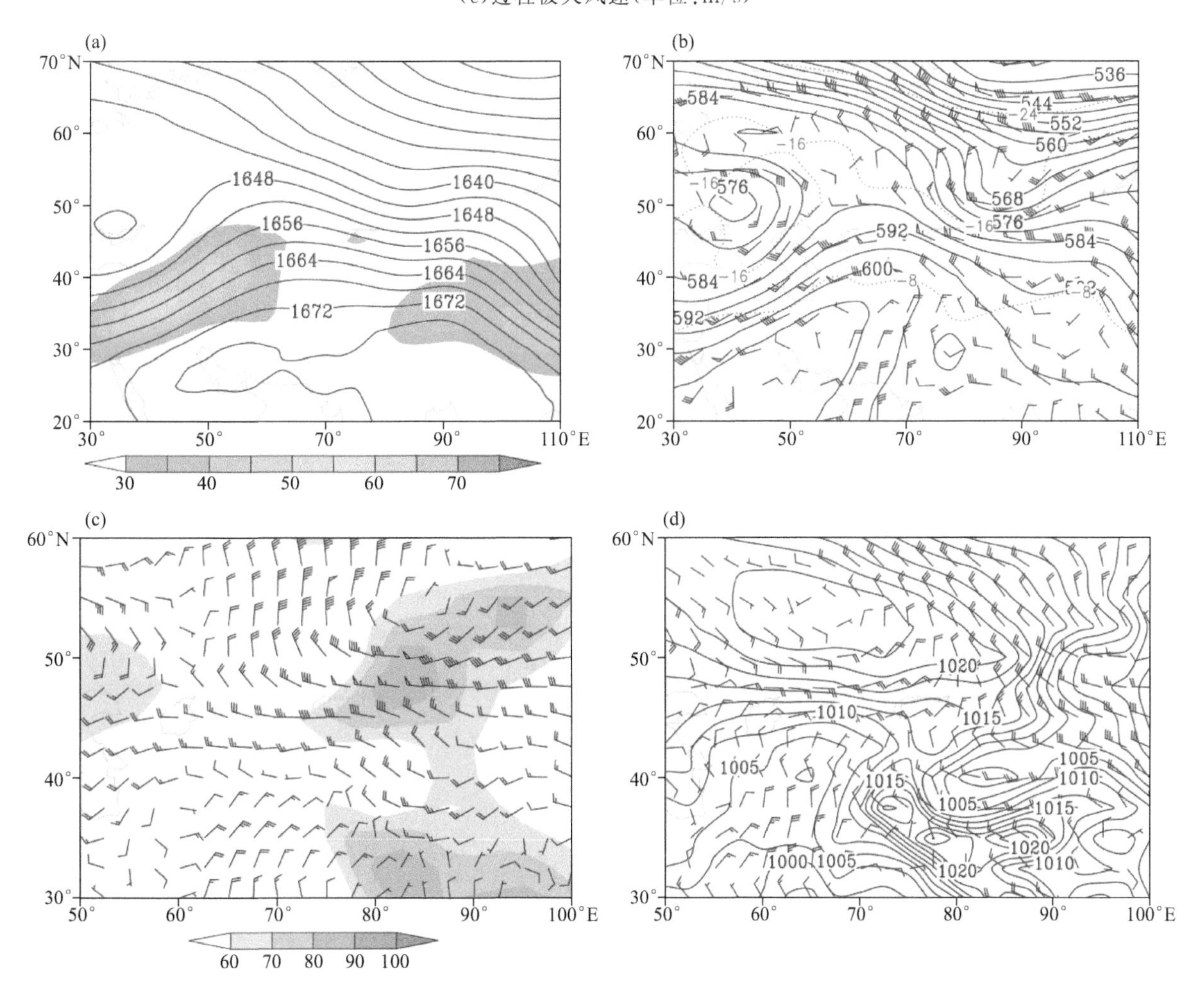

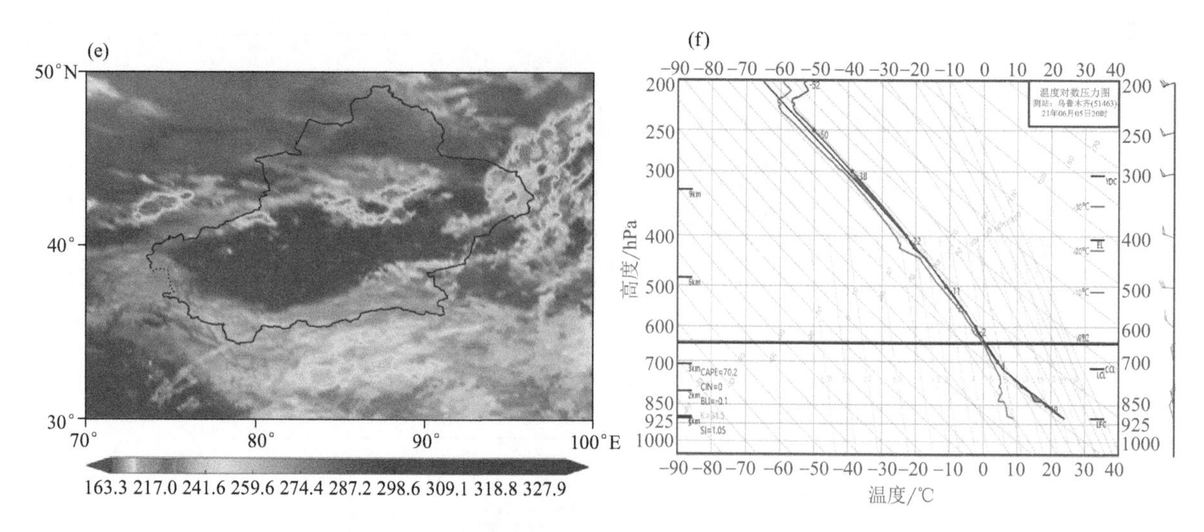

图 3.34 2021 年 6 月 5 日环流形势及 FY-4A 红外云图

(a)6 月 5 日 20 时 100 hPa 高度场(实线,单位:dagpm)和 200 hPa 风速≥30 m/s 的急流(填色区,单位:m/s);
(b)6 月 5 日 20 时 500 hPa 高度场(黑实线,单位:dagpm)、风场(单位:m/s)和温度场(红虚线,单位:℃);
(c)6 月 5 日 08 时 700 hPa 风场(单位:m/s)和相对湿度(填色区,%);
(d)6 月 5 日 20 时时海平面气压(实线,单位:hPa)和 850 hPa 风场(单位:m/s);
(e)6 月 6 日 08:15 FY-4A 红外云图(单位:K);(f)6 月 5 日 20 时乌鲁木齐站 $T\text{-}\ln p$ 图

3.18 6 月 14 日 20 时至 19 日 14 时南疆暴雨

3.18.1 天气实况综述

<table>
<tr><td>天气类型</td><td>暴雨</td><td>过程强度</td><td>强</td></tr>
<tr><td>天气实况</td><td colspan="3">①降雨:喀什地区、克州、和田地区、阿克苏地区西部和伊犁州、塔城地区南部山区、阿勒泰地区、巴州、哈密市等地的部分区域出现降水,其中喀什地区、克州、和田地区、伊犁州东部的部分区域和阿克苏地区西部、巴州、哈密市等地局地累计降水量 6.1～23.6 mm,伊犁州东部、喀什地区、克州、和田地区、巴州北部山区等地局地累计降水量 24.1～121.6 mm,最大降水中心位于和田地区洛浦县山普鲁乡泥石流频发区 1 号站(图 3.35a)。
②风:极大风速出现在吐鲁番市托克逊县克尔碱镇站 28.4 m/s(10 级)</td></tr>
<tr><td>灾害性天气</td><td>暴雨</td><td colspan="2">暴雨站数:201 站,15 日 20 站,和田地区 6 站,喀什地区 3 站,克州 5 站,阿克苏地区 2 站,哈密市 4 站;16 日 167 站,克州 12 站,喀什地区 65 站,和田地区 90 站;17 日 2 站,喀什地区 1 站,和田地区 1 站;18 日 1 站,乌鲁木齐市 1 站;19 日 11 站,伊犁州 10 站,巴州 1 站。
日最大降水中心:区域站为和田地区洛浦县山普鲁乡泥石流频发区 1 号站 106.6 mm(16 日),国家站和田地区洛浦站 74.1 mm(16 日)。
短时强降水和最大小时雨强:16 站,区域站 15 站:最大小时雨强乌鲁木齐市乌鲁木齐县十二师 104 团牧二场 37.7 mm/h(17 日 20:00—21:00),疏附县乌帕尔乡 7 村水电站 29.4 mm/h(15 日 16:00—17:00),洛浦县山普鲁乡泥石流频发区 1 号站 28.8 mm/h(15 日 20:00—21:00),洛浦县布雅乡 28.1 mm/h(15 日 22:00—23:00),乌恰县铁列克乡 27.4 mm/h(15 日 11:00—12:00),于田县兰干乡昆仑渠首 27.2 mm/h(16 日 03:00—04:00),拜城县老虎台种羊场三连 26.7 mm/h(15 日 06:00—07:00),墨玉县乌鲁瓦提村 25.1 mm/h(17 日 04:00—05:00),洛浦县山普鲁镇 24.1 mm/h(15 日 20:00—21:00),洛浦站旧址 23.8 mm/h(15 日 20:00—21:00),墨玉县喀尔赛镇 22.9 mm/h(15 日 17:00—18:00),洛浦县洛浦镇 22.4 mm/h(15 日 21:00—22:00),和田玉龙喀什河渠首 22.2 mm/h(15 日 22:00—23:00),洛浦县阿其克乡政府 21.9 mm/h(15 日 21:00—22:00),皮山县乔达乡和谐小区 21.1 mm/h(15 日 12:00—13:00)。国家站 1 站:最大小时雨强洛浦县洛浦站 20.6 mm/h(15 日 21:00—22:00)。
最大小时雨强:区域站乌鲁木齐市乌鲁木齐县十二师 104 团牧二场 37.7 mm/h(17 日 20:00—21:00),国家站洛浦县洛浦站 20.6 mm/h(15 日 21:00—22:00)(图 3.35b)</td></tr>
</table>

续表

灾害性天气	大风	大风站数：伊犁州、博州、塔城地区、阿勒泰地区、克拉玛依市、石河子市、昌吉州、喀什地区、克州、和田地区、阿克苏地区、巴州、吐鲁番市、哈密市等地共 224 站出现 8 级以上大风，其中 10 级以上 12 站(图 3.35c)。 过程极大风速中心：区域站为吐鲁番市托克逊县克尔碱镇站 28.4 m/s(10 级，14 日 20:16)；国家站为十三间房站 23.7 m/s(9 级，14 日 20:13)
灾情	喀什地区、克州、和田地区出现暴雨天气，造成房屋倒塌，电力线路、道路受损，农作物、林果受灾，温室拱棚受损，牲畜受灾，企业受灾，转移人口	

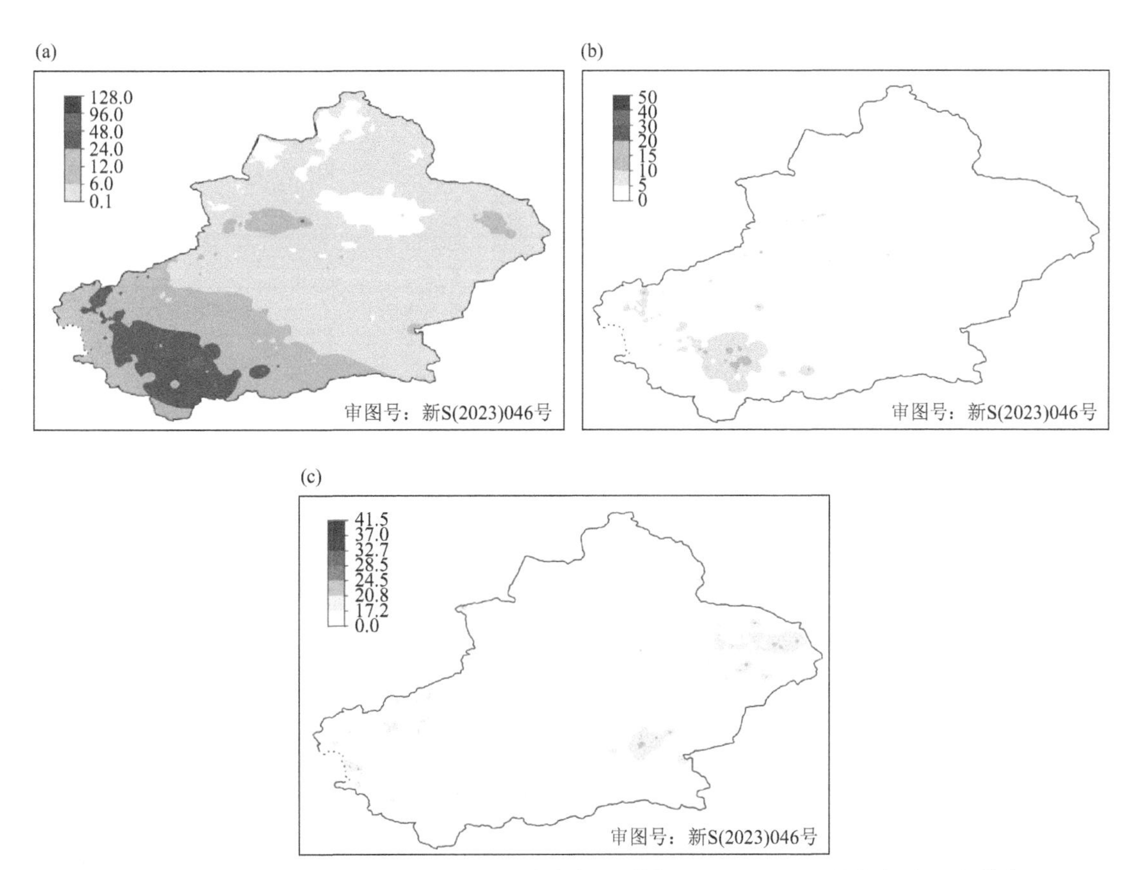

图 3.35　(a)6 月 14 日 20 时至 19 日 14 时过程累计降水量(单位：mm)；(b)过程最大小时雨强(单位：mm/h)；(c)过程极大风速(单位：m/s)

3.18.2　环流形势

影响系统：500 hPa 中亚低涡，700～850 hPa 切变线、偏东风急流，地面冷高压。

100～200 hPa：南亚高压呈双体型，且东部中心强于西部中心。新疆受长波槽影响，6 月 16 日 08 时 200 hPa 西南急流核最大风速达 50 m/s(图 3.36a)。

500 hPa：500 hPa 欧亚范围内中高纬为“两槽两脊”型，乌拉尔山脊前偏北气流引导冷空气南下在巴尔喀什湖形成中亚低涡(图 3.36b)。乌拉尔山脊顶顺转衰落，推动中亚低涡不断分裂短波后东移影响南疆。下游西太平洋副高西伸北抬，阻挡中亚低槽移动缓慢，长时间维持在南疆上空，造成此次南疆西部大暴雨天气。

700～850 hPa：南疆西部存在西北风和偏东风的辐合切变线，16 日 08 时，700 hPa 南疆西部西北风中心为 10 m/s(图 3.36c)，16 日 08 时，850 hPa 南疆东部偏东急流最大风速达 18 m/s，西北风和偏东风急流在南疆西部辐合产生切变线。

地面：14 日 20 时，位于乌拉尔山东部的中心 1020 hPa 冷高压沿偏西路径主体移到蒙古高原，形成“东高西低、北高南低”的形势，等压线密集，气压梯度大，由此形成东灌冷风进入南疆盆地(图 3.36d)。

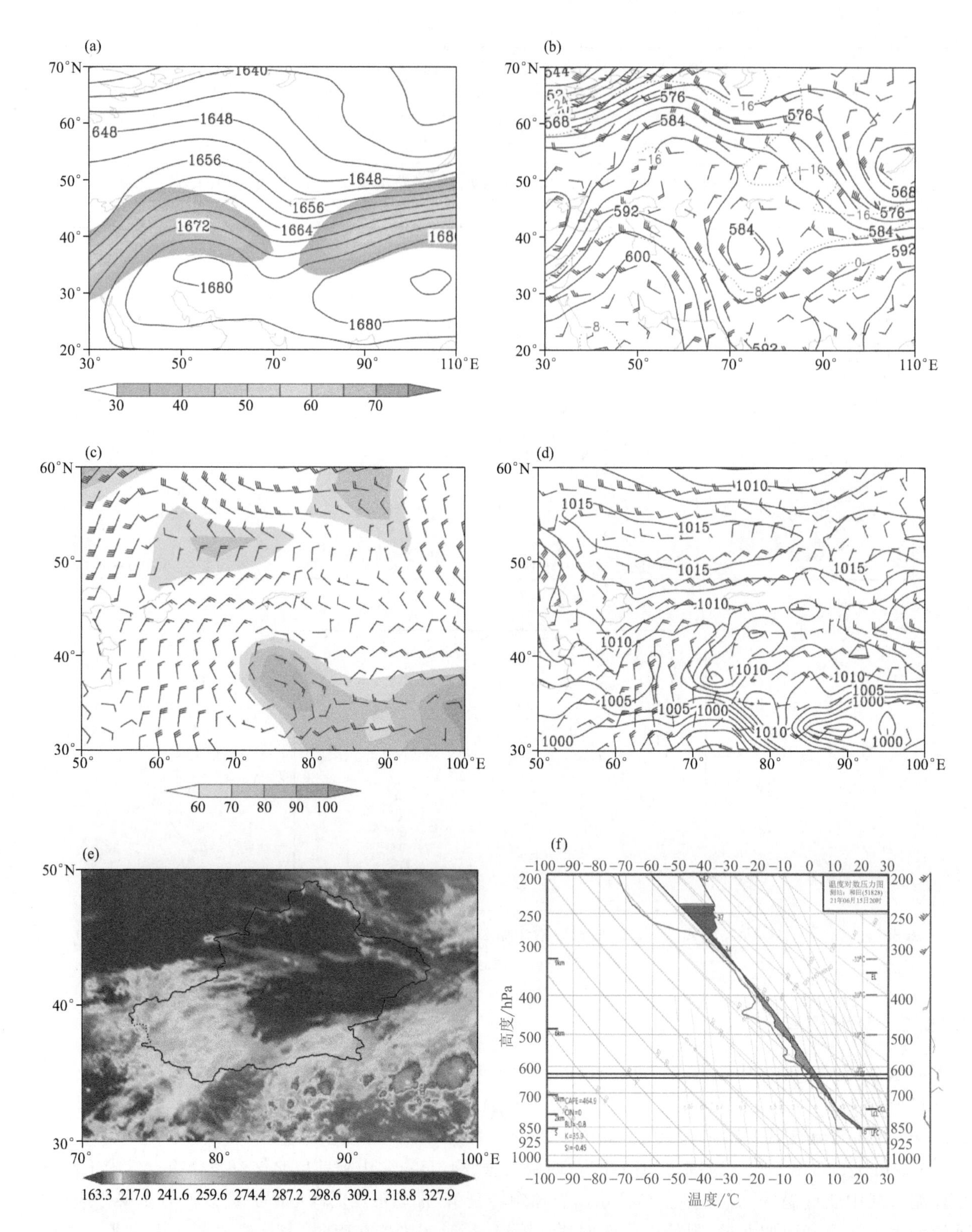

图 3.36　2021 年 6 月 16 日环流形势及 15 日 FY-4A 红外云图

(a)6 月 16 日 08 时 100 hPa 高度场(实线,单位:dagpm)和 200 hPa 风速≥30 m/s 的急流(填色区,单位:m/s);
(b)6 月 16 日 08 时 500 hPa 高度场(黑实线,单位:dagpm)、风场(单位:m/s)和温度场(红虚线,单位:℃);
(c)6 月 16 日 08 时 700 hPa 风场(单位:m/s)和相对湿度(填色区,%);
(d)6 月 16 日 08 时海平面气压(实线,单位:hPa)和 850 hPa 风场(单位:m/s);
(e)6 月 15 日 20:30 FY-4A 红外云图(单位:K);(f)6 月 15 日 20 时和田站 T-ln$p$ 图

探空 T-ln$p$：湿层深厚(400～850 hPa)，低层至中层(400～850 hPa)存在不稳定层结，对流参数中，暴雨中心最近和田站 15 日 20 时的探空站资料，垂直风切变 0.5，K 指数为 35.9 ℃、SI 指数为 0.45 ℃、CAPE 值为 464.9 J/kg、BLI 指数为−0.8、$T_{850\text{-}500}$ 为 28.3 ℃(图 3.36f)。

3.19 6 月 22 日 05 时至 24 日 08 时局地暴雨、大风、冰雹

3.19.1 天气实况综述

<table>
<tr><td>天气类型</td><td colspan="2">暴雨、大风、冰雹</td><td>过程强度</td><td>中</td></tr>
<tr><td>天气实况</td><td colspan="4">①降雨：伊犁州、博州、塔城地区、克拉玛依市、阿勒泰地区西部北部、乌鲁木齐市和石河子市南部山区、昌吉州、阿克苏地区、巴州、哈密市等地的部分区域及喀什地区南部山区、克州山区、和田地区南部山区、吐鲁番市西部北部山区等地局部区域出现降水，其中伊犁州山区、博州西部、塔城地区北部、阿勒泰地区西部北部、乌鲁木齐南部山区、昌吉州山区、阿克苏地区北部山区、巴州北部山区、哈密市北部山区等地局地中到大雨，局地暴雨，累计降水量 6.1～30.5 mm，最大降水中心位于温泉县哈日布呼伦镇黑龙沟站(图 3.37a)。
②风：上述区域大部伴有 4～5 级偏西风，伊犁州、巴州北部局部区域出现雷暴大风，北疆东疆风口及出现雷暴大风区域风力 9～10 级，阵风 11 级。极大风速出现在克州乌恰县黑孜苇乡康什维尔村站(29.4 m/s，11 级)</td></tr>
<tr><td rowspan="2">灾害性天气</td><td>暴雨</td><td colspan="3">暴雨站数：1 站，23 日，阿克苏地区温宿县博孜墩乡度假村 1 站。
日最大降水中心：区域站为博州温泉县哈日布呼伦镇黑龙沟站 21.8 mm(22 日)，国家站昭苏站 6.4 mm(23 日)。
最大小时雨强：区域站为昭苏喀拉苏乡 15.0 mm/h(22 日 14:00—15:00)，国家站为托里站 9.0 mm/h(22 日 12:00—13:00)</td></tr>
<tr><td>大风</td><td colspan="3">大风站数：北疆、东疆及南疆西部风口和伊犁州西部、巴州北部等地共 467 站出现 8 级以上大风，其中 10 级以上 25 站(图 3.37b)。
过程极大风速中心：区域站为克州乌恰县黑孜苇乡康什维尔村站 29.4 m/s(11 级，23 日 15:41)；国家站为哈密市十三间房 25.9 m/s(10 级，23 日 11:15)</td></tr>
<tr><td>灾情</td><td colspan="4">6 月 23 日，轮台县西南部塔河桥一带发生冰雹天气过程，棉花受灾</td></tr>
</table>

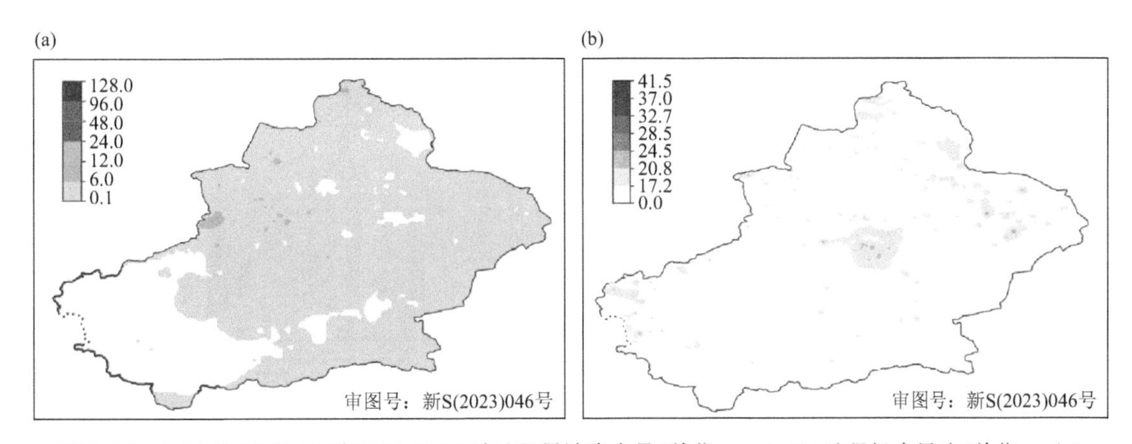

图 3.37 (a)6 月 22 日 05 时至 24 日 08 时过程累计降水量(单位：mm)；(b)过程极大风速(单位：m/s)

3.19.2 环流形势

影响系统：500 hPa 西西伯利亚低涡，700～850 hPa 切变线，地面冷高压、冷锋。

100～200 hPa：南亚高压呈双体型，新疆受长波槽控制，6 月 23 日 08 时 200 hPa 西南急流核最大风速达 45 m/s(图 3.38a)。

500 hPa：22 日 08 时，500 hPa 乌拉尔山以西高压脊加强北伸，西西伯利亚为低涡活动区，配合−24 ℃冷中心，新疆地区位于低涡涡底，随着上游高压脊脊顶东北伸，且由于下游高压脊强盛，西西伯利亚低涡东

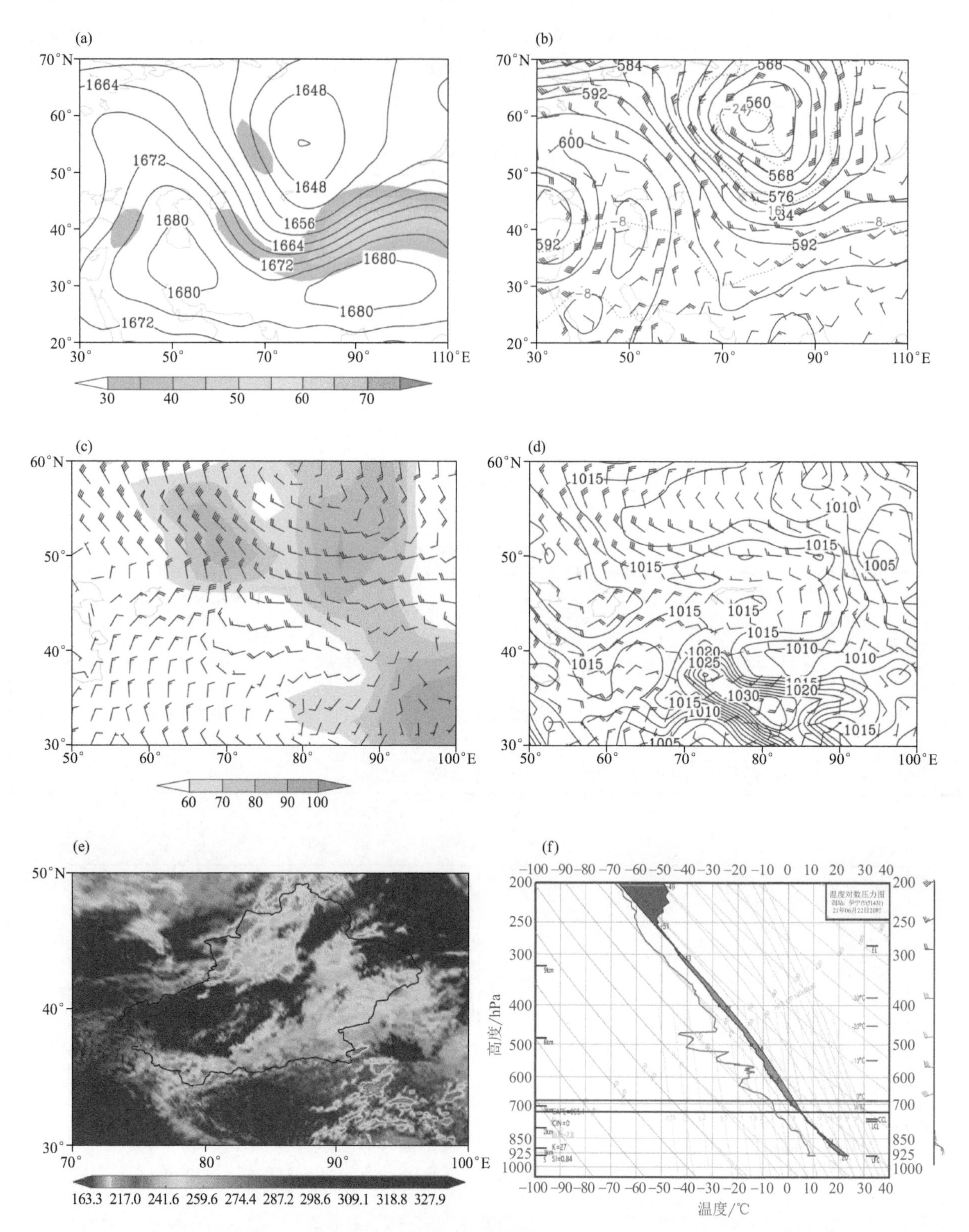

图 3.38 2021 年 6 月 23 日环流形势及 23 日 FY-4A 红外云图

(a)6 月 23 日 08 时 100 hPa 高度场(实线,单位:dagpm)和 200 hPa 风速≥30 m/s 的急流(填色区,单位:m/s);

(b)6 月 23 日 08 时 500 hPa 高度场(黑实线,单位:dagpm)、风场(单位:m/s)和温度场(红虚线,单位:℃);

(c)6 月 23 日 08 时 700 hPa 风场(单位:m/s)和相对湿度(填色区,%);

(d)6 月 23 日 08 时海平面气压(实线,单位:hPa)和 850 hPa 风场(单位:m/s);

(e)6 月 22 日 14:30 FY-4A 红外云图(单位:K);(f)6 月 22 日 20 时伊宁站 T-ln$p$ 图

移缓慢，整体南压，且有中纬度短波与涡底结合，槽底南伸至 30°N 附近，在低涡缓慢南压过程中，低涡底部及分裂的弱短波不断经过北疆上空，造成了本次以北疆为主的降水天气过程，南疆部分区域处在槽后西北气流中，且热力条件较好，局部区域出现了雷暴大风天气(图 3.38b)。

700～850 hPa：伊犁河谷、塔城地区北部存在偏西急流，阿勒泰地区有偏西风与西南风的切变线，23 日 08 时，700 hPa 北疆西部偏西急流中心达 20 m/s(图 3.38c)，对应 850 hPa 北疆西北急流最大风速达 16 m/s。

地面：冷高压以西北路径影响新疆，中心 1020 hPa，分裂高压东南移动，分裂高压中心最大强度 1017.5 hPa，23 日 08 时左右冷锋压至沿天山一带(图 3.38d)。

探空 T-ln$p$：低层(700～925 hPa)存在不稳定层结，对流参数中，暴雨中心最近伊宁站 22 日 20 时的探空站资料，垂直风切变 0.16、K 指数为 27 ℃、SI 指数为 0.84 ℃、CAPE 值为 695.1 J/kg、BLI 指数为 −2.8、$T_{850\text{-}500}$ 为 29 ℃(图 3.38f)。

3.20 6 月 24 日 08 时至 28 日 14 时北疆西部北部暴雨、大风

3.20.1 天气实况综述

<table>
<tr><td>天气类型</td><td colspan="2">暴雨、大风</td><td>过程强度</td><td>中强</td></tr>
<tr><td>天气实况</td><td colspan="4">①降雨：北疆大部和喀什地区南部山区、克州山区、和田地区南部山区、阿克苏地区、巴州北部山区、哈密市北部、吐鲁番市山区等地的部分区域出现微到小雨，其中伊犁州、博州西部、塔城地区北部、阿勒泰地区西部北部、阿克苏地区北部山区、巴州北部山区等地的部分区域出现中到大雨，累计降水量 6.1～24.0 mm，伊犁州山区、博州西部、塔城地区北部、阿勒泰地区北部等地的局部出现暴雨，累计降水量 24.1～62.6 mm，最大降水中心位于塔城市阿西尔乡铁列克提村站(图 3.39a)。
②风：上述区域大部伴有 5 级左右西北风，北疆东疆风口风力 9～10 级，阵风 11 级，极大风速出现在十三间房 33.5 m/s (12 级)。
③霜冻：喀什地区吐尔尕特站、巴州巴音布鲁克站出现终霜冻</td></tr>
<tr><td rowspan="3">灾害性天气</td><td>暴雨</td><td colspan="3">暴雨站数：32 站。25 日 31 站，伊犁州 6 站，塔城地区 22 站，阿勒泰地区 3 站；27 日，塔城地区 1 站。
日最大降水中心：区域站为塔城市第九师 165 团 4 连站 44.1 mm(25 日)，国家站为克拉玛依站 22.0 mm (27 日)。
短时强降水和最大小时雨强：1 站，最大小时雨强塔城地区和布克赛尔县合什托洛盖镇昆德伦村站 20.3 mm/h (27 日 15:00—16:00)。
最大小时降水量：区域站为塔城地区和布克赛尔县合什托洛盖镇昆德伦村站 20.3 mm，国家站为巴音布鲁克站 6.8 mm(图 3.39b)</td></tr>
<tr><td>大风</td><td colspan="3">大风站数：北疆、东疆及南疆西部风口和伊犁州西部、巴州北部等地共 630 站出现 8 级以上大风，其中 10 级以上 63 站。(图 3.39c)
过程极大风速中心：区域站为特克斯县阔克苏乡马场喀拉峻湖站 33.5 m/s(12 级，26 日 18:44)；国家站为哈密市十三间房 33.5 m/s(12 级，27 日 11:39)</td></tr>
<tr><td>霜冻</td><td colspan="3">终霜冻：27 日喀什地区吐尔尕特站，28 日巴州巴音布鲁克站，共 2 站出现霜冻</td></tr>
</table>

3.20.2 环流形势

影响系统：500 hPa 西西伯利亚低涡，700～850 hPa 切变线，地面冷高压、冷锋。

100～200 hPa：南亚高压呈双体型，新疆受长波槽前西南急流控制，6 月 24 日 20 时 200 hPa 高空西南急流轴位于天山两侧，最大风速达 40 m/s(图 3.40a)。

500 hPa：24 日 20 时，500 hPa 欧亚范围呈“两脊一槽”形势，环流经向度大，欧洲和巴尔喀什湖地区高压脊强盛，西西伯利亚为低涡控制，配合 −20 ℃冷中心，随着欧洲高压脊向东南衰退，且下游脊被阻挡，西西伯利亚低涡缓慢东移。24—26 日低涡底部分裂短波东移造成南、北疆一次明显降水天气，26—28 日西

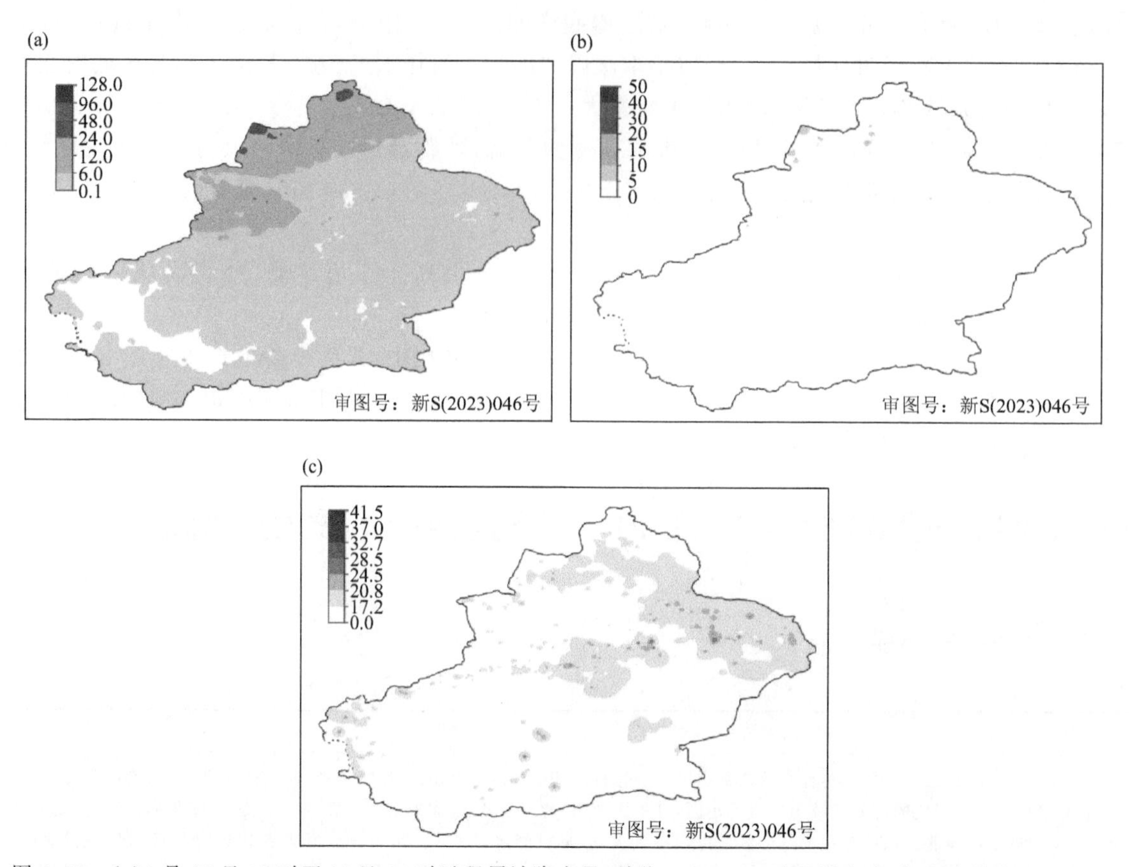

图 3.39 (a)6 月 24 日 08 时至 28 日 14 时过程累计降水量(单位:mm);(b)过程最大小时雨强(单位:mm/h);(c)过程极大风速(单位:m/s)

西伯利亚低涡主体北收,再一次造成暴雨大风天气过程(图 3.40b)。

700～850 hPa:伊犁州、塔城地区北部存在偏西急流和西南风的切变线,25 日 08 时 700 hPa 西风急流中心达 20 m/s(图 4.46c),25 日 08 时,850 hPa 北疆西部偏西风最大风速达 10 m/s。

地面:冷高压中心 1020 hPa 向东南移动,1012.5 hPa 等压线压至天山北侧,形成西高东低、北高南低的形势,等压线密集,气压梯度大,造成全疆的大风(图 3.40d)。

探空 T-ln$p$:低层至中高层(400～925 hPa)湿层深厚,低层存在不稳定层结,对流参数中,暴雨中心最近塔城站 25 日 08 时的探空站资料,垂直风切变 0.33,K 指数为 27.1 ℃、SI 指数为 4.99 ℃、CAPE 值为 66.6 J/kg、BLI 指数为 3.1、$T_{850\text{-}500}$ 为 25 ℃(图 3.40f)。

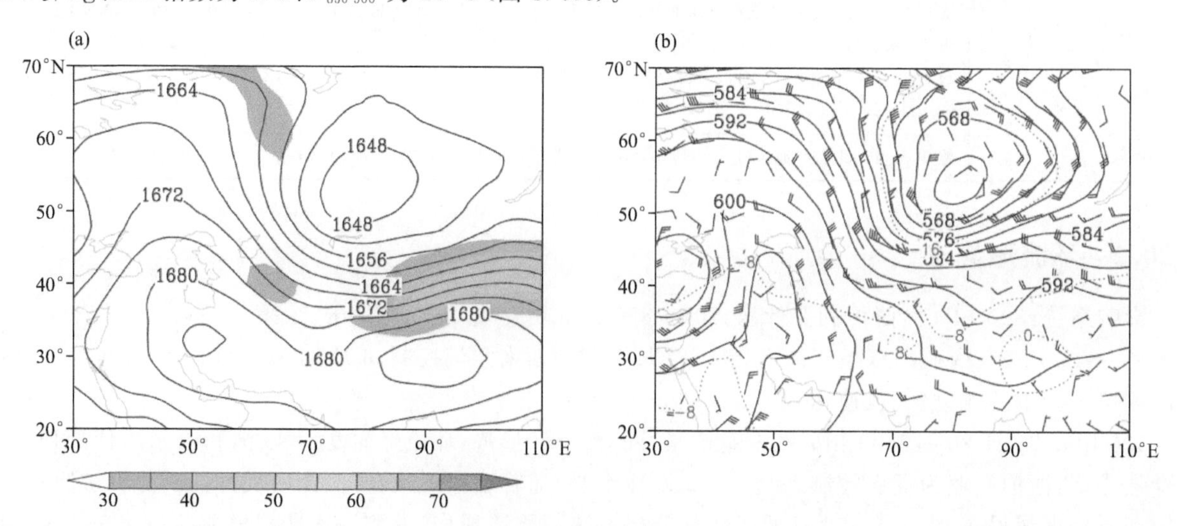

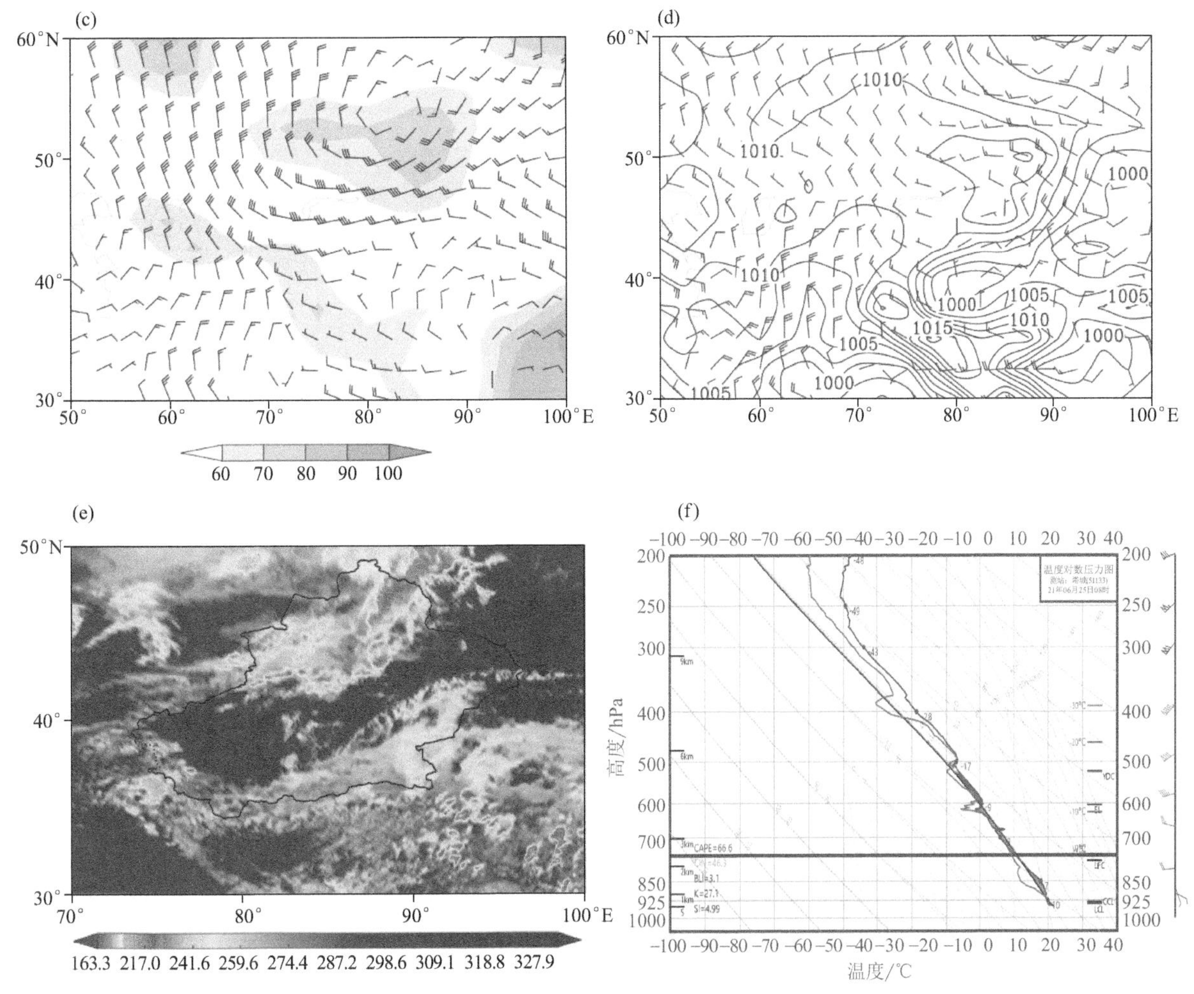

图 3.40　2021 年 6 月 24、25 日环流形势及 27 日 FY-4A 红外云图

(a)6 月 24 日 20 时 100 hPa 高度场(实线,单位:dagpm)和 200 hPa 风速≥30 m/s 的急流(填色区,单位:m/s);

(b)6 月 24 日 20 时 500 hPa 高度场(黑实线,单位:dagpm)、风场(单位:m/s)和温度场(红虚线,单位:℃);

(c)6 月 24 日 20 时 700 hPa 风场(单位:m/s)和相对湿度(填色区,%);

(d)6 月 25 日 20 时海平面气压(实线,单位:hPa)和 850 hPa 风场(单位:m/s);

(e)6 月 25 日 14:30 FY-4A 红外云图(单位:K);(f)6 月 25 日 08 时塔城站 T-ln$p$ 图

3.21　7 月 2 日 08 时至 10 日 20 时全疆高温天气

3.21.1　天气实况综述

天气类型	高温	过程强度	强
天气实况	①高温持续时间:9 d。 ②高温范围:全疆日最高气温 1416 站≥35 ℃,其中 1044 站≥37 ℃,361 站≥40 ℃,22 站≥45 ℃;国家站日最高气温 82 站≥35 ℃,其中 67 站≥37 ℃,20 站≥40 ℃,3 站≥45 ℃(图 3.41)。 ③单日高温最大范围:7 月 5 日,全疆日最高气温 1120 站≥35 ℃,其中 726 站≥37 ℃,233 站≥40 ℃,9 站≥45 ℃,国家站日最高气温 72 站≥35 ℃,其中 49 站≥37 ℃,12 站≥40 ℃。 ④日最高气温极值:吐鲁番市高昌区高昌故城站 49.8 ℃(7 日 17:00),国家站吐鲁番市高昌区 46.8 ℃(6 日 18:00);突破极值:全疆、北疆、天山山区及南疆旬气温偏高幅度均居历史第一位,其中和静县、霍尔果斯市、呼图壁县等 60 站旬气温居历史第一位,吐鲁番市、乌鲁木齐市、托克逊县等 19 站居第二位,克拉玛依市、阿勒泰市、布尔津县等 10 站居第三位		

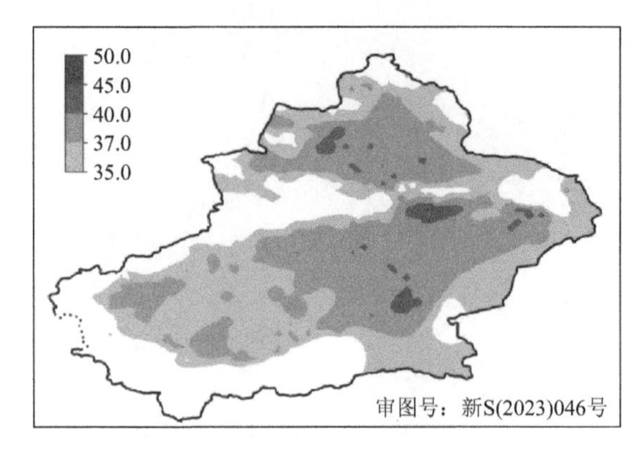

图3.41 7月2日08时至10日20时过程最高气温(单位:℃)

3.21.2 环流形势

影响系统:500 hPa伊朗副高、西太平洋副高、新疆脊。

100～200 hPa:南亚高压呈单体型,高压脊主体偏强,200 hPa新疆受高压脊控制(图3.42a)。

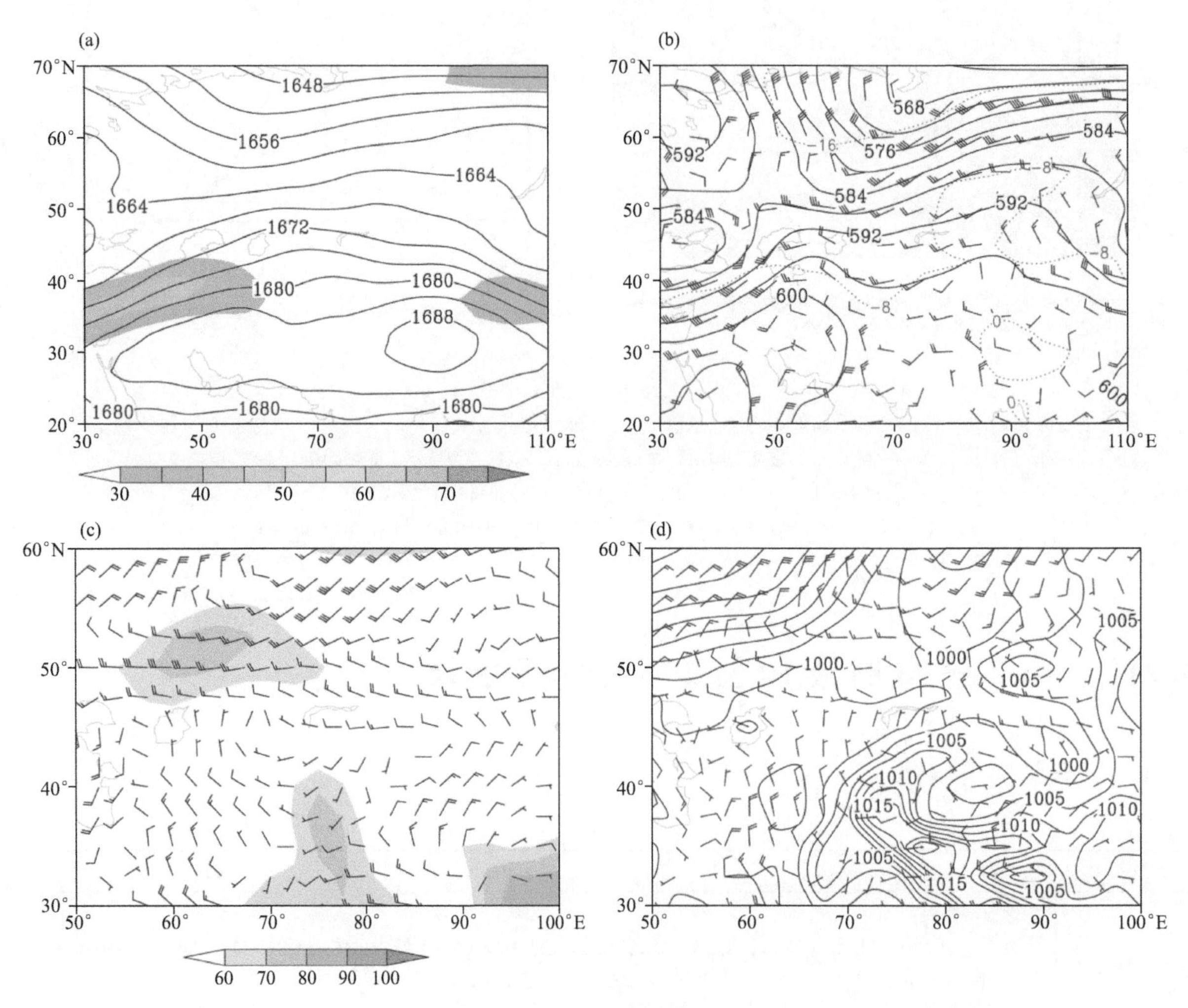

图3.42 (a)7月25日20时100 hPa高度场(实线,单位:dagpm),填色区为风速≥30 m/s的200 hPa急流;
(b)500 hPa高度场(黑实线,单位:dagpm)、风场(单位:m/s)、温度场(红虚线,单位:℃);
(c)700 hPa高度场(黑实线,单位:dagpm)、风场(单位: m/s)和相对湿度(填色区,%);
(d)海平面气压(黑实线,单位:hPa)和850 hPa风场(单位:m/s)

500 hPa:受高压脊控制,全疆大部出现高温。2—5日,伊朗副高东伸北挺,592 dagpm线控制新疆大部,高压中心592 hPa;5—9日,全疆大部持续受高压脊控制,伊朗副高和西太副高继续发展,两者结合,592 dagpm线控制南疆大部,596 dagpm线断续控制南疆西部;10日开始,伊朗副高和西太副高减弱衰退,西西伯利亚低涡底部分裂冷空气南下影响新疆,高温过程逐渐结束(图3.42b)。

700～850 hPa:新疆上空暖脊强烈发展,6日20时,700 hPa北疆大部气温上升至10～16 ℃,南疆、东疆气温上升至14～19 ℃;850 hPa北疆大部气温上升至28～30 ℃,南疆和东疆地区上升至28～34 ℃(图3.42c)。

地面:南疆、东疆受低压控制,最低气压中心出现在25日20时,为987.5 hPa(图3.42d)。

3.22 7月10日20时至13日09时北疆暴雨、大风

3.22.1 天气实况综述

天气类型	暴雨、大风		过程强度	中强
天气实况	①降雨:北疆各地和喀什地区、克州、和田地区南部、阿克苏地区、巴州北部、吐鲁番市、哈密市等地的部分区域出现微到小雨,其中伊犁州、博州西部山区、塔城地区、阿勒泰地区、石河子市南部山区、乌鲁木齐市南部山区、昌吉州山区、克州山区、巴州北部、吐鲁番市北部、哈密市北部等地的部分区域出现中到大雨,累计降水量6.1～24.0 mm,伊犁州山区、博州西部、阿勒泰地区北部、石河子市南部山区、昌吉州山区、哈密市北部等地的局部区域出现暴雨或大暴雨,累计降水量24.2～93.5 mm,最大降水中心位于阿勒泰地区阿勒泰市桦林公园站(图3.43a)。 ②风:南、北疆大部和东疆的部分区域出现5～6级偏西或西北阵风,风口风力10～12级,极大风速出现在昌吉州玛纳斯县黑梁湾站39.5 m/s(13级)			
灾害性天气	暴雨	暴雨站数:22站。11日5站,伊犁州2站,乌鲁木齐县2站、阿勒泰地区1站;巴州1站;12日14站,阿勒泰地区8站,石河子市1站,昌吉州3站,哈密市1站,吐鲁番市1站;13日3站,阿勒泰地区2站,博州1站;共22站。 日最大降水中心:区域站为阿勒泰地区阿勒泰市桦林公园站52.8 mm(13日),国家站为天池站28.1 mm(12日)。 短时强降水和最大小时雨强:13站,最大小时雨强阿勒泰地区阿勒泰市桦林公园站44.4 mm/h(12日20:00—21:00),吉木乃县喀尔交乡39.0 mm/h(12日15:00—16:00),石河子121团3连31.5 mm/h(11日23:00—12日00:00),温泉县哈日布呼镇托村黑龙沟25.9 mm/h(13日02:00—03:00),阿勒泰市喀拉希力克乡23.8 mm/h(12日09:00—10:00),昭苏县洪纳海乡乌鲁昆盖村22.8 mm/h(11日17:00—18:00),阿勒泰市拉斯特乡小东沟鹊吉克桥站22.5 mm/h(12日18:00—19:00),昌吉市庙尔沟乡站22.3 mm/h(10日23:00—11日00:00),福海县黄花沟农业开发区小哇槽21.5 mm/h(12日16:00—17:00),阿勒泰市阿拉哈克镇依很淘沟站20.9 mm/h(12日10:00—11:00),乌鲁木齐县后峡流水槽20.0 mm/h(11日17:00—18:00)		
	大风	大风站数:北疆大部和喀什地区南部山区、克州、和田地区南部山区、阿克苏地区北部、巴州、哈密市等地的风口出现大风,8级以上大风929站,10级以上大风119站(图4.43c)。 过程极大风速中心:区域站为昌吉州玛纳斯县包家店镇黑梁湾村站39.5 m/s(13级,12日00:40);国家站为十三间房站24.3 m/s(9级,12日15:51)		
灾情	阿勒泰市出现暴雨、富蕴强对流天气,造成草场、农作物、房屋、棚圈、院墙等受损,牲畜死亡等。伊犁州新源县、阿克苏地区阿瓦提县大风天气,造成玉米、林果、农作物受灾			

3.22.2 环流形势

影响系统:500 hPa西西伯利亚低值系统,700～850 hPa切变线,地面冷高压。

100～200 hPa:新疆受长波槽前西南急流影响,7月11日08时200 hPa高空偏西风最大风速达40 m/s(图3.44a)。

500 hPa:7月11日08时,500 hPa欧亚范围中高纬为"一槽一脊"的环流形势,乌拉尔山以西为高压

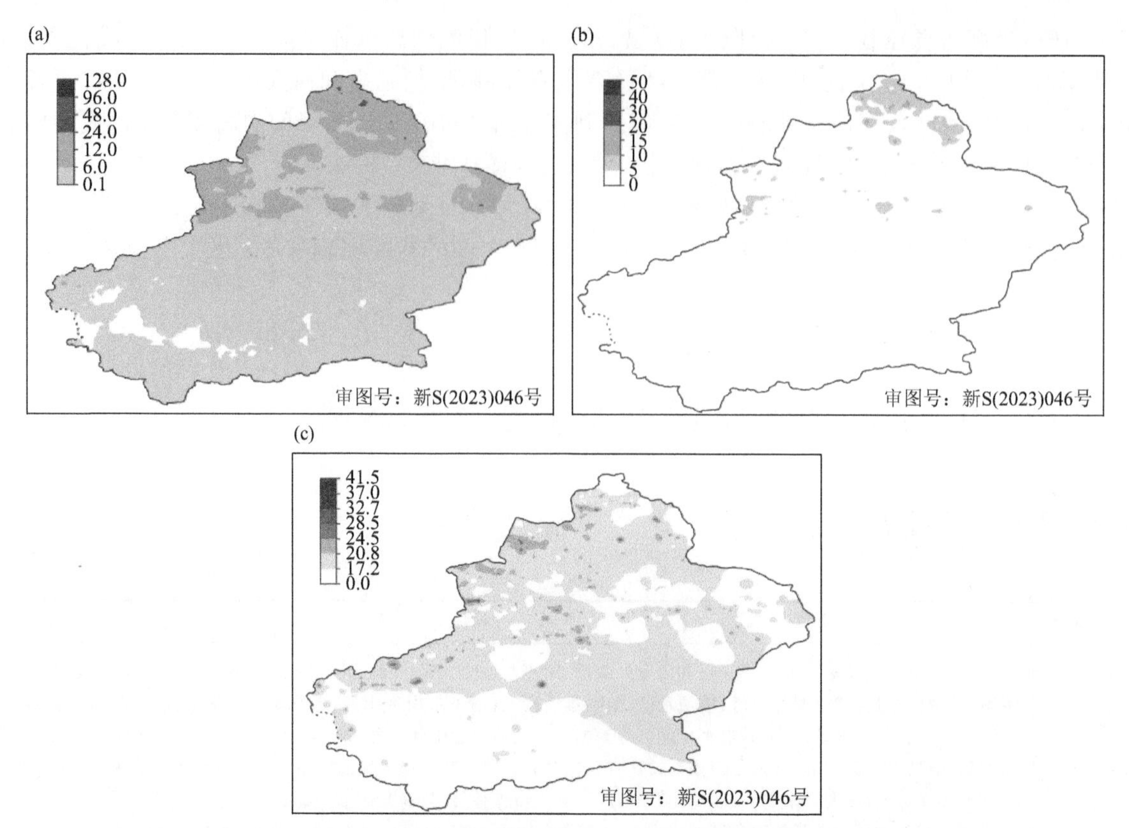

图 3.43 (a)7 月 10 日 20 时至 13 日 09 时过程累计降水量(单位:mm);
(b)过程最大小时雨强(单位:mm/h);(c)过程极大风速(单位:m/s)

脊区,西西伯利亚地区为低槽活动区,中纬度锋区较强,多短波活动,随着乌拉尔山高压脊向东北发展,西西伯利亚低槽逆转东移过程中,不断分裂弱冷空气与中纬度东移的短波槽叠加,影响新疆地区,造成此次强降水天气过程(图 3.44b)。

700～850 hPa:北疆存在偏西急流和偏西南风切变线,12 日 08 时,700 hPa 塔城地区北部偏西急流中心达 20 m/s(图 4.44c)。

地面:地面弱冷空气快速东移进入新疆,部分冷空气翻山进入南疆盆地,等压线密集,气压梯度大,造成南、北疆地面大风天气,12 日 08 时冷高压中心最强为 1005 hPa(图 3.44d)。

探空 T-ln$p$:低层(700～925 hPa)湿层较好,低层存在不稳定层结,对流参数中,暴雨中心最近阿勒泰站 12 日 20 时的探空站资料,垂直风切变 0.25,K 指数为 35.8 ℃、SI 指数为－2.73 ℃、CAPE 值为 1555.4 J/kg、BLI 指数为－4.8、$T_{850\text{-}500}$ 为 27 ℃(图 3.44f)。

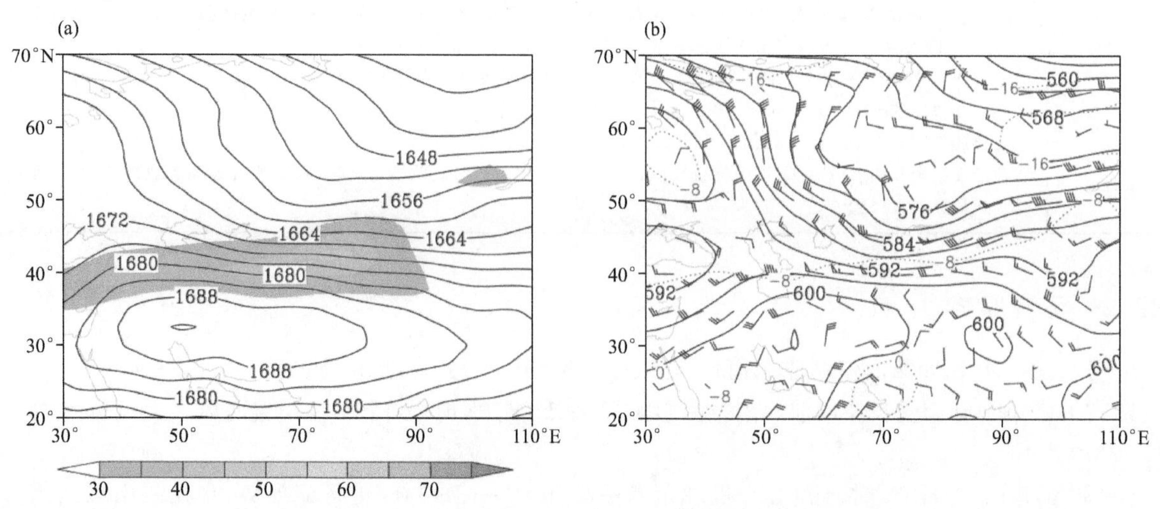

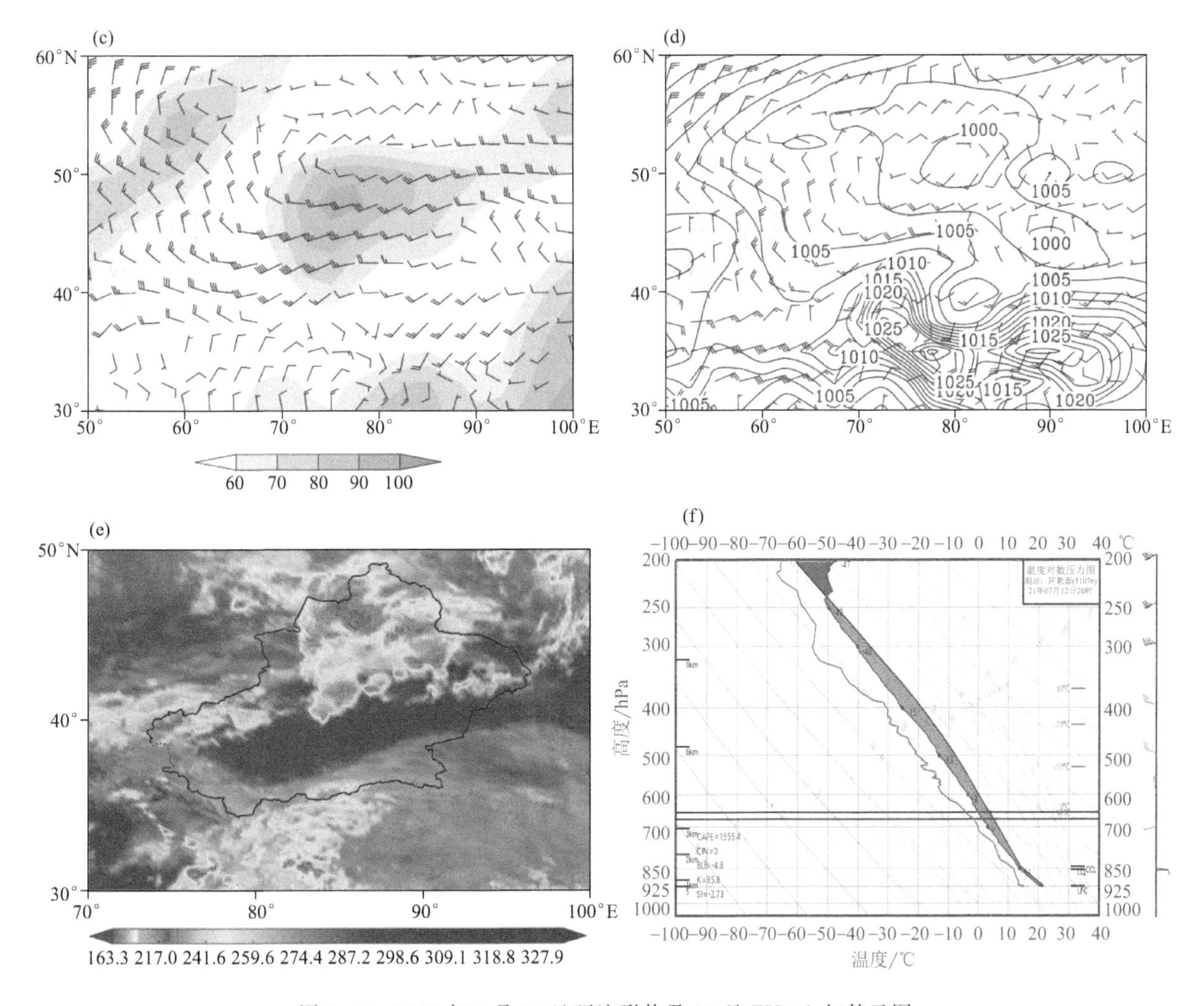

图 3.44　2021 年 7 月 11 日环流形势及 12 日 FY-4A 红外云图

(a)7 月 11 日 08 时 100 hPa 高度场(实线，单位：dagpm)和 200 hPa 风速≥30 m/s 的急流(填色区，单位：m/s)；

(b)7 月 11 日 08 时 500 hPa 高度场(黑实线，单位：dagpm)、风场(单位：m/s)和温度场(红虚线，单位：℃)；

(c)7 月 11 日 08 时 700 hPa 风场(单位：m/s)和相对湿度(填色区，%)；

(d)7 月 11 日 08 时海平面气压(实线，单位：hPa)和 850 hPa 风场(单位：m/s)；

(e)7 月 12 日 01:30 FY-4A 红外云图(单位：K)；(f)7 月 12 日 20 时阿勒泰站 T-ln$p$ 图

3.23　7 月 13 日 09 时至 15 日 20 时局地暴雨、大风、冰雹

3.23.1　天气实况综述

天气类型	暴雨、大风、冰雹	过程强度	中
天气实况	①降雨：全疆大部出现微到小雨，其中伊犁州、博州、塔城地区山区、阿勒泰地区西部北部山区、克拉玛依市、石河子市南部山区、乌鲁木齐市山区、昌吉州山区、喀什地区南部山区、克州北部山区、和田地区南部山区、阿克苏地区、巴州山区、哈密市北部等地的局部区域出现中到大雨，累计降水量 6.1～23.8 mm，博州西部山区、塔城地区南部山区、阿克苏地区西部北部山区、巴州北部山区、哈密市北部山区等地的局地暴雨，累计降水量 24.5～61.1 mm，最大降水中心位于阿克苏地区库车市阿格乡夏阔坦煤矿站(图 3.45a)。 ②风：上述大部出现 5～6 级偏西或西北阵风，风口风力 9～12 级，极大风速出现在伊犁州特克斯县乔拉克铁热克镇星光牧场站 35.2 m/s(12 级)。 ③冰雹：博州温泉县、精河县，巴州轮台县，阿克苏地区柯坪县，阿拉尔市出现冰雹		

续表

灾害性天气	暴雨	暴雨站数:25站。14日15站,博州2站、阿克苏地区2站、巴州11站;15日10站,阿克苏地区4站、哈密市5站,克拉玛依市1站;共25站。 日最大降水中心:区域站为库尔勒市上户镇大二线站55.7 mm(13日),国家站为新和县站22 mm(14日)。 短时强降水和最大小时雨强:13站,最大小时雨强克拉玛依市瓜达尔友好城市33.4 mm/h(15日05时),哈密市伊州区德外里克乡四道沟28.1 mm/h(15日16:00—17:00),库车喀浪沟城北水厂站27.5 mm/h(14日02:00—03:00),伊吾前山乡26.0 mm/h(15日17:00—18:00),库尔勒塔什店哈满沟煤矿24.8 mm/h(13日23:00—14日00:00),哈密市伊州区德外里克乡二道沟24.5 mm/h(15日15:00—16:00),库车阿格乡明矾沟煤矿24.2 mm/h(14日07:00—08:00),库车阿格乡夏阔坦煤矿21.6 mm/h(14日19:00—20:00),库尔勒塔什店秦华煤矿20.7 mm/h(13日23:00—14日00:00),温泉扎勒木特乡库热伊勒20.4 mm/h(13日20:00—21:00),克州乌什县阿合雅乡吐曼村20.4 mm/h(15日18:00—19:00)。阿克苏地区新和县13.5 mm/h(14日06:00—07:00),库尔勒市10.5 mm/h(13日23:00—14日00:00)。最大小时雨强克拉玛依市瓜达尔友好城市33.4 mm/h,国家站为阿克苏地区新和县13.5 mm/h
	大风	大风站数:北疆、东疆及南疆西部风口和伊犁州西部、阿克苏地区北部、巴州北部等地共413站出现8级以上大风,其中10级以上30站(图3.45b)。 过程极大风速中心:区域站为伊犁州特克斯县乔拉克铁热克镇星光牧场站35.2 m/s(12级,14日20:04);国家站为十三间房站23.6 m/s(9级,13日11:48)
灾情	阿勒泰市出现雷电,雷击造成牲畜死亡67只,博乐市、温泉县、精河县、轮台县出现冰雹,造成7个乡镇2400余人和5500余公顷农作物受灾	

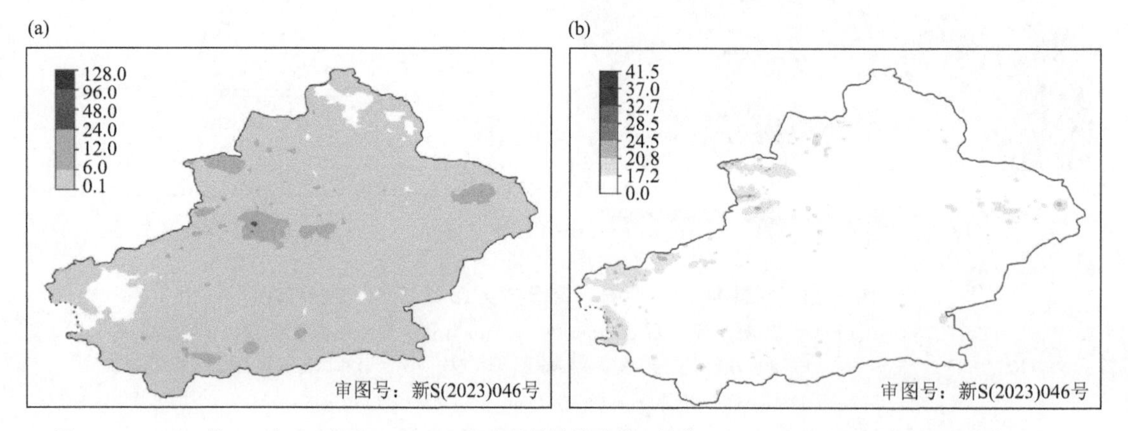

图3.45 (a)7月13日09时至15日20时过程累计降水量(单位:mm);(b)过程极大风速(单位:m/s)

3.23.2 环流形势

影响系统:500 hPa西西伯利亚和中亚低涡低槽,700~850 hPa偏西急流,地面冷高压、冷锋。

100~200 hPa:新疆受长波槽前西南急流影响,15日08时200 hPa高空偏西风最大风速达35 m/s(图3.46a)。

500 hPa:7月13日,欧亚范围中高纬为"一槽一脊"的经向环流形势,乌拉尔山以西为高压脊区,西西伯利亚地区为低槽活动区,15日低槽发展成涡,位置稳定少动,低槽低涡底部在中纬度不断分裂短波,影响新疆地区,造成此次降水天气过程,并伴有局地强对流天气(图3.46b)。

700~850 hPa:北疆存在偏西急流与西南风的切变线,15日08时和20时,700 hPa北疆北部偏西急流中心达14 m/s(图3.46c),15日08时,850 hPa北疆北部偏西急流最大风速达20 m/s。

地面:地面冷高压沿偏西路径进入新疆,在东移过程中不断加强,13日20时冷高压前沿进入北疆偏西地区,15日08时高压中心强度增加至1050 hPa,新疆受冷高压底部冷空气影响,随着冷高压东移,新疆受冷高压底后部影响,造成此次降温、降雪、大风天气(图3.46d)。

探空 T-ln$p$:低层(700~850 hPa)存在不稳定层结,对流参数中,暴雨中心最近库车站14日20时的探空站资料,垂直风切变0.53,K指数为33.3 ℃、SI指数为−3.7 ℃、CAPE值为1818 J/kg、BLI指数为

−5.5、$T_{850\text{-}500}$ 为 32.5 ℃(图 3.46f)。

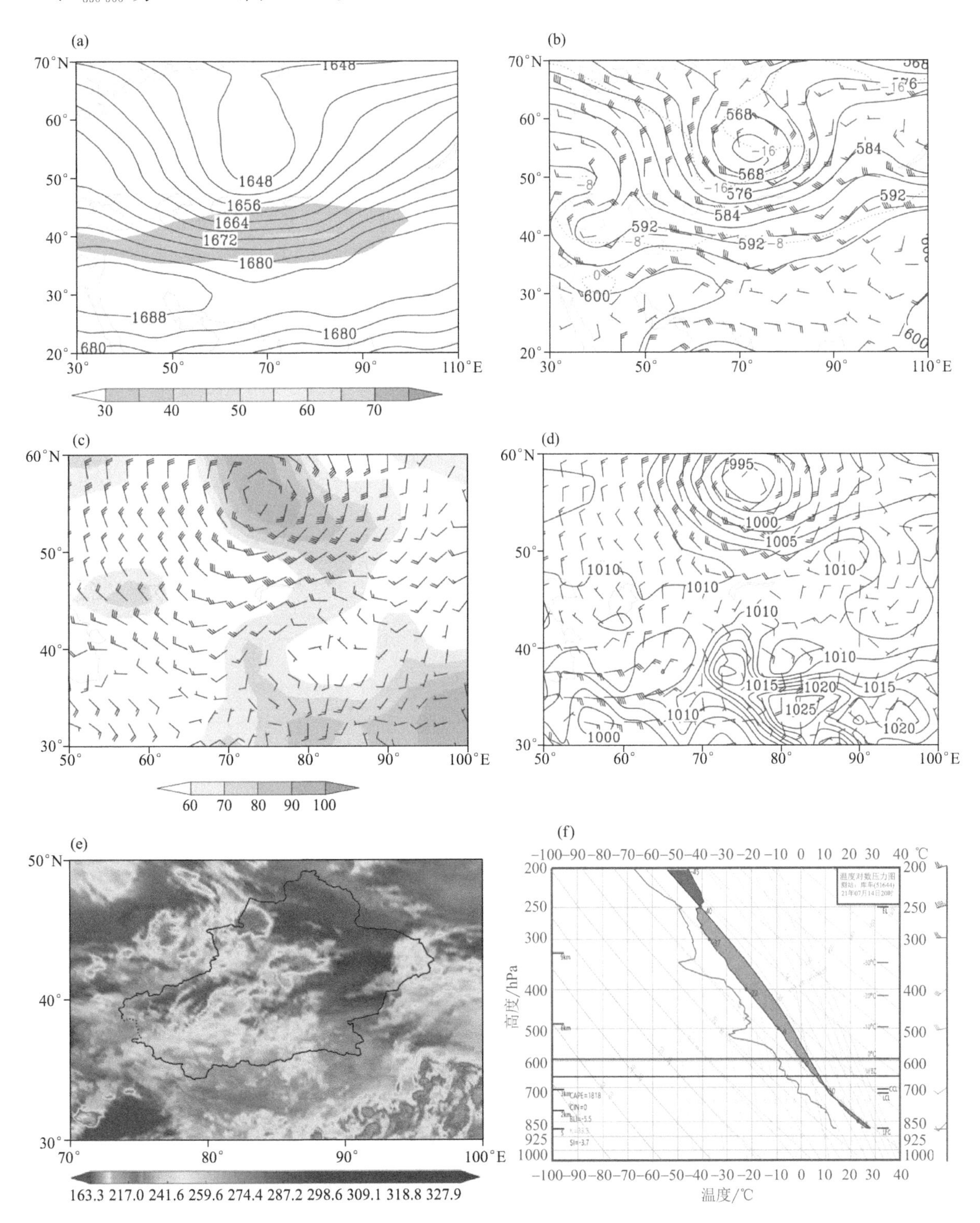

图 3.46　2021 年 7 月 15 日环流形势及 14 日 FY-4A 红外云图

(a)7 月 15 日 08 时 100 hPa 高度场(实线,单位:dagpm)和 200 hPa 风速≥30 m/s 的急流(填色区,单位: m/s);
(b)7 月 15 日 08 时 500 hPa 高度场(黑实线,单位:dagpm)、风场(单位: m/s)和温度场(红虚线,单位: ℃);
(c)7 月 15 日 08 时 700 hPa 风场(单位: m/s)和相对湿度(填色区,%);
(d)7 月 15 日 08 时海平面气压(实线,单位: hPa)和 850 hPa 风场(单位: m/s);
(e)7 月 14 日 01:30 FY-4A 红外云图(单位:K);(f)7 月 14 日 20 时库车站 T-ln$p$ 图

3.24 7月18日20时至22日20时南疆西部局地暴雨、大风

3.24.1 天气实况综述

<table>
<tr><td>天气类型</td><td colspan="2">暴雨、大风</td><td>过程强度</td><td>强</td></tr>
<tr><td>天气实况</td><td colspan="4">①降雨:伊犁州、喀什地区、克州、和田地区、阿克苏地区和博州、塔城地区北部、阿勒泰地区北部山区、巴州山区、哈密市等地的部分区域出现小雨,其中喀什地区、克州、和田地区、阿克苏地区等地的部分区域和伊犁州山区、博州西部山区、塔城地区北部、巴州山区、哈密市等地的局部区域中到大雨,累计降水量 6.1～23.6 mm,喀什地区、克州、和田地区、阿克苏地区的局部区域暴雨,累计降水量 24.1～107.3 mm,最大降水中心位于阿克苏地区布隆乡乔格塔勒村站(图 3.47a)。
②风:上述地区局部区域出现 6 级左右偏西或西北阵风,巴州东部南部有 5 级左右偏东风,风口风力 11 级左右,极大风速出现在塔什库尔干县班迪尔乡下板地下水库 32.5 m/s(11 级)</td></tr>
<tr><td rowspan="2">灾害性天气</td><td>暴雨</td><td colspan="3">暴雨站数:51 站。19 日 8 站,阿克苏地区 4 站、和田地区 1 站、克州 2 站,喀什地区 1 站;20 日 13 站,克州 6 站,喀什地区 6 站,阿克苏地区 1 站;21 日 13 站,和田地区 7 站,喀什地区 3 站,克州 2 站,阿克苏地区 1 站;22 日 17 站,阿克苏地区 15 站,和田地区 2 站。
日最大降水中心:区域站为阿图什上阿图什镇站铁提尔村站 78.5 mm(20 日),国家站为皮山站 33.8 mm(21 日)。
短时强降水和最大小时雨强:12 站,最大小时雨强阿图什上阿图什乡铁提尔村站 50.9 mm/h(20 日 01:00—02:00),疏附县木什乡明尧勒村 48.4 mm/h(20 日 01:00—02:00),乌恰县膘尔托阔依乡卡拉贝利水电站 34.7 mm/h(20 日 00:00—01:00),阿图什上阿图什乡萨依村站 32.3 mm/h(20 日 01:00—02:00),巴楚阿克萨克马热勒乡站 24.2 mm/h(19 日 20:00—21:00),拜城县布隆乡乔格塔勒村 23.6 mm/h(21 日 13:00—14:00),疏附县广州新城 22.8 mm/h(20 日 02:00—03:00),乌恰膘尔托阔依乡膘尔托阔依村 21.5 mm/h(18 日 19:00—20:00),皮山县巴什兰干乡奥依托格拉克村站 21.0 mm/h(21 日 06:00—07:00),喀什市文化路 189 号 21.1 mm/h(20 日 02:00—03:00),和田地区第十四师 47 团 20.0 mm/h(20 日 20:00—21:00),克州阿克陶站 10.4 mm/h(20 日 03:00—04:00)。
最大小时雨强区域站阿图什上阿图什乡铁提尔村站 50.9 mm,国家站克州阿克陶站 10.4 mm(图 3.47b)</td></tr>
<tr><td>大风</td><td colspan="3">大风站数:北疆、东疆及南疆西部风口和伊犁州西部、阿克苏地区北部、巴州北部等地共 532 站出现 8 级以上大风,其中 10 级以上 63 站(图 3.47c)。
过程极大风速中心:区域站为塔什库尔干县班迪尔乡下板地下水库 32.5 m/s(11 级,19 日 14:41);国家站为和布克赛尔站 28.7 m/s(11 级,19 日 18:11)</td></tr>
<tr><td>灾情</td><td colspan="4">阿瓦提县大风、降水天气,造成英艾日克镇 8 个村 503 户 2442 人受灾,农作物受灾 179.0 hm²</td></tr>
</table>

3.24.2 环流形势

影响系统:500 hPa 西西伯利亚低槽,700～850 hPa 偏西急流,地面冷高压、冷锋。

100～200 hPa:南亚高压呈双体型,新疆受长波槽前西南急流影响,7 月 21 日 08 时 200 hPa 高空偏西风最大风速达 54 m/s(图 3.48a)。

500 hPa:500 hPa 欧亚范围中高纬为"两脊两槽"的环流形势,东欧至乌拉尔山和贝加尔湖地区为高压脊区,西西伯利亚地区为低槽区,随着里海-咸海地区长脊与乌拉尔山高压脊叠加东移,西西伯利亚低槽发展南伸至巴尔喀什湖以南,受下游高压脊阻挡,低槽南段在巴尔喀什湖附近维持,槽底不断分裂短波东移影响新疆地区,造成此次较长时间的降水天气过程(图 3.48b)。

700～850 hPa:南疆西部,阿克苏地区存在偏西风与偏东风的切变线,南疆盆地有偏东风急流西伸至南疆西部,21 日 08 时和 20 时,700 hPa 北疆北部偏西急流中心达 14 m/s,21 日 08 时,850 hPa 偏东风急流最大风速达 16 m/s(图 3.48c)。

地面:南疆西部平原受地面高压控制,且地面为偏东风,与 850 hPa 偏东风一致,利于中低层西南风携带暖湿空气抬升(图 3.48d)。

探空 T-ln$p$:中层(500 hPa)湿度较好,低层(700～850 hPa)存在不稳定层结,对流参数中,短时强降水站最近喀什站 19 日 20 时的探空站资料,垂直风切变 0.56,K 指数为 33.7 ℃、SI 指数为－0.61 ℃、CAPE 值为 636.5 J/kg、BLI 指数为－2.1、$T_{850\text{-}500}$ 为 29.4 ℃(图 3.48f)。

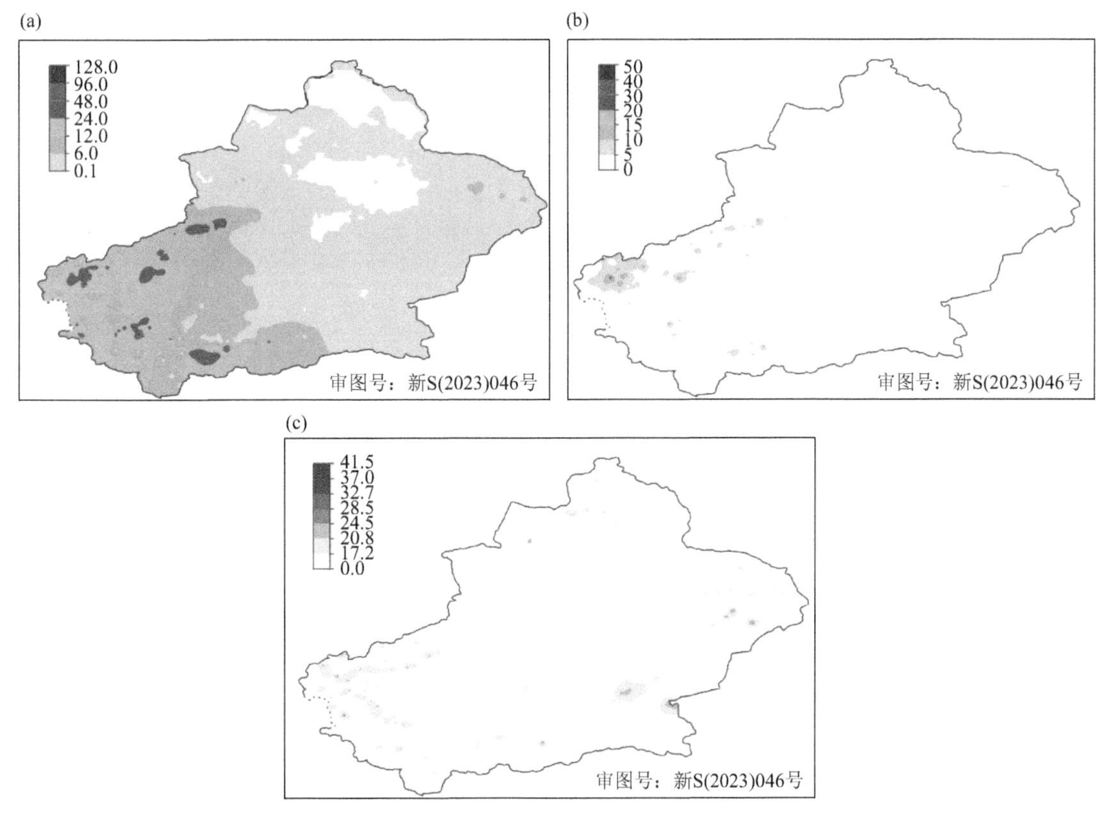

图 3.47(a)7 月 18 日 20 时至 22 日 20 时过程累计降水量(单位：mm)；
(b)过程最大小时雨强(单位：mm/h)；(c)过程极大风速(单位：m/s)

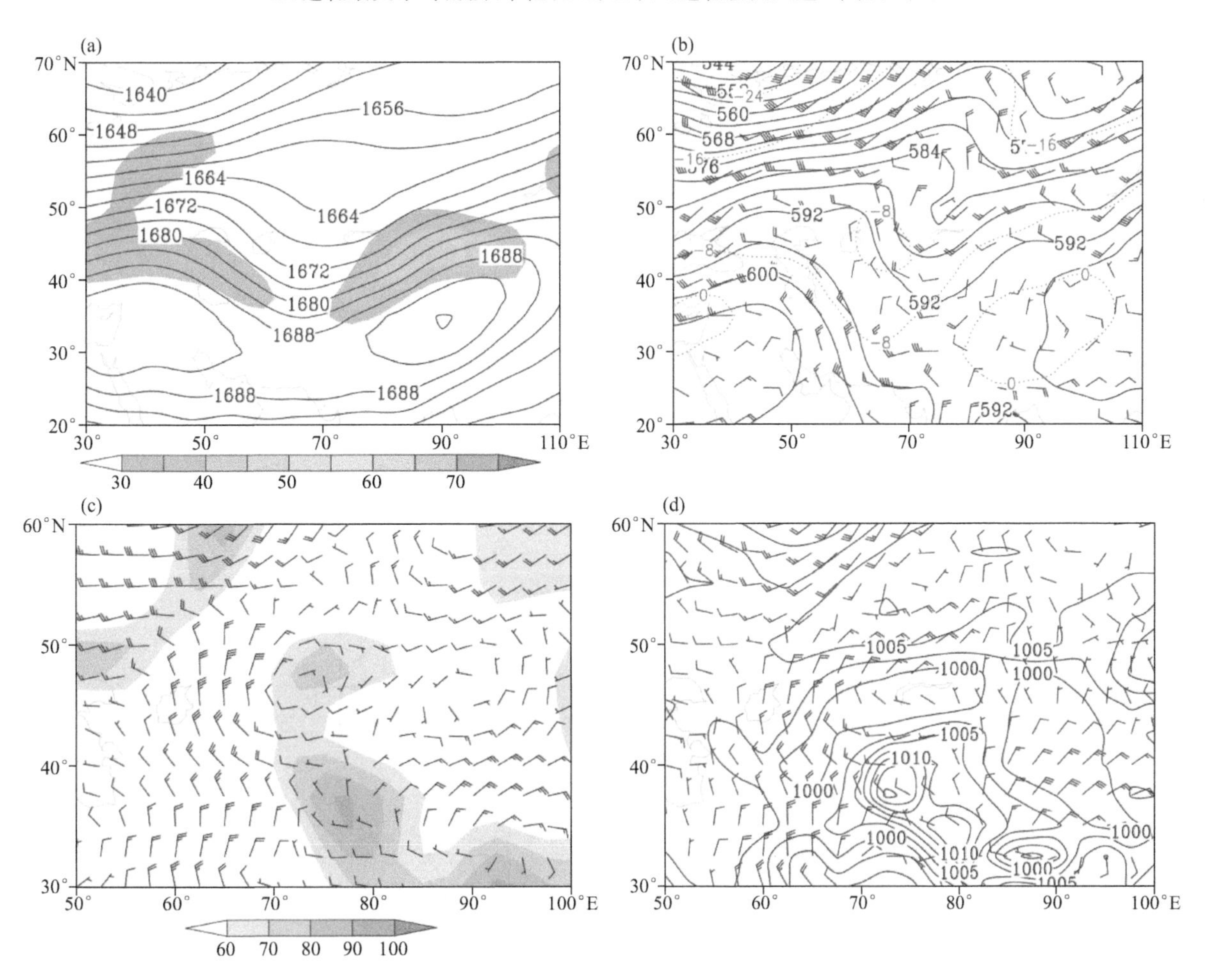

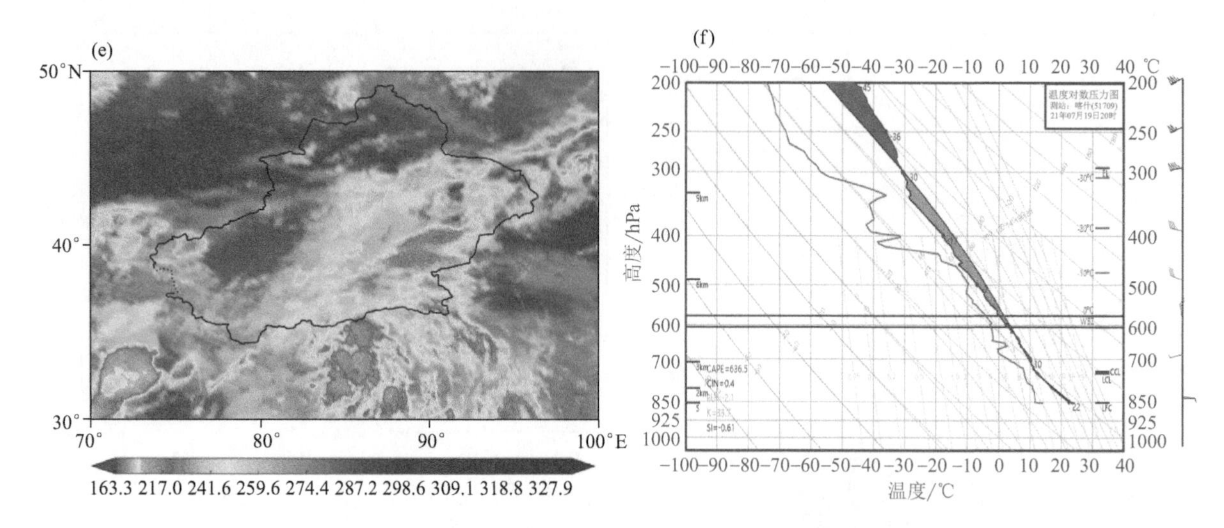

图 3.48 2021 年 7 月 21 日环流形势及 21 日 FY-4A 红外云图

(a)7 月 21 日 20 时 100 hPa 高度场(实线,单位:dagpm)和 200 hPa 风速≥30 m/s 的急流(填色区,单位: m/s);
(b)7 月 21 日 20 时 500 hPa 高度场(黑实线,单位:dagpm)、风场(单位: m/s)和温度场(红虚线,单位: ℃);
(c)7 月 21 日 20 时 700 hPa 风场(单位: m/s)和相对湿度(填色区,%);
(d)7 月 21 日 20 时海平面气压(实线,单位: hPa)和 850 hPa 风场(单位: m/s);
(e)7 月 20 日 01:30 FY-4A 红外云图(单位:K);(f)7 月 19 日 20 时喀什站 T-ln$p$ 图

3.25 7 月 24 日 08 时至 28 日 20 时全疆高温天气

3.25.1 天气实况综述

天气类型	高温	过程强度	中强
天气实况	①高温持续时间:5 d。 ②高温范围:全疆日最高气温 1347 站≥35 ℃,其中 1025 站≥37 ℃,361 站≥40 ℃,22 站≥45 ℃;国家站日最高气温 76 站≥35 ℃,其中 64 站≥37 ℃,20 站≥40 ℃,3 站≥45 ℃(图 3.49)。 ③单日高温最大范围:7 月 26 日,全疆日最高气温 1186 站≥35 ℃,其中 815 站≥37 ℃,212 站≥40 ℃,12 站≥45 ℃,国家站日最高气温 71 站≥35 ℃,其中 52 站≥37 ℃,10 站≥40 ℃,1 站≥45 ℃。 ④日最高气温极值:吐鲁番市高昌区艾丁湖站 48.8 ℃(24 日 18:00),国家站吐鲁番市高昌区 46.2 ℃(24 日 20:00)		

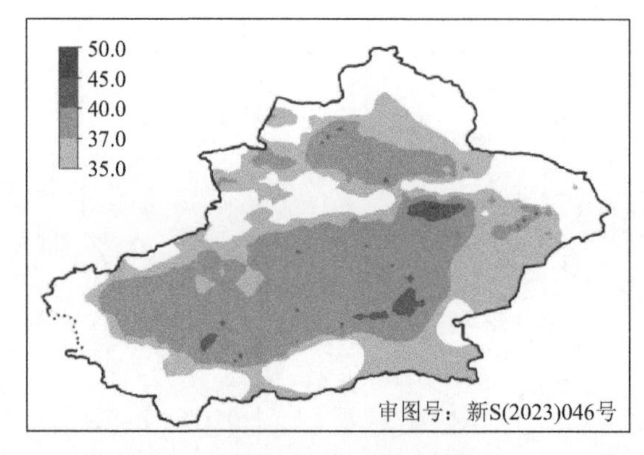

图 3.49 7 月 24 日 08 时至 28 日 20 时过程最高气温(单位:℃)

3.25.2 环流形势

影响系统：500 hPa 伊朗副高、西太副高、新疆脊。

100～200 hPa：南亚高压呈单体型，高压脊主体偏强，200 hPa 新疆受高压脊控制(图 3.50a)。

500 hPa：受高压脊控制，全疆大部出现高温。24—27 日，伊朗副高和西太副高继续发展，两者结合，全疆大部持续受高压脊控制，592 dagpm 线控制新疆大部，600 dagpm 线断续控制南疆西部；28 日开始，伊朗副高和西太副高减弱衰退，西西伯利亚低涡底部分裂冷空气南下影响新疆，高温过程逐渐结束(图 3.50b)。

700～850 hPa：新疆上空暖脊强烈发展，27 日 20 时，700 hPa 北疆大部气温上升至 9～15 ℃，南疆、东疆气温上升至 15～23 ℃；850 hPa 北疆大部气温上升至 23～30 ℃，南疆和东疆地区上升至 29～36 ℃(图 3.50c)。

地面：南疆、东疆受低压控制，最低气压中心出现在 27 日 08 时，为 992.5 hPa(图 3.50d)。

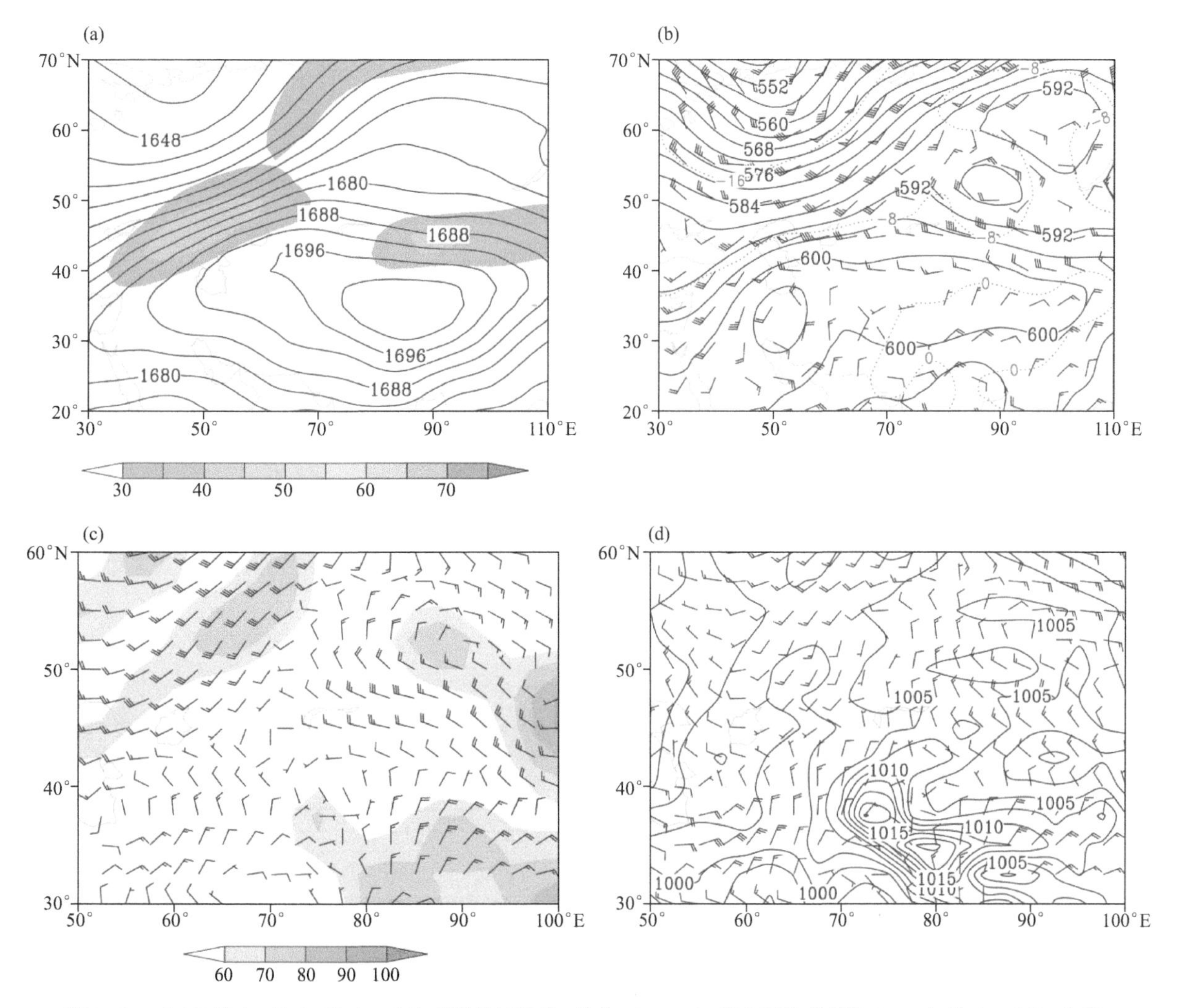

图 3.50　(a)7 月 24 日 20 时 100 hPa 高度场(实线，单位：dagpm)，填色区为风速≥30 m/s 的 200 hPa 急流；(b)500 hPa 高度场(黑实线，单位：dagpm)、风场(单位：m/s)、温度场(红虚线，单位：℃)；(c)700 hPa 高度场(黑实线，单位：dagpm)、风场(单位：m/s)和相对湿度(填色区，%)；(d)海平面气压(黑实线，单位：hPa)和 850 hPa 风场(单位：m/s)

3.26 7月29日20时至8月1日20时北疆暴雨、大风

3.26.1 天气实况综述

<table>
<tr><td>天气类型</td><td colspan="2">暴雨、大风</td><td>过程强度</td><td>中</td></tr>
<tr><td>天气实况</td><td colspan="4">①降雨:北疆、吐鲁番市、哈密市的大部和喀什地区、克州山区、巴州、阿克苏地区北部等地的部分区域出现微到小雨,其中博州、伊犁州、乌鲁木齐市、昌吉州、石河子市等地的部分区域和博州西部山区、塔城地区、阿勒泰地区东部山区、喀什地区南部山区、克州山区、巴州北部、吐鲁番市北部山区、哈密市北部等地的局部区域出现中到大雨,累计降水量 6.1～24 mm,伊犁州东部南部山区、塔城地区南部山区、石河子市南部山区、乌鲁木齐市山区、昌吉州、哈密市北部山区等地的局地暴雨,累计降水量 24.1～71.1 mm,最大降水中心位于昌吉州玛纳斯县南泥沟站(图 3.51a)。
②风:全疆大部出现 4～5 级偏西或西北阵风,风口风力 9～13 级,极大风速出现在吐鲁番小草湖服务区 39.3 m/s(13 级)</td></tr>
<tr><td rowspan="2">灾害性天气</td><td>暴雨</td><td colspan="3">暴雨站数:134 站。30 日 8 站,伊犁州 8 站;31 日 84 站,昌吉州 60 站,伊犁州 5 站,石河子市 4 站,乌鲁木齐市 5 站,巴州 10 站;1 日 42 站,昌吉州 17 站,哈密市 24 站,克拉玛依市 1 站;共 134 站。
日最大降水中心:区域站为巴里坤县巴里坤县萨尔乔克乡苏吉东村 68.7 mm(1 日),国家站为呼图壁站 40.6 mm(31 日)。
短时强降水和最大小时雨强:3 站,最大小时雨强克拉玛依市乌尔禾区百口泉站 23.3 mm/h(31 日 22:00—23:00),阿勒泰地区富蕴站 14.3 mm/h(1 日 16:00—17:00),伊犁州尼勒克站 11.4 mm/h(30 日 19:00—20:00)。最大小时雨强区域站克拉玛依市乌尔禾区百口泉站 23.3 mm/h,国家站阿勒泰地区富蕴站 14.3 mm/h</td></tr>
<tr><td>大风</td><td colspan="3">大风站数:北疆、东疆及南疆西部风口和伊犁州西部、阿克苏地区北部、巴州北部等地共 536 站出现 8 级以上大风,其中 10 级以上 58 站(图 3.51b)。
过程极大风速中心:区域站吐鲁番小草湖服务区站 39.3 m/s(13 级,31 日 03:13);国家站为十三间房站 35.6 m/s(12 级,31 日 03:53)</td></tr>
</table>

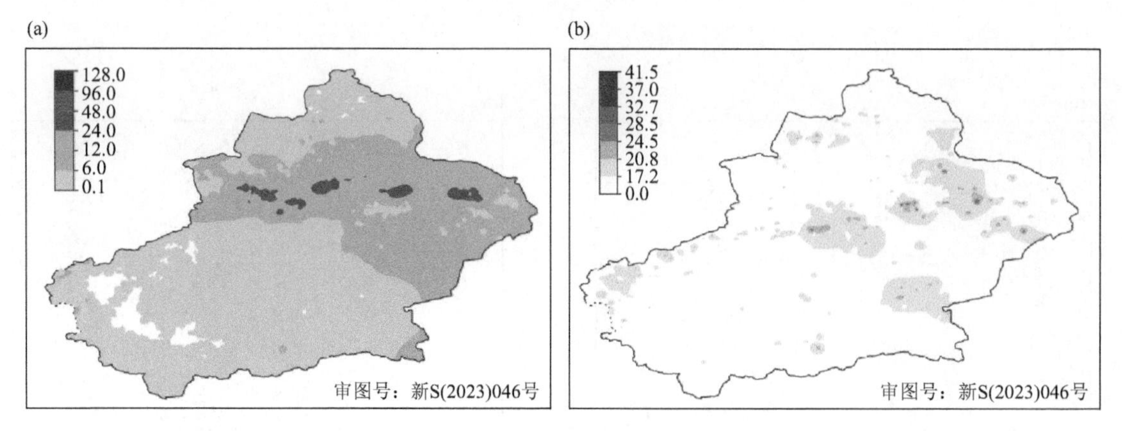

图 3.51 (a)7 月 29 日 20 时至 8 月 1 日 20 时过程累计降水量(单位:mm);(b)过程极大风速(单位:m/s)

3.26.2 环流形势

影响系统:500 hPa 西西伯利亚低槽,700～850 hPa 切变线,地面冷高压、冷锋。

100～200 hPa:新疆受长波槽前西南急流影响,7 月 31 日 08 时 200 hPa 高空偏西风最大风速达 52 m/s(图 3.52a)。

500 hPa:7 月 31 日 08 时欧亚范围中高纬为“两脊一槽”型,环流经向度大,东欧至乌拉尔山地区为高压脊,贝加尔湖地区为高压脊,西西伯利亚地区为低槽区,随着乌拉尔山高压脊顶发展,脊前西北气流南下推动西西伯利亚低槽底部分裂短波,东移影响新疆北部,造成此次降水天气过程(图 3.52b)。

700～850 hPa:北疆西部存在偏西风与偏东风的切变线,北疆中部地区存在西北风与东南风的切变线(图

3.52c)。31 日 08 时，700 hPa 北疆北部偏西急流中心达 8 m/s，850 hPa 北疆偏西风最大风速达 10 m/s。

地面：地面冷高压沿偏北路径影响新疆，南疆盆地受热低压控制，随着地面冷高压东移，前沿冷锋进入新疆北部，等压线密集，造成此次降温、大风天气(图 3.52d)。

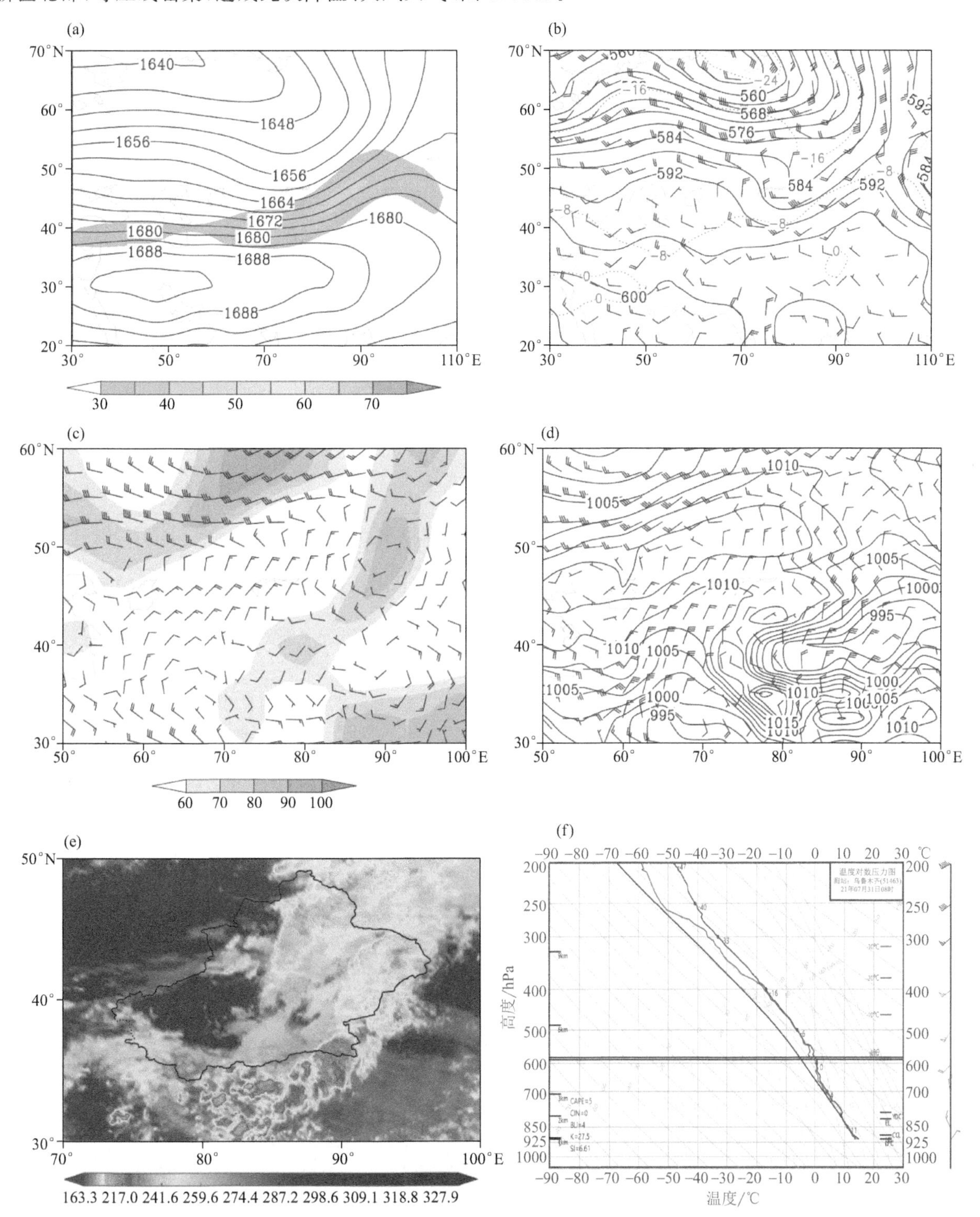

图 3.52　2021 年 7 月 30、31 日环流形势及 31 日 FY-4A 红外云图

(a)7 月 31 日 08 时 100 hPa 高度场(实线，单位：dagpm)和 200 hPa 风速≥30 m/s 的急流(填色区，单位：m/s)；

(b)7 月 31 日 08 时 500 hPa 高度场(黑实线，单位：dagpm)、风场(单位：m/s)和温度场(红虚线，单位：℃)；

(c)7 月 31 日 08 时 700 hPa 风场(单位：m/s)和相对湿度(填色区，%)；

(d)7 月 30 日 20 时海平面气压(实线，单位：hPa)和 850 hPa 风场(单位：m/s)；

(e)7 月 31 日 20:30 FY-4A 红外云图(单位：K)；(f)7 月 31 日 08 时乌鲁木齐站 T-ln$p$ 图

探空 T-ln$p$:低层至中高层(400～850 hPa)湿层深厚,对流参数中,暴雨中心最近乌鲁木齐站31日08时的探空站资料,垂直风切变0.33,K指数为27.5 ℃、SI指数为4 ℃、CAPE值为5 J/kg、BLI指数为6.61、$T_{850\text{-}500}$ 为17.5 ℃(图3.52f)。

3.27 8月14日08时至16日08时局地暴雨、大风、沙尘暴

3.27.1 天气实况综述

天气类型	暴雨、大风、沙尘暴、霜冻		过程强度	中度
天气实况	①降雨:北疆大部和喀什地区、克州山区、和田地区西部南部、阿克苏地区、巴州山区、吐鲁番市、哈密市等地的部分区域出现微到小雨,其中北疆部分区域和喀什地区、克州山区、和田地区西部南部、阿克苏地区西部北部、巴州山区、吐鲁番市、哈密市等地的部分区域累计降水量6.1～24.0 mm,博州、塔城地区北部、乌鲁木齐市、昌吉州东部、喀什地区南部、阿克苏地区西部、和田地区西部等地的局部区域累计降水量24.1～48.0 mm,喀什地区南部、和田地区西部局地累计降水量48.4～58.8 mm,最大降水中心位于喀什地区叶城二牧场站(图3.53a)。 ②风:北疆部分区域和喀什地区、克州山区、和田地区、阿克苏地区北部、巴州、吐鲁番市、哈密市等地出现5～6级西北风,风口风力9～10级,阵风11级左右。 ③沙尘暴:喀什地区、和田地区、阿克苏地区、巴州南部出现不同程度沙尘天气,其中和田地区东部、阿克苏地区西部、巴州南部共4站出现沙尘暴。 ④霜冻:乌鲁木齐市南部山区、喀什地区山区局地出现初霜冻			
灾害性天气	暴雨	暴雨站数:18站。14日塔城地区北部1站、博州东部1站、喀什地区南部1站、和田地区西部1站,共4站;15日伊犁州1站、乌鲁木齐市北部5站、阿克苏地区西部1站、昌吉州东部7站,共14站。 日最大降水中心:区域站昌吉州阜康市阜康三工河站31.0 mm(15日),国家站昌吉州阜康市天池站25.8 mm(15日)。 短时强降水和最大小时雨强:2站,最大小时雨强博州精河县茫乡下天吉水库站25.7 mm/h(14日19:00—20:00),喀什地区叶城县二牧场站20.6 mm/h(14日18:00—19:00)		
	大风	大风站数:伊犁州山区、博州东部、塔城地区北部、阿勒泰地区北部东部、克拉玛依市、昌吉州东部、喀什地区、克州山区、和田地区、阿克苏地区西部北部、巴州北部、吐鲁番市北部、哈密市等地共372站出现8级以上大风,其中10级以上25站(图3.53b)。 过程极大风速中心:区域站为吐鲁番市高昌区小草湖服务区站34.7 m/s(12级,15日05:51);国家站为哈密市十三间房站34.5 m/s(12级,15日19:48)		
	沙尘暴	喀什地区、和田地区、阿克苏地区、巴州南部出现不同程度沙尘天气,其中和田地区东部、阿克苏地区西部、巴州南部共4站出现沙尘暴。 沙尘暴站数:14日11:00—15日08:00,4站出现沙尘暴(和田南地区于田站、民丰站、阿克苏地区柯坪站、巴州塔中站),其中民丰站出现强沙尘暴。 最低能见度:和田地区民丰站155 m(14日18:12)		
	霜冻	初霜冻:2站,15日喀什地区吐尔尕特站共1站;16日乌鲁木齐大西沟站共1站		
灾情	8月15日夜间至16日凌晨大风、强降雨,造成阿克苏地区拜城县农作物受灾			

3.27.2 环流形势

影响系统:500 hPa西西伯利亚低槽,700～850 hPa偏西急流和南疆东部偏东急流、切变线,地面冷高压。

100～200 hPa:受副热带长波槽影响,新疆处于长波槽前,是有利的降水环流形势,14日08时200 hPa偏西急流核最大风速达52 m/s(图3.54a)。

500 hPa:欧亚范围中高纬为"两槽两脊"的环流形势,东欧地区和贝加尔湖为高压脊区,西西伯利亚至中亚北部为长波槽区,环流形势稳定少动;随着东欧高压脊顶东伸,高压脊前西北气流引导冷空气南下,冷空气与低槽有所叠加,低槽向南加深,槽底分裂短波快速东移,造成此次全疆大部降水、局地对流、南疆风

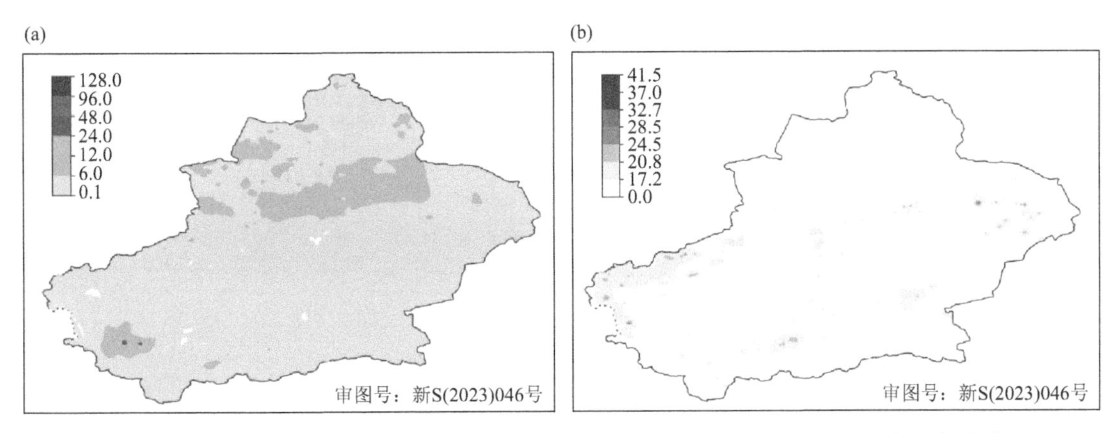

图3.53 (a)8月14日08时至16日08时过程累计降水量(单位:mm);(b)过程极大风速(单位:m/s)

沙的天气过程(图3.54b)。

700～850 hPa:700 hPa北疆西部和南疆存在18 m/s偏西急流和西风与偏南风的切变线(图3.54c),14日08时850 hPa南疆东部偏东急流最大风速达14 m/s。

地面:1020 hPa冷高压沿偏西路径东移,高压中心东移南下过程中增强,南疆盆地为995 hPa低压,与蒙古地区1015 hPa高压形成“东高西低”形势,有利于南疆沙尘天气;15日20时高压前沿分裂冷高压进入北疆偏西地区,中心强度1017 hPa,最强强度达1020 hPa(图3.54d)。

探空 T-ln$p$:中湿下干(500～600 hPa湿、700～850 hPa干),中层(400～600 hPa)和低层(750～850 hPa)存在不稳定层结,对流参数中,暴雨点最近喀什站14日08时的探空站资料,垂直风切变0.67,K

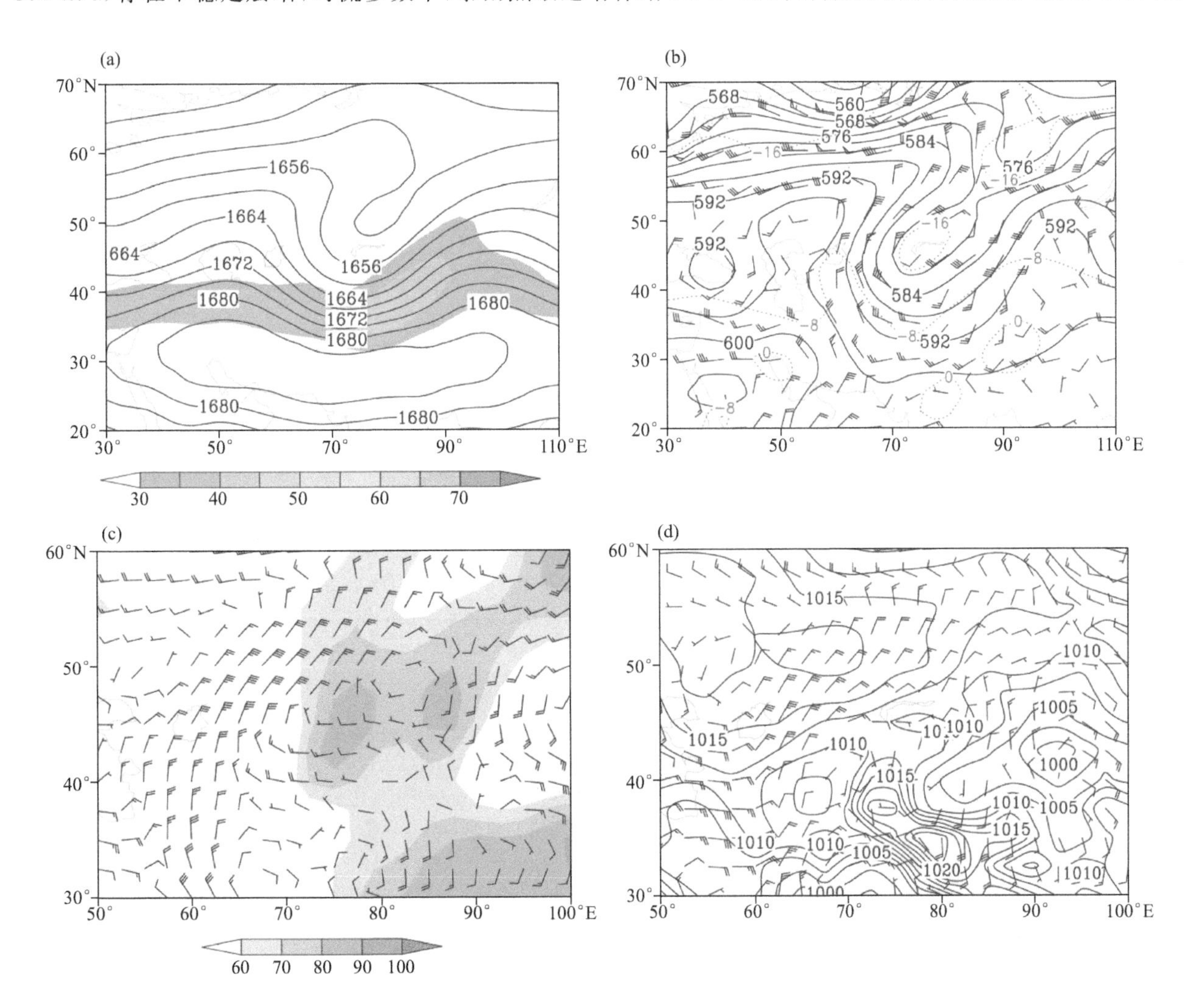

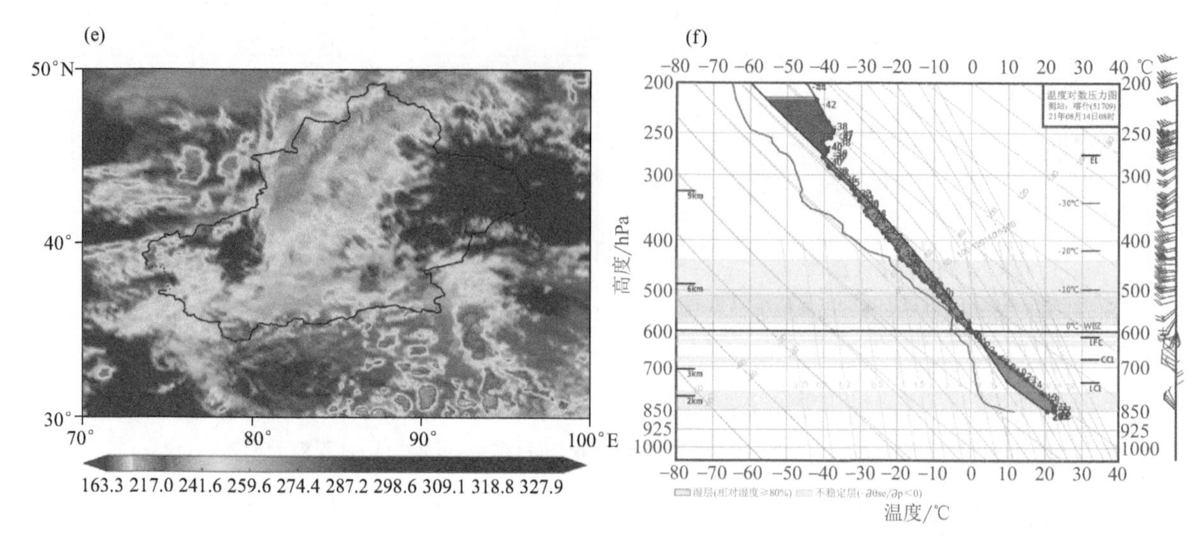

图 3.54　2021 年 8 月 15 日环流形势及 14 日 FY-4A 红外云图

(a)8 月 15 日 08 时 100 hPa 高度场(实线,单位:dagpm)和 200 hPa 风速≥30 m/s 的急流(填色区,单位: m/s);

(b)8 月 15 日 08 时 500 hPa 高度场(黑实线,单位:dagpm)、风场(单位: m/s)和温度场(红虚线,单位: ℃);

(c)8 月 15 日 08 时 700 hPa 风场(单位: m/s)和相对湿度(填色区,%);

(d)8 月 15 日 08 时海平面气压(实线,单位: hPa)和 850 hPa 风场(单位: m/s);

(e)8 月 14 日 19:30 FY-4A 红外云图(单位:K);(f)8 月 14 日 08 时喀什站 T-ln$p$ 图

指数为 33 ℃、SI 指数为－2.83 ℃、CAPE 值为 634.3 J/kg、BLI 指数为 2.7、$T_{850-500}$ 为 32 ℃(图 3.54f)。

3.28　8 月 16 日 08 时至 18 日 20 时局地暴雨、冰雹、大风、沙尘暴

3.28.1　天气实况综述

天气类型	暴雨、冰雹、大风、沙尘暴		过程强度	中强
天气实况	①降雨:北疆大部、阿克苏地区、哈密市和喀什地区山区、克州山区、和田地区、巴州、吐鲁番市等地的部分区域出现微到小雨,其中北疆西部北部、天山两侧、哈密市等地的部分区域累计降水量 6.1～24.0 mm,伊犁州山区、博州、塔城地区、阿勒泰地区、乌鲁木齐市、昌吉州东部、阿克苏地区北部、巴州北部、哈密市等地的局部区域累计降水量 24.1～48.0 mm,博州、塔城地区、阿勒泰地区东部、阿克苏地区北部、哈密市北部山区局地累计降水量 48.6～82.7 mm,最大降水中心位于塔城地区额敏县布尔汗村站(图 3.55a)。 ②冰雹:阿克苏地区阿瓦提县、乌什县、阿拉尔市、阿克苏市、温宿县,巴州库尔勒市出现冰雹。 ③风:北疆部分区域和喀什地区南部、克州山区、和田地区、阿克苏地区、巴州、吐鲁番市北部、哈密市等地出现 5～6 级西北风,风口风力 8～9 级,阵风 10～11 级。 ④沙尘暴:巴州南部出现不同程度沙尘天气,其中塔中站 1 站出现沙尘暴			
灾害性天气	暴雨	暴雨站数:96 站。16 日阿克苏地区共 3 站;17 日伊犁州山区 17 站、博州 2 站、塔城地区 27 站、阿勒泰地区北部东部 5 站、石河子市 5 站、乌鲁木齐市北部 4 站、阿克苏地区北部 1 站、巴州北部 2 站,共 63 站;18 日塔城地区 4 站、阿勒泰地区 25 站、哈密市北部 1 站,共 30 站。 日最大降水中心:区域站为塔城地区额敏县布尔汗村站 68.8 mm(17 日),国家站为塔城地区托里站 31.9 mm(17 日)。 短时强降水和最大小时雨强:12 站,最大小时雨强阿克苏地区温宿县博孜墩乡克孜布拉克村站 37.0 mm/h(16 日 18:00—19:00),阿勒泰地区吉木乃县吉木乃镇北沙窝站 30.9 mm/h(18 日 00:00—01:00),博乐市赛里木湖东岸站 26.9 mm/h(16 日 21:00—22:00),阿勒泰地区布尔津县禾木乡站 24.4 mm/h(17 日 19:00—20:00),阿克苏地区飞机场站 24.3 mm/h(16 日 19:00—20:00),巴州和静县巴伦台镇滚哈布奇勒站 22.7 mm/h(16 日 16:00—17:00),石河子市高中城站 22.7 mm/h(16 日 21:00—22:00),塔城地区沙湾县东湾镇四道班站 20.9 mm/h(17 日 17:00—18:00),巴州和静县哈尔莫敦镇小山口电站 20.7 mm/h(16 日 18:00—19:00),塔城地区额敏县霍吉尔特蒙古民族乡布尔汗村站 20.0 mm/h(17 日 16:00—17:00);阿克苏地区阿瓦提站 11.3 mm/h(16 日 18:00—19:00),塔城地区和布克赛尔站 10.3 mm/h(18 日 17:00—18:00)(图 3.55b)		

续表

灾害性天气	冰雹	阿克苏地区阿瓦提县 16 日 17:00—21:30、乌什县 16 日 17:15—17:50、阿拉尔市 16 日 18:00—22:00、阿克苏市 16 日 18:00—21:00、温宿县 16 日 17:30—22:00,巴州库尔勒市 17 日 17:40 出现冰雹
	大风	大风站数:伊犁州山区、博州东部、塔城地区北部、克拉玛依市、喀什地区南部山区、克州山区、和田地区、阿克苏地区西部北部、巴州北部、吐鲁番市北部、哈密市等地共 236 站出现 8 级以上大风,其中 10 级以上 18 站(图 3.55c)。 过程极大风速中心:区域站为喀什地区塔什库尔干县下坂地水库站 28.5 m/s(11 级,18 日 20:00);国家站为哈密市十三间房站 26.5 m/s(10 级,16 日 08:20)
	沙尘暴	巴州南部出现不同程度沙尘天气,其中塔中站 1 站出现沙尘暴。 沙尘暴站数:16 日 14:00—17:00,1 站出现沙尘暴(巴州塔中站)。 最低能见度:巴州塔中站 633 m(16 日 15:50)
灾情		8 月 16 日 17—22 时大风、强降雨、冰雹,造成阿克苏地区阿瓦提县、乌什县、阿拉尔市、阿克苏市、温宿县农作物、林果受灾;8 月 17 日 17 时 40 分冰雹、短时强降水,造成巴州库尔勒市农作物受灾

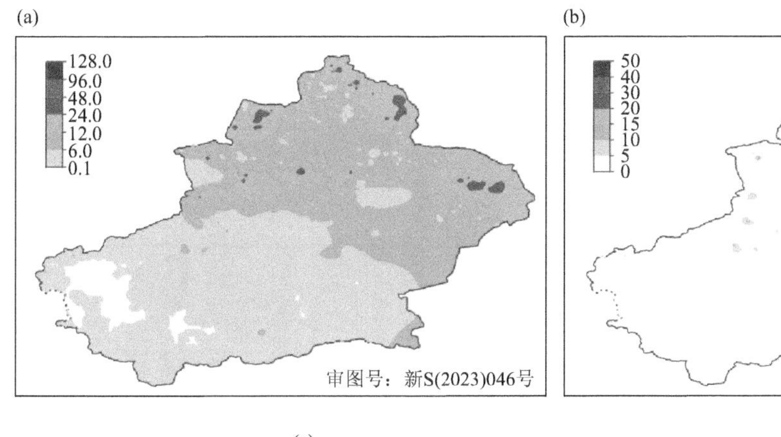

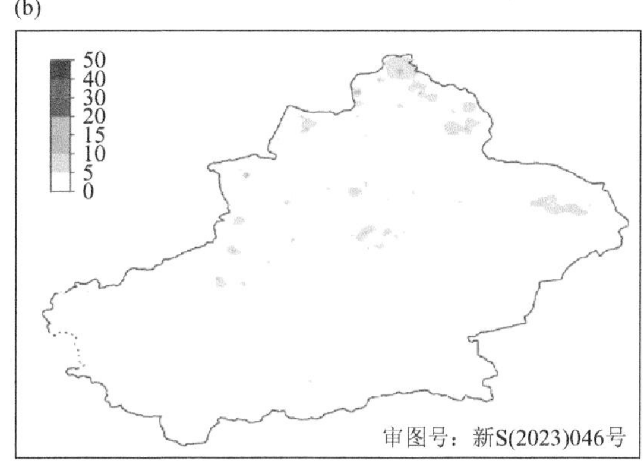

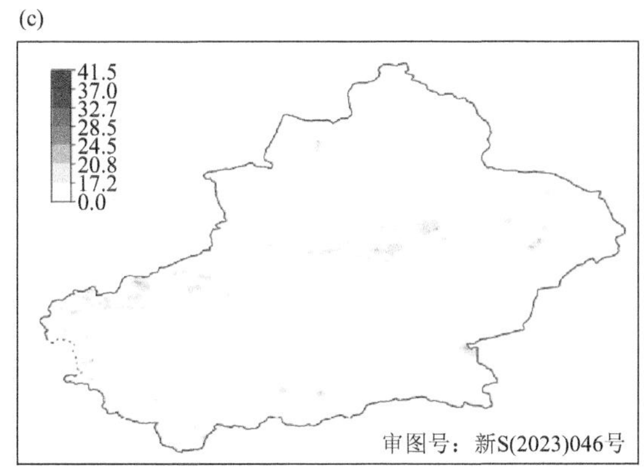

图 3.55　(a)8 月 16 日 08 时至 18 日 20 时过程累计降水量(单位:mm);
(b)过程最大小时雨强(单位:mm/h);(c)过程极大风速(单位:m/s)

3.28.2　环流形势

影响系统:500 hPa 中亚低涡,700～850 hPa 切变线和偏北急流,地面冷高压。

100～200 hPa:新疆处于低槽前偏西或西南急流控制,16 日 08 时 200 hPa 西南急流核最大风速达 50 m/s(图 3.56a)。

500 hPa:8 月 16 日 08 时,欧亚范围内中高纬为“两槽两脊”型,里海-咸海地区和蒙古地区为高压脊区,中亚为低涡系统,槽底南伸至 30°N,受下游高压脊阻挡,中亚低涡稳定维持,在低涡逆转过程中分裂短波东移,造成天山山区及其两侧降水;17 日里海-咸海高压脊顺转并向东北方向伸展,同时下游高压脊向东南衰退,中亚低涡减弱成槽东移北上,造成北疆和东疆大部降水。在此次天气过程中西南暖湿气流与高压脊顶南下的冷空气结合,伴有较明显对流天气发生(图 3.56b)。

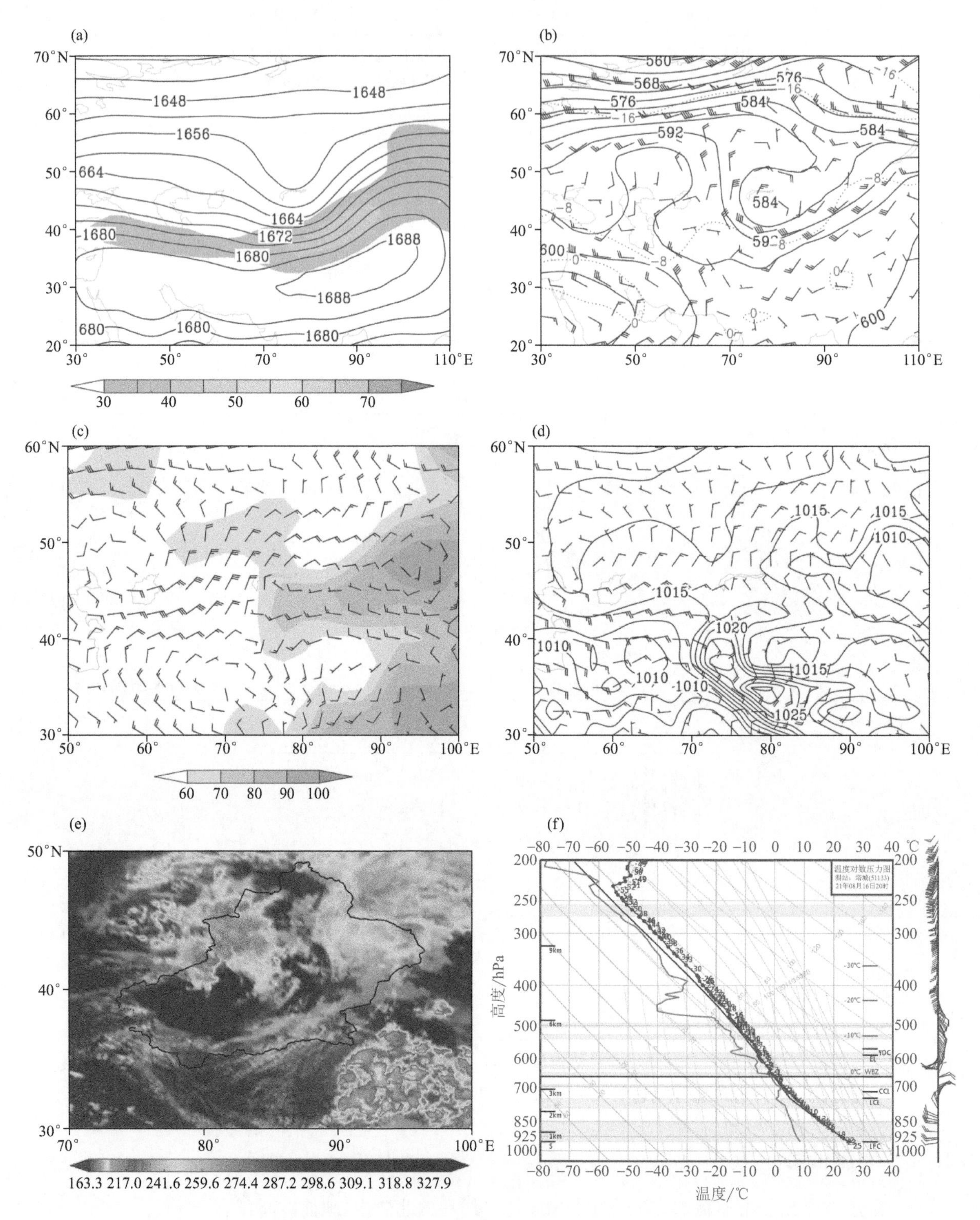

图 3.56　2021 年 8 月 17 日环流形势及 16 日 FY-4A 红外云图

(a)8 月 17 日 08 时 100 hPa 高度场(实线,单位:dagpm)和 200 hPa 风速≥30 m/s 的急流(填色区,单位: m/s);

(b)8 月 17 日 08 时 500 hPa 高度场(黑实线,单位:dagpm)、风场(单位: m/s)和温度场(红虚线,单位: ℃);

(c)8 月 17 日 08 时 700 hPa 风场(单位: m/s)和相对湿度(填色区,%);

(d)8 月 17 日 08 时海平面气压(实线,单位: hPa)和 850 hPa 风场(单位: m/s);

(e)8 月 16 日 18:30 FY-4A 红外云图(单位:K);(f)8 月 16 日 20 时塔城站 T-ln$p$ 图

700～850 hPa：700 hPa 北疆西部和阿克苏地区存在西风与偏南风或偏北风与偏西风的切变线（图 3.56c），17 日 08 时 850 hPa 巴州南部偏东急流最大风速达 10 m/s，17 日 20 时塔城地区北部存在 20 m/s 偏北急流。

地面：冷高压沿偏西路径进入新疆，中心强度 1020 hPa，冷高压东移过程中前沿分裂冷高压东移，中心强度 1020 hPa，17 日 14 时高压主体前沿分裂冷高压进入北疆偏西地区，中心强度 1015 hPa（图 3.56d）。

探空 T-ln$p$：中湿下干（600～700 hPa 湿、750～900 hPa 干），700 hPa 以下为暖平流，存在上冷下暖不稳定层结，对流参数中，暴雨点最近塔城站 16 日 20 时的探空站资料，垂直风切变 0.36，K 指数为 32.6 ℃、SI 指数为 1.79 ℃、CAPE 值为 6.6 J/kg、BLI 指数为－0.1、$T_{850-500}$ 为 29 ℃（图 3.56f）。

3.29 8 月 31 日 08 时至 9 月 2 日 20 时暴雨，局地大风、沙尘暴

3.29.1 天气实况综述

<table>
<tr><td>天气类型</td><td colspan="2">暴雨、大风、沙尘暴</td><td>过程强度</td><td>中强</td></tr>
<tr><td>天气实况</td><td colspan="4">①降雨：北疆大部和喀什地区、克州、和田地区、阿克苏地区、巴州、吐鲁番市北部山区、哈密市北部等地出现微到小雨，其中乌鲁木齐市和昌吉州、巴州北部山区的部分区域以及伊犁州山区、博州西部山区、塔城地区、阿勒泰地区北部山区、石河子市南部山区、喀什地区山区、克州山区、和田地区南部、阿克苏地区北部山区等地的局部区域累计降水量 6.1～24.0 mm，伊犁州山区、塔城地区、乌鲁木齐市、昌吉州东部、阿克苏地区北部、巴州北部吐鲁番市局地累计降水量 24.3～52.2 mm，最大降水中心位于昌吉州阜康市三工河石峡站（图 3.57a）。
②风：北疆部分区域和喀什地区南部、克州、和田地区、阿克苏地区西部北部、巴州、哈密市等地出现 5～6 级西北风，风口风力 8～9 级，阵风 10～11 级。
③沙尘：和田地区、巴州南部出现不同程度沙尘天气，其中和田地区东部、巴州南部共 2 站出现沙尘暴</td></tr>
<tr><td rowspan="3">灾害性天气</td><td>暴雨</td><td colspan="3">暴雨站数：39 站，1 日塔城地区托里县 1 站；2 日塔城地区南部 1 站、乌鲁木齐市 8 站、昌吉州 23 站、阿克苏地区 1 站、巴州北部 4 站、吐鲁番市 1 站，共 38 站。
日最大降水中心：区域站昌吉州吉木萨尔县二工河站 40.6 mm（2 日），国家站乌鲁木齐市小渠子站 30.5 mm（2 日）。
短时强降水和最大小时雨强：2 站，最大小时雨强昌吉州阜康市三工河石峡站 23.6 mm/h（1 日 19:00—20:00）；昌吉州阜康市天池站 21.3 mm/h（1 日 19:00—20:00）（图 3.57b）</td></tr>
<tr><td>大风</td><td colspan="3">大风站数：伊犁州、博州、塔城地区、阿勒泰地区北部东部、克拉玛依市、昌吉州东部、喀什地区南部山区、克州山区、和田地区东部、阿克苏地区北部、巴州、吐鲁番市、哈密市北部等地共 281 站出现 8 级以上大风，其中 10 级以上 10 站（图 3.57c）。
过程极大风速中心：区域站为吐鲁番市高昌区小草湖服务区站 29.6 m/s（11 级，2 日 08:24）；国家站为哈密市十三间房站 26.0 m/s（10 级，2 日 10:39）</td></tr>
<tr><td>沙尘暴</td><td colspan="3">和田地区、巴州南部出现不同程度沙尘天气，其中和田地区东部、巴州南部共 2 站出现沙尘暴。
沙尘暴站数：1 日 17:00—2 日 08:00，2 站出现沙尘暴（和田地区民丰站，巴州塔中站），其中民丰站出现强沙尘暴。
最低能见度：和田地区民丰站 476 m（1 日 20:30）</td></tr>
</table>

3.29.2 环流形势

影响系统：500 hPa 西西伯利亚低槽，700～850 hPa 切变线和偏北急流，地面冷高压。

100～200 hPa：新疆处于长波槽前偏西或西南急流控制，随着上游长波脊发展东移，低槽东移，9 月 1 日 08 时 200 hPa 偏西急流核最大风速达 44 m/s（图 3.58a）。

500 hPa：欧亚范围中高纬为“两槽两脊”的环流形势，里海-黑海至乌拉尔山地区为高压脊区，西西伯利亚至中亚地区为低槽区，随着里海-黑海高压脊东移北伸，西西伯利亚低槽分裂为南北两段，南段低槽分裂短波同部分东移南下的冷空气和中纬度短波槽结合并东移，造成北疆大部、南疆部分区域的降水、风沙天气（图 3.58b）。

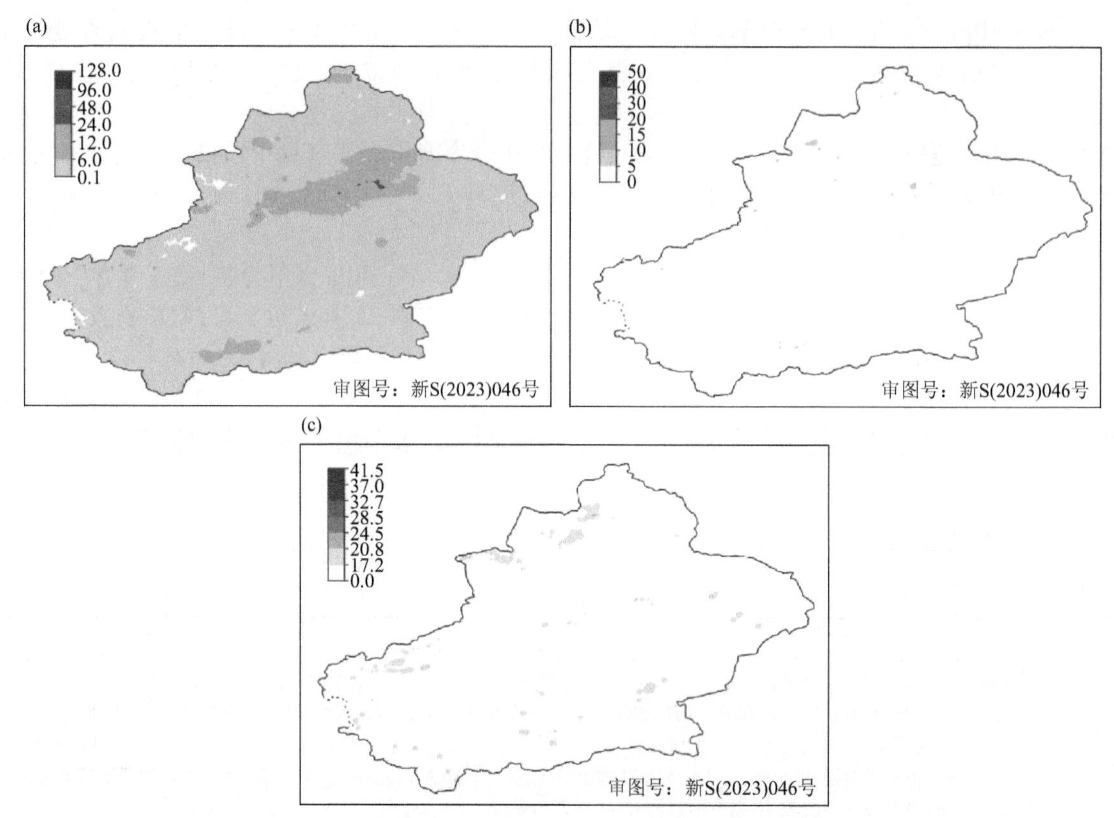

图 3.57 (a)8 月 31 日 08 时至 9 月 2 日 20 时过程累计降水量(单位:mm);
(b)过程最大小时雨强(单位:mm/h);(c)过程极大风速(单位:m/s)

700～850 hPa:北疆西部和南疆北部存在偏西风和西南风的切变线,9 月 1 日 20 时阿克苏地区存在 18 m/s 的西南急流(图 3.58c),31 日 08 时 850 hPa 阿克苏地区西部偏西急流最大风速达 12 m/s,9 月 1 日 08 时巴州南部存在 8 m/s 偏北风。

地面:冷高压沿偏西路径影响新疆,高压主体在东移过程中由 1020 hPa 增加至 1022 hPa,1 日 14 时高压前沿进入新疆西部,中心强度 1020 hPa,同时新疆南部为 997 hPa 低压区,气压梯度呈西北东南向,且逐渐增强并转为南北向;同时北疆东部为 1017 hPa 高压,与南疆低压形成“东北高、西南低”的形势,有利于南疆沙尘天气(图 3.58d)。

探空 T-ln$p$:湿层深厚(300～700 hPa),700 hPa 以下为暖平流,以上为冷平流,存在上冷下暖不稳定层结,对流参数中,暴雨最近点乌鲁木齐站 9 月 1 日 20 时的探空站资料,垂直风切变 0.2,K 指数为 36.3 ℃、

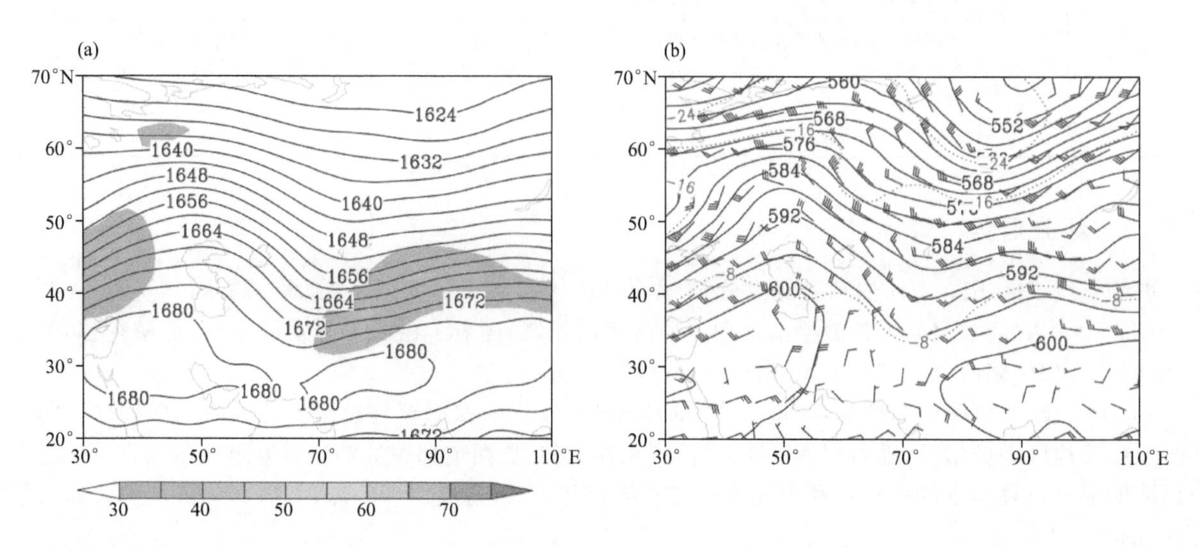

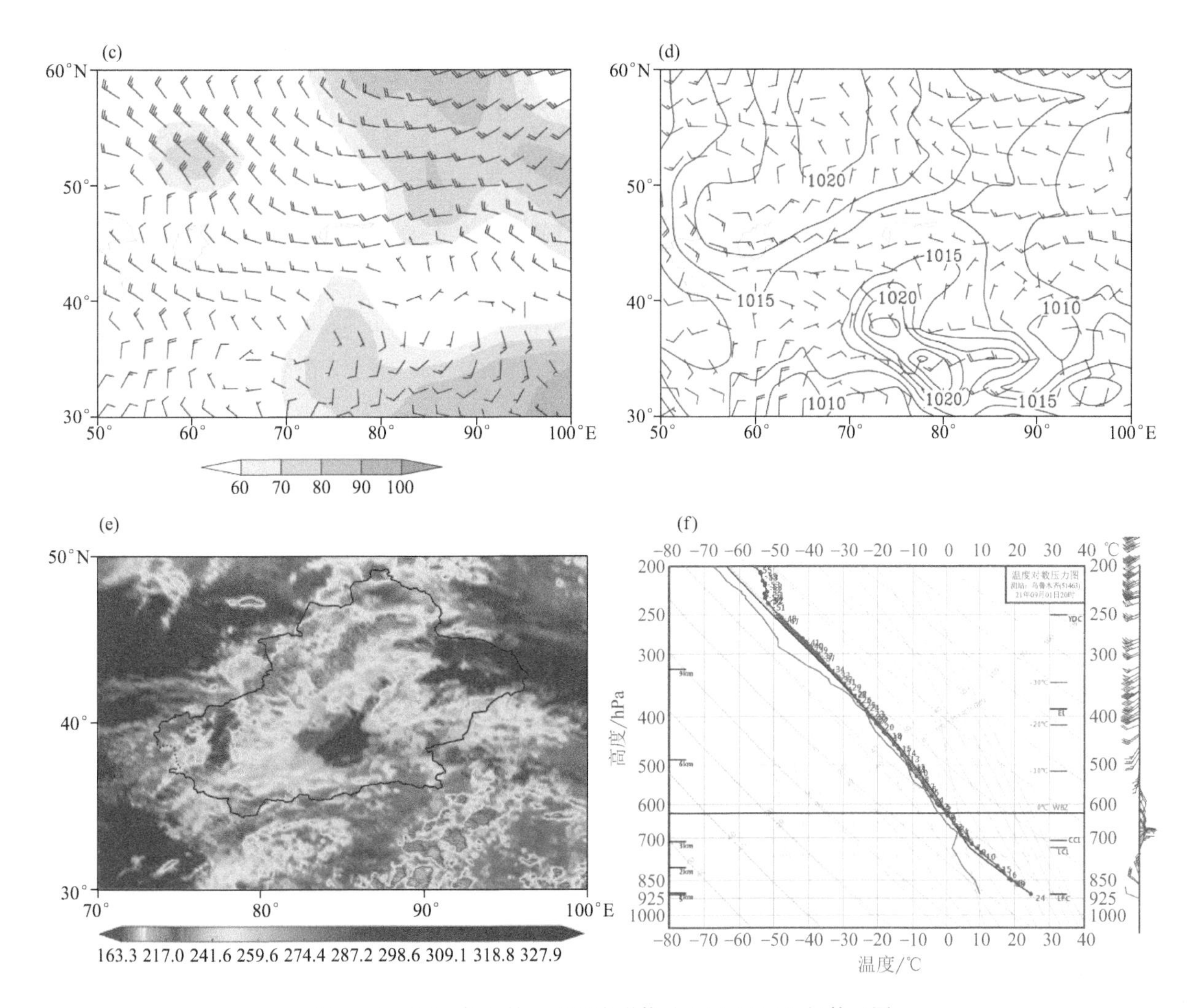

图 3.58　2021 年 9 月 1 日环流形势及 1 日 FY-4A 红外云图

(a)9 月 1 日 08 时 100 hPa 高度场(实线,单位:dagpm)和 200 hPa 风速≥30 m/s 的急流(填色区,单位：m/s)；
(b)9 月 1 日 08 时 500 hPa 高度场(黑实线,单位:dagpm)、风场(单位：m/s)和温度场(红虚线,单位：℃)；
(c)9 月 1 日 08 时 700 hPa 风场(单位：m/s)和相对湿度(填色区,%)；
(d)9 月 1 日 14 时海平面气压(实线,单位：hPa)和 850 hPa 风场(单位：m/s)；
(e)9 月 1 日 19:30 FY-4A 红外云图(单位:K)；(f)9 月 1 日 20 时乌鲁木齐站 T-ln$p$ 图

SI 指数为−0.85 ℃、CAPE 值为 136.8 J/kg、BLI 指数为 0.8、$T_{850\text{-}500}$ 为 30 ℃(图 3.58f)。

3.30　9 月 30 日 20 时至 10 月 3 日 20 时北疆西部暴雨,局地寒潮、大风、沙尘暴

3.30.1　天气实况综述

天气类型	暴雨、寒潮、霜冻、大风、沙尘暴	过程强度	强
天气实况	①雨雪:北疆大部和阿克苏地区北部、巴州、哈密市等地出现微到小雨或雨转雨夹雪或雪,其中伊犁州、博州、塔城地区、阿勒泰地区、石河子市、乌鲁木齐市、昌吉州、巴州北部山区、哈密市北部等地的部分区域累计降水量 6.1～24.0 mm,伊犁州、塔城地区北部、阿勒泰地区、克拉玛依市、昌吉州东部局地累计降水量 24.1～51.2 mm,最大降水中心位于伊犁州巩留县库尔德宁镇木材检查站(图 3.59a)		

续表

<table>
<tr><td>天气实况</td><td colspan="2">②降温:北疆部分区域和喀什地区南部、克州、和田地区、阿克苏地区西部北部、巴州、吐鲁番市北部、哈密市等地的部分区域气温下降5~8 ℃,伊犁州、博州、阿勒泰地区北部、乌鲁木齐市南部山区、昌吉州东部、克州山区、巴州南部、哈密市局地气温下降8~10 ℃,出现寒潮,阿勒泰地区北部、乌鲁木齐市南部山区、昌吉州东部山区、哈密市北部局地气温下降10 ℃以上,出现强寒潮。
③霜冻:伊犁州山区、塔城地区北部、阿勒泰地区局地出现初霜冻。
④风:北疆部分区域和克州、和田地区、阿克苏地区西部北部、巴州、吐鲁番市、哈密市等地出现5~6级西北风,风口风力8~9级,阵风10~11级。
⑤沙尘:南疆塔里木盆地、吐鲁番市、哈密市出现不同程度沙尘天气,其中和田地区东部、阿克苏地区北部、巴州共8站出现沙尘暴</td></tr>
<tr><td rowspan="5">灾害性天气</td><td>暴雨</td><td>北疆部分区域和南疆西部山区、哈密市出现雨雪天气,伊犁州、塔城地区北部、阿勒泰地区、昌吉州山区、巴州北部山区,哈密市等地雨转雪。
暴雨站数:30站,1日伊犁州西部5站、塔城地区北部1站、阿勒泰地区北部东部9站,共15站,2日伊犁州东部南部山区共15站。
日最大降水中心:区域站伊犁州巩留县库尔德宁镇木材检查站35.9 mm(2日),国家站伊犁州特克斯站21.3 mm(2日)。
最大小时雨强:阿勒泰地区吉木乃站9.0 mm/h(1日07:00—08:00)</td></tr>
<tr><td>寒潮</td><td>寒潮站数:30站·次(其中强寒潮7站·次):1日伊犁州西部、昌吉州东部共3站;2日阿勒泰地区北部、乌鲁木齐市南部山区、昌吉州东部、哈密市共20站(其中强寒潮6站);3日伊犁州东部、博州、克州山区、巴州南部共7站(其中强寒潮1站)。
日最大降温中心:2日昌吉州木垒县大浪沙站(区域站)降温11.4 ℃,2日乌鲁木齐天山大西沟站(国家站)降温10.6 ℃(图3.59b)。
过程最低气温:3日阿勒泰地区阿勒泰市野卡峡野雪公园站(区域站)最低气温−17.0 ℃,乌鲁木齐天山大西沟站(国家站)−12.6 ℃(图3.59c)</td></tr>
<tr><td>霜冻</td><td>初霜冻:4站,2日伊犁州昭苏站共1站;3日塔城地区额敏站、托里站,阿勒泰地区布尔津站共3站</td></tr>
<tr><td>大风</td><td>大风站数:伊犁州西部、博州、塔城地区北部、阿勒泰地区、克拉玛依市、乌鲁木齐市、昌吉州东部、克州山区、和田地区南部、阿克苏地区西部北部、巴州、吐鲁番市、哈密市北部等地共693站出现8级以上大风,其中10级以上128站(图3.59d)。
过程极大风速中心:区域站为吐鲁番市高昌区小草湖服务区站39.4 m/s(13级,1日22:40);国家站为哈密市十三间房站34.1 m/s(12级,1日21:34)</td></tr>
<tr><td>沙尘暴</td><td>南疆塔里木盆地、吐鲁番市、哈密市出现不同程度沙尘天气,其中和田地区东部、阿克苏地区北部、巴州共8站出现沙尘暴。
沙尘暴站数:1日20:00—3日20:00,8站出现沙尘暴(和田地区洛浦站、民丰站,阿克苏地区阿拉尔站、柯坪站,巴州塔中站、铁干里克站、且末站、若羌站),其中洛浦站、民丰站、塔中站、且末站、若羌站出现强沙尘暴。
最低能见度:巴州塔中站189 m(3日03:02)</td></tr>
<tr><td>灾情</td><td colspan="2">10月2日21时至3日07时大风,造成巴州若羌县红枣受灾,大棚受损</td></tr>
</table>

(a)

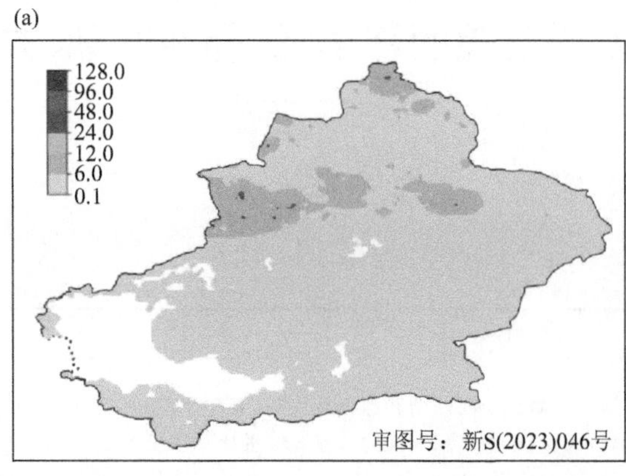

(b)

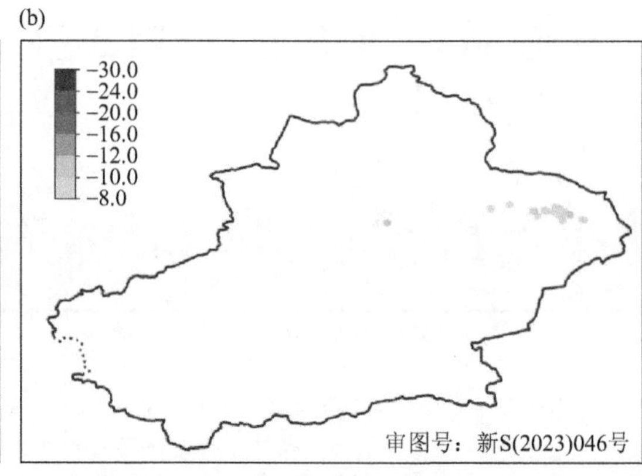

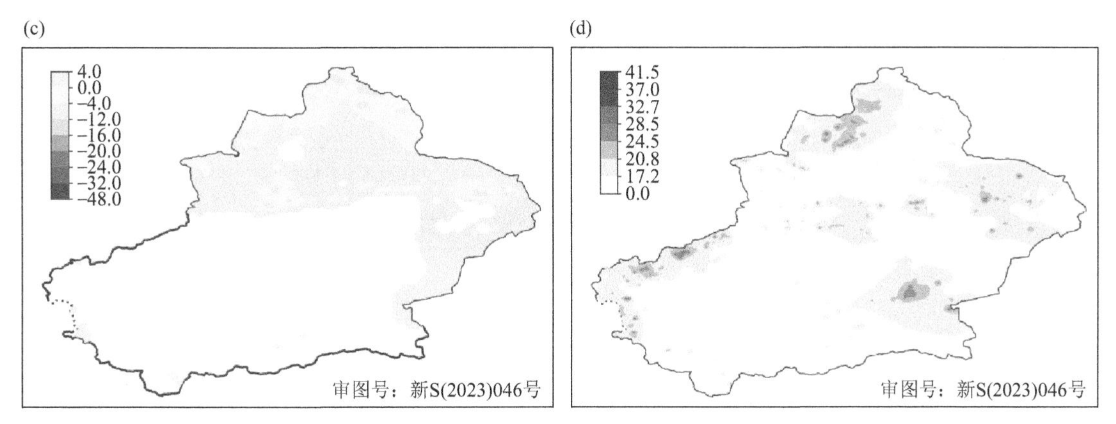

图 3.59　(a)9 月 30 日 20 时至 10 月 3 日 20 时过程累计降水量(单位:mm)；
(b)10 月 2 日最低气温 24 h 降温幅度(单位:℃)；(c)过程最低气温(单位:℃)；
(d)过程极大风速(单位:m/s)

3.30.2　环流形势

影响系统:500 hPa 西西伯利亚低涡低槽,700～850 hPa 偏西急流和切变线,地面冷高压、冷锋。

100～200 hPa:新疆受长波槽底锋区控制,随着长波槽东移南压,锋区南压加强,10 月 1 日 08 时 200 hPa 偏西急流核最大风速达 64 m/s(图 3.60a)。

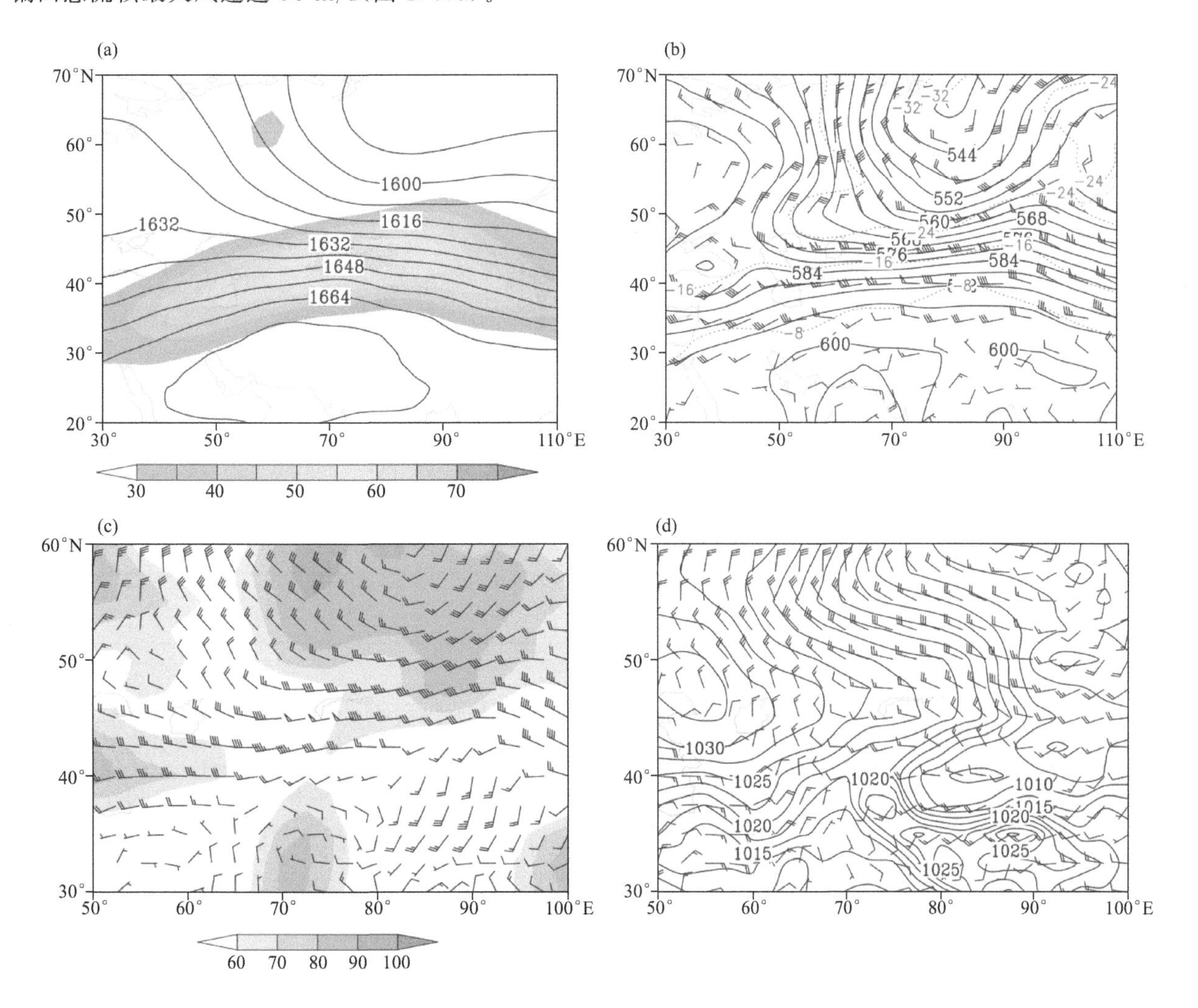

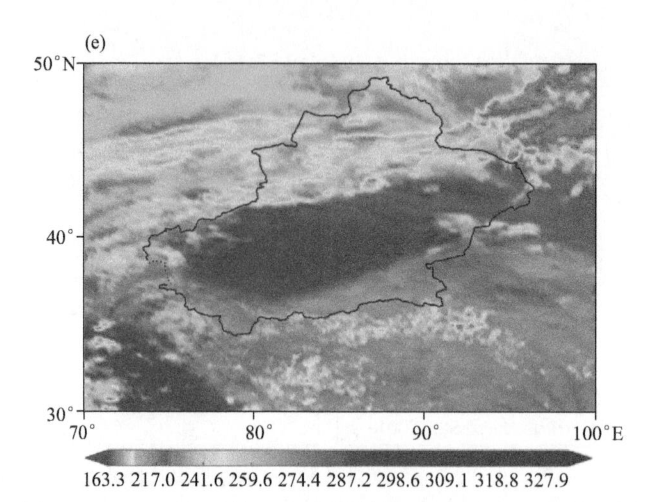

图3.60 2021年10月1日环流形势及1日FY-4A红外云图

(a)10月1日08时100 hPa高度场(实线,单位:dagpm)和200 hPa风速≥30 m/s的急流(填色区,单位:m/s);
(b)10月1日08时500 hPa高度场(黑实线,单位:dagpm)、风场(单位:m/s)和温度场(红虚线,单位:℃);
(c)10月1日08时700 hPa风场(单位:m/s)和相对湿度(填色区,%);
(d)10月1日14时海平面气压(实线,单位:hPa)和850 hPa风场(单位:m/s);
(e)10月1日20:30 FY-4A红外云图(单位:K)

500 hPa:欧亚范围中高纬为"两槽两脊"的经向环流,欧洲地区及贝加尔湖附近为高压脊区,西西伯利亚地区为低压活动区,欧洲高压脊前等高线密集,强西北风带引导北方冷空气南下向西西伯利亚地区低压系统中补充,30日20时西西伯利亚低压系统底部分裂短波槽东移,随后10月2日08时欧洲高压脊的脊顶衰退推动西西伯利亚低槽转竖快速东移,槽底锋区加强,造成雨雪、降温、风沙天气(图3.60b)。

700～850 hPa:北疆和南疆西部存在偏西急流和偏西风与西南风的切变线,10月1日08时,700 hPa北疆北部有中心为32 m/s的偏西急流(图3.60c),1日08时850 hPa塔城地区北部偏西急流最大风速达20 m/s,北疆北部存在西北风和偏南风的切变线,3日08时850 hPa巴州南部偏东急流最大风速达28 m/s。

地面:冷高压路径为偏西路径影响新疆,高压中心1035 hPa,高压中心东移过程中不断增强,主体位于里海西北部,10月1日08时高压前沿冷锋快速进入北疆地区,造成大范围寒潮、降温天气,冷高压前部分裂小高压东移,与南疆1000 hPa低压形成"东北高、西南低"的形势,有利于南疆、东疆风沙天气;此外,冷空气在天山北坡堆积,冷锋维持在天山附近,高压在东移过程中逐渐加强,最强时刻为10月3日08时,中心强度1032 hPa(图3.60d)。

3.31 10月6日02时至9日08时北疆西部暴雨,局地寒潮、大风

3.31.1 天气实况综述

天气类型	暴雨雪、寒潮、霜冻、大风	过程强度	中强
天气实况	①雨雪:北疆大部、阿克苏地区北部、巴州北部、吐鲁番市、哈密市等地出现微到小雨转雨夹雪或雪(山区为雪),其中伊犁州、塔城地区北部、阿勒泰地区北部、石河子市南部山区、乌鲁木齐市、昌吉州、阿克苏地区北部山区、巴州北部、哈密市北部等地的部分区域累计降水量6.1～24.0 mm,伊犁州山区、乌鲁木齐市南部、昌吉州东部山区、巴州北部、哈密市局地累计降水量24.3～32.6 mm,最大降水中心位于伊犁州巩留县库尔德宁镇木材检查站村站(图3.61a)。 ②降温:伊犁州、博州、塔城地区北部、阿勒泰地区、昌吉州东部、和田地区、阿克苏地区北部、巴州、吐鲁番市、哈密市北部等地的部分区域气温下降5～8 ℃,伊犁州东部南部、博州、塔城地区北部、克拉玛依市、阿勒泰地区北部、喀什地区南部山区、和田地区东部、阿克苏地区南部、巴州、吐鲁番市、哈密市局地气温下降8～10 ℃,出现寒潮,阿勒泰地区北部、和田地区东部、巴州南部、吐鲁番市北部局地气温下降10 ℃以上,出现强寒潮或特强寒潮。 ③霜冻:伊犁州、博州、塔城地区南部、石河子市、克拉玛依市、乌鲁木齐市、昌吉州、巴州、哈密市局地出现初霜冻。 ④风:北疆部分区域和喀什地区山区、克州、和田地区南部、阿克苏地区西部北部、巴州、吐鲁番市、哈密市出现5级左右西北风,风口风力9～10级,阵风11～12级		

续表

<table>
<tr><td rowspan="4">灾害性天气</td><td>雨雪</td><td>北疆部分区域和南疆西部山区、哈密市出现雨雪天气，伊犁州、阿勒泰地区、石河子市南部山区、昌吉州、阿克苏地区北部山区，哈密市等地雨转雪。
暴雨雪站数：暴雨 2 站，8 日巴州和静县 1 站、哈密市伊州区 1 站；暴雪 8 站，8 日昌吉州东部 4 站、哈密市 4 站。
日最大降水中心：区域站哈密市伊州区白石头乡站 32.1 mm(8 日)，国家站昌吉州木垒站 19.4 mm(8 日)。
最大小时雨强：巴州库尔勒市上户镇北山 3 号站 8.8 mm/h(8 日 02:00—03:00)</td></tr>
<tr><td>寒潮</td><td>寒潮站数：184 站・次(其中强寒潮 36 站・次、特强寒潮 9 站・次)。7 日博州、塔城地区北部、克拉玛依市、阿勒泰地区北部、哈密市北部共 50 站(其中强寒潮 6 站、特强寒潮 1 站)；8 日伊犁州东部南部、喀什地区南部山区、巴州北部、哈密市共 66 站(其中强寒潮 19 站、特强寒潮 2 站)；9 日和田地区东部、阿克苏地区南部、巴州、吐鲁番市、哈密市北部共 68 站(其中强寒潮 11 站、特强寒潮 6 站)。
日最大降温中心：8 日喀什地区塔什库尔干县麻扎尔站(区域站)降温 15.7 ℃，9 日和田地区民丰站(国家站)降温 10.3 ℃(图 3.61b)。
过程最低气温：9 日哈密市伊吾县盐池乡站(区域站)最低气温−20.6 ℃，巴州和静县巴音布鲁克站(国家站)−19 ℃(图 3.61c)</td></tr>
<tr><td>霜冻</td><td>初霜冻：28 站，7 日伊犁州霍尔果斯站、霍城站，乌鲁木齐站，昌吉州吉木萨尔站共 4 站；8 日伊犁州察布查尔站、伊宁站、伊宁县站、巩留站、新源站，博州博乐站、精河站，塔城地区乌苏站、沙湾站，石河子市炮台站，克拉玛依站，哈密市红柳河站共 12 站；9 日石河子市石河子站、乌兰乌苏站，昌吉州玛纳斯站、呼图壁站，巴州和静站、焉耆站、塔中站、铁干里克站、若羌站、且末站，哈密市十三间房站、淖毛湖站共 12 站</td></tr>
<tr><td>大风</td><td>大风站数：博州、塔城地区北部、阿勒泰地区、克拉玛依市、昌吉州东部、喀什地区南部山区、克州山区、和田地区南部、阿克苏地区西部北部、巴州、吐鲁番市、哈密市北部等地共 445 站出现 8 级以上大风，其中 10 级以上 88 站(图 3.61d)。
过程极大风速中心：区域站为吐鲁番市高昌区小草湖服务区站 38.8 m/s(13 级，7 日 00:39)；国家站为哈密市十三间房站 34.1 m/s(12 级，8 日 03:28)</td></tr>
</table>

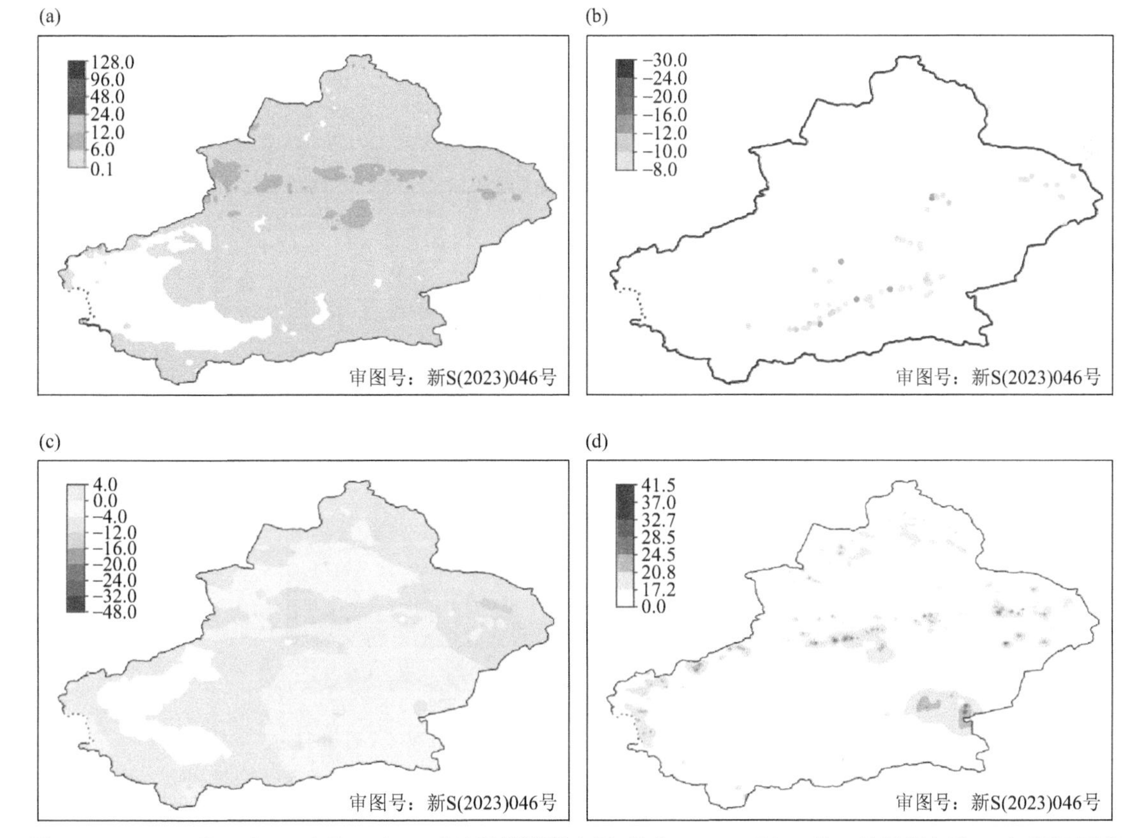

图 3.61 (a)10 月 6 日 02 时至 9 日 08 时过程累计降水量(单位：mm)；(b)10 月 9 日最低气温 24 h 降温幅度(单位：℃)；(c)过程最低气温(单位：℃)；(d)过程极大风速(单位：m/s)

3.31.2 环流形势

影响系统:500 hPa 西西伯利亚低涡低槽,700～850 hPa 偏西急流和切变线,地面冷高压、冷锋。

100～200 hPa:新疆受长波槽底锋区控制,随着上游脊东南落,长波槽东移影响,10 月 6 日 08 时、20 时 200 hPa 偏西急流核最大风速达 64 m/s(图 3.62a)。

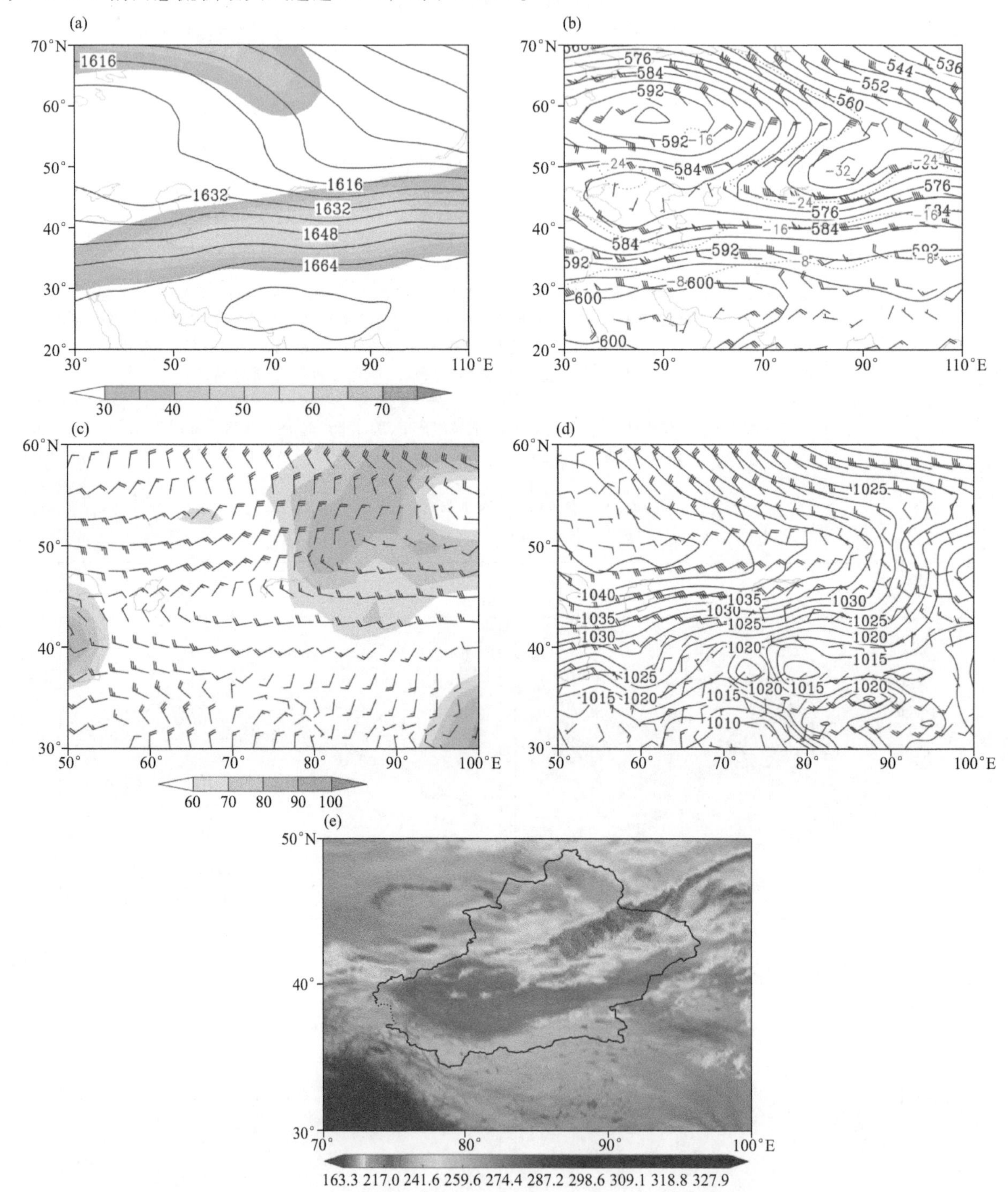

图 3.62 2021 年 10 月 7 日环流形势及 7 日 FY-4A 红外云图

(a)10 月 7 日 08 时 100 hPa 高度场(实线,单位:dagpm)和 200 hPa 风速≥30 m/s 的急流(填色区,单位: m/s);

(b)10 月 7 日 08 时 500 hPa 高度场(黑实线,单位:dagpm)、风场(单位: m/s)和温度场(红虚线,单位: ℃);

(c)10 月 7 日 08 时 700 hPa 风场(单位: m/s)和相对湿度(填色区,%);

(d)10 月 7 日 14 时海平面气压(实线,单位: hPa)和 850 hPa 风场(单位: m/s);

(e)10 月 8 日 02:30 FY-4A 红外云图(单位:K)

500 hPa:欧亚范围中高纬为“两槽一脊”的经向环流,东欧到乌拉尔山地区为高压脊区,西欧和西伯利亚至巴尔喀什湖地区为低槽活动区,低槽分为南北两段,北段位于西伯利亚地区,南段切涡,中心位于巴尔喀什湖北部,并且低涡配合－36 ℃冷中心,随着上游高压脊顶顺转,分裂正变高南下推动巴尔喀什湖低槽转竖东南移,受低槽、强锋区影响,伊犁及天山两侧出现较明显雨雪天气,同时低槽东南移速快,引导冷空气快速进入北疆、东疆,造成此次雨转雪、降温、大风天气(图 3.62b)。

700～850 hPa:北疆和南疆西部存在偏西急流和西北风与西南风的切变线,中天山有风向与地形的辐合,6 日 08 时,700 hPa 北疆北部有中心为 20 m/s 的偏西急流(图 3.62c),6 日 08 时 850 hPa 塔城地区北部偏西急流最大风速达 14 m/s,北疆北部存在偏西风和偏南风的切变线。

地面:冷高压以西北路径影响新疆,6 日 20 时高压前沿冷锋快速进入北疆,冷空气在天山北坡堆积,高压在东移过程中有所加强,冷锋维持在天山附近,造成此次寒潮、降温天气(图 3.62d)。

3.32　10 月 10 日 20 时至 13 日 20 时北疆西部暴雨,局地寒潮、大风

3.32.1　天气实况综述

<table>
<tr><td>天气类型</td><td colspan="2">暴雨雪、寒潮、霜冻、大风</td><td>过程强度</td><td>中度</td></tr>
<tr><td>天气实况</td><td colspan="4">①雨雪:北疆大部、喀什地区南部山区、克州山区、阿克苏地区西部北部、哈密市北部等地出现微到小雨转雨夹雪或雪(山区为雪),其中伊犁州、塔城地区、阿勒泰地区北部、乌鲁木齐市,昌吉州东部、哈密市北部等地的局部区域累计降水量 6.1～24.0 mm,伊犁州西部、塔城地区北部局地累计降水量 24.5～37.8 mm,最大降水中心位于伊犁州伊宁县胡地亚于孜镇波斯坦村站(图 3.63a)。
②降温:伊犁州、博州西部、塔城地区北部、阿勒泰地区东部、石河子市、昌吉州、喀什地区、克州山区、和田地区、巴州、哈密市北部等地局部区域气温下降 5 ℃左右,伊犁州西部、博州、塔城地区、喀什地区、克州、巴州北部局地气温下降 8～10 ℃,出现寒潮,塔城地区北部、喀什地区局地气温下降 10 ℃以上,出现强寒潮或特强寒潮。
③霜冻:喀什地区、克州、和田地区、阿克苏地区局地出现初霜冻。
④风:北疆部分区域和喀什地区、克州、和田地区南部、阿克苏地区北部、巴州、吐鲁番市、哈密市出现 5 级左右西北风,风口风力 8～9 级,阵风 10 级左右</td></tr>
<tr><td rowspan="4">灾害性天气</td><td>雨雪</td><td colspan="3">北疆部分区域和南疆西部山区、哈密市出现雨雪天气,伊犁州、阿勒泰地区、喀什地区、克州山区、阿克苏地区北部山区,哈密市等地雨转雪。
暴雨雪站数:暴雨 7 站,11 日伊犁州 6 站、12 日伊犁州 1 站,共 7 站;暴雪 2 站,13 日乌鲁木齐市 1 站、昌吉州东部 1 站,共 2 站。
日最大降水中心:区域站伊犁州伊宁县胡地亚于孜镇波斯坦村站 37.8 mm(11 日),国家站伊犁州伊宁县站 28.9 mm(11 日)。
最大小时雨强:伊犁州伊宁县胡地亚于孜镇波斯坦村站 8.3 mm/h(11 日 03:00—04:00)</td></tr>
<tr><td>寒潮</td><td colspan="3">寒潮站数:26 站・次(其中强寒潮 1 站・次、特强寒潮 1 站・次)。11 日喀什地区、克州共 13 站(其中强寒潮 1 站);12 日克州山区、巴州北部共 4 站;13 日伊犁州西部、博州、塔城地区、喀什地区、巴州北部共 9 站(其中特强寒潮 1 站)。
日最大降温中心:13 日塔城地区托里县库普乡沙孜站(区域站)降温 12.5 ℃,11 日喀什地区喀什站(国家站)降温 7.8 ℃(图 3.63b)。
过程最低气温:13 日巴州和静县巴音布鲁克镇机场站(区域站)最低气温－31.2 ℃,乌鲁木齐市天山大西沟站(国家站)－16.2 ℃(图 3.63c)</td></tr>
<tr><td>霜冻</td><td colspan="3">初霜冻:13 站,10 日和田地区民丰站共 1 站;11 日喀什地区喀什站,克州阿图什站、乌恰站共 3 站;12 日克州阿合奇站,和田地区墨玉站共 2 站;13 日喀什地区伽师站、岳普湖站,克州阿克陶站,阿克苏地区乌什站、拜城站、沙雅站、库车站共 7 站</td></tr>
<tr><td>大风</td><td colspan="3">大风站数:博州、塔城地区北部、阿勒泰地区北部、克拉玛依市、克州山区、和田地区南部、巴州、吐鲁番市、哈密市北部等地共 139 站出现 8 级以上大风,其中 10 级以上 11 站(图 3.63d)。
过程极大风速中心:区域站为巴州和静县巴音布鲁克镇电站 30.6 m/s(11 级,10 日 22:27);国家站为哈密市十三间房站 25.9 m/s(10 级,13 日 14:20)</td></tr>
</table>

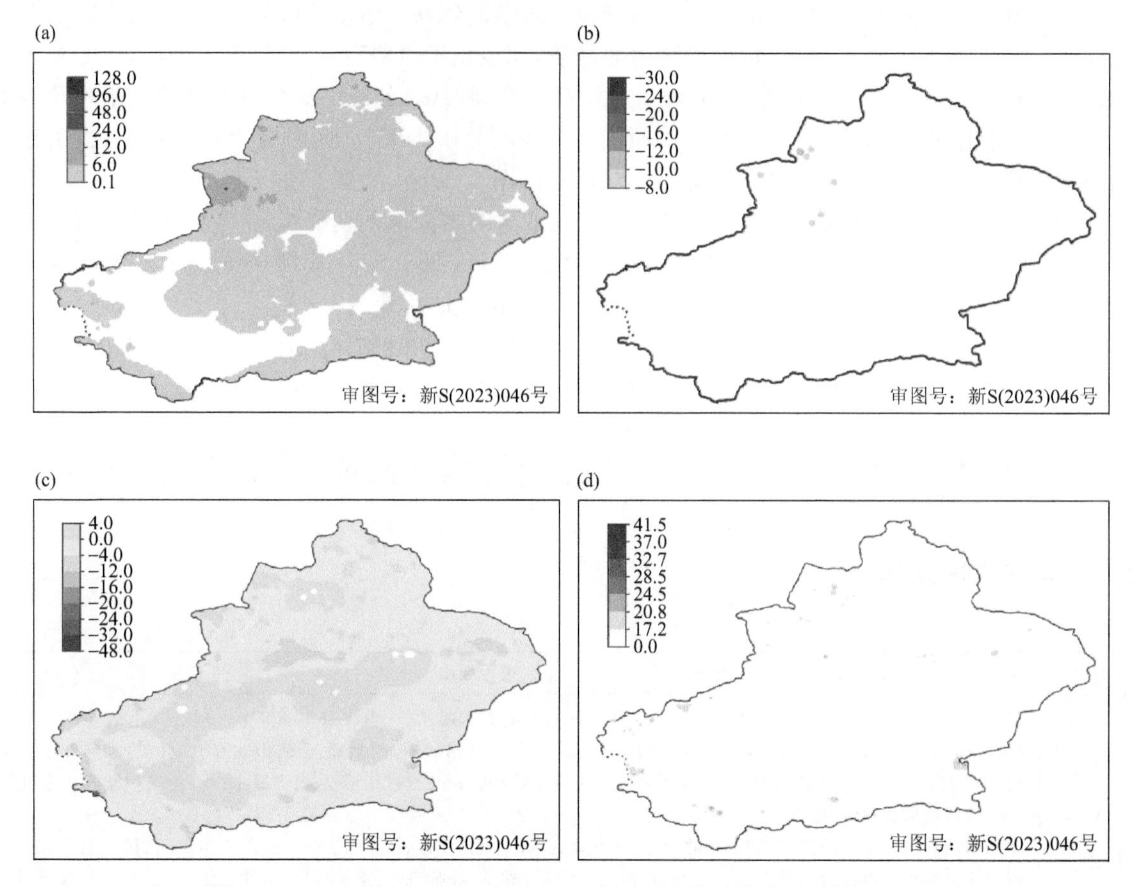

图 3.63 (a)10 月 10 日 20 时至 13 日 20 时过程累计降水量(单位:mm);
(b)10 月 13 日最低气温 24 h 降温幅度(单位:℃);
(c)过程最低气温(单位:℃);(d)过程极大风速(单位:m/s)

3.32.2 环流形势

影响系统:500 hPa 中亚低涡低槽,700～850 hPa 偏西急流和切变线,地面冷高压、冷锋。

100～200 hPa:新疆处于长波槽前锋区影响,是有利的降水环流形势,10 月 12 日 08 时、20 时 200 hPa 偏西急流核最大风速达 50 m/s(图 3.64a)。

500 hPa:10 月 10 日 08 时,欧亚范围中高纬以"两槽两脊"的经向环流为主,东欧地区为高压脊区,西西伯利亚地区为低槽活动区,咸海至巴尔喀什湖受中亚低涡控制,10 日 20 时低涡逐渐减弱成槽,东欧高压脊前北风带明显加强并引导脊顶冷空气南下在中亚低槽内堆积,随着上游高压脊向东南衰退,中亚低槽南压且锋区加强,东移进入新疆造成此次雨雪、降温、大风天气(图 3.64b)。

700～850 hPa:北疆和南疆西部存在偏西急流和西北风与西南风的切变线,中天山有偏北风与天山地形的辐合,地形强迫抬升有利于垂直上升运动发展,12 日 20 时,700 hPa 伊犁州有中心为 18 m/s 的偏西急流(图 3.64c),对应 850 hPa 偏西急流最大风速达 14 m/s,北疆北部存在偏西风和西南风的切变线。

地面:10 日 20 时中亚地区冷高压前沿冷锋位于南疆西部国境线附近,随后沿西南—东北方向移动,北疆大部和南疆西部受冷高压控制,同时,乌拉尔山地区中心为 1030 hPa 的冷高压沿西北路径东南下并不断增强进入北疆地区,北疆大部受中心强度为 1040 hPa 的冷高压控制,造成此次雨雪、降温、大风天气(图 3.64d)。

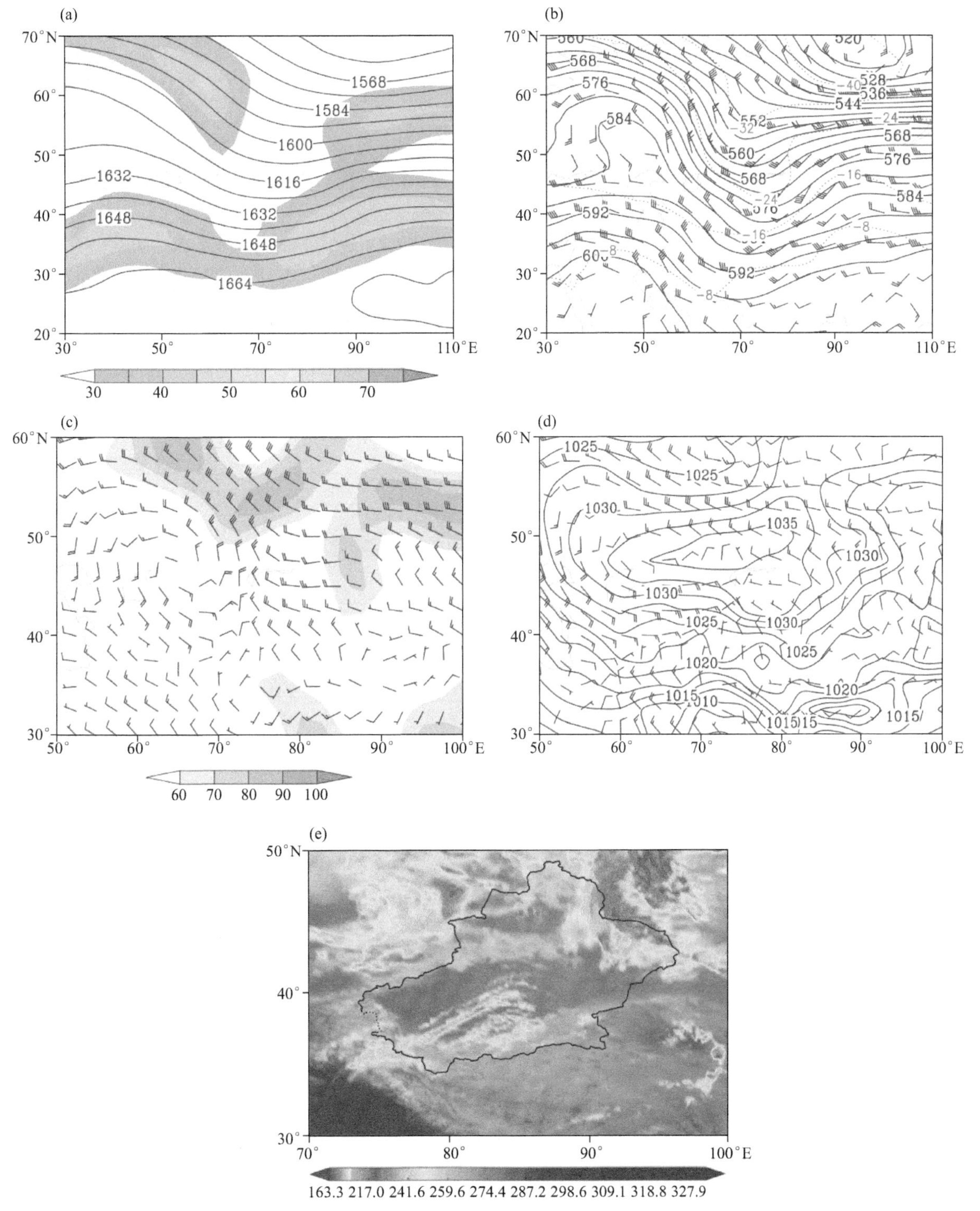

图 3.64 2021 年 10 月 11、12 日环流形势及 11 日 FY-4A 红外云图

(a)10 月 11 日 08 时 100 hPa 高度场(实线,单位:dagpm)和 200 hPa 风速≥30 m/s 的急流(填色区单位:m/s);

(b)10 月 11 日 08 时 500 hPa 高度场(黑实线,单位:dagpm)、风场(单位:m/s)和温度场(红虚线,单位:℃);

(c)10 月 12 日 20 时 700 hPa 风场(单位:m/s)和相对湿度(填色区,%);

(d)10 月 12 日 20 时海平面气压(实线,单位:hPa)和 850 hPa 风场(单位:m/s);

(e)10 月 11 日 20:30 FY-4A 红外云图(单位:K)

3.33 10 月 31 日 08 时至 11 月 2 日 20 时北疆北部暴雪,局地寒潮、大风

3.33.1 天气实况综述

<table>
<tr><td>天气类型</td><td colspan="2">暴雪、寒潮、霜冻、大风</td><td>过程强度</td><td>中度</td></tr>
<tr><td>天气实况</td><td colspan="4">①雨雪:阿勒泰地区和伊犁州东部、塔城地区北部、克拉玛依市、乌鲁木齐市、昌吉州、巴州北部山区、哈密市等地的部分区域出现微到小雨转雨夹雪或雪,其中伊犁州山区、塔城地区北部、阿勒泰地区北部东部、昌吉州山区等地的部分区域累计降水量 6.1～24.0 mm,塔城地区北部、阿勒泰地区局地累计降水量 24.5～57.3 mm,最大降雪中心位于阿勒泰地区阿勒泰市拉斯特乡小东沟鹊吉克桥站(图 3.65a)。
②降温:伊犁州、博州、塔城地区北部、阿勒泰地区北部、克州山区、和田地区、吐鲁番地区北部、哈密市北部等地局部区域气温下降 5 ℃左右,伊犁州西部、博州东部、喀什地区、和田地区西部、巴州北部、吐鲁番市北部局地气温下降 8～10 ℃,出现寒潮,和田地区、巴州北部气温下降 10 ℃以上,出现强寒潮或特强寒潮。
③霜冻:喀什地区、阿克苏地区西部、巴州北部局地出现初霜冻。
④风:伊犁州西部、博州、塔城地区北部、阿勒泰地区、克拉玛依市、克州、和田地区南部、巴州山区、哈密市等地出现 4～5 级西北风,风口风力 8～9 级,阵风 10 级左右</td></tr>
<tr><td rowspan="4">灾害性天气</td><td>暴雪</td><td colspan="3">北疆部分区域和巴州北部、哈密市北部出现雨雪天气,塔城地区北部、阿勒泰地区、昌吉州山区、哈密市北部等地雨转雪。
暴雪站数:25 站,1 日塔城地区北部 3 站、阿勒泰地区北部 3 站,共 6 站,2 日塔城地区北部 3 站、阿勒泰地区北部 16 站,共 19 站(其中大暴雪 4 站)。
日最大降雪中心:区域站阿勒泰市拉斯特乡园林场站 38.2 mm 站(2 日),国家站阿勒泰地区富蕴站 22.5 mm(2 日)。
最大小时雪强:阿勒泰地区富蕴站 4.3 mm/h(2 日 11:00—12:00)</td></tr>
<tr><td>寒潮</td><td colspan="3">寒潮站数:14 站・次(其中强寒潮 1 站・次、特强寒潮 1 站・次)。2 日伊犁州西部、博州东部、喀什地区、和田地区西部、巴州北部、吐鲁番市北部共 14 站(其中强寒潮 1 站、特强寒潮 1 站)。
日最大降温中心:2 日和田地区皮山县皮山农场站(区域站)降温 13.2 ℃,巴州库尔勒站(国家站)降温 5.5 ℃(图 3.65b)。
过程最低气温:16 日克州乌恰县乌鲁克恰提乡玉其塔什牧场站(区域站)最低气温－18.6 ℃,克州乌恰县吐尔尕特站(国家站)－17.3 ℃(图 3.65c)</td></tr>
<tr><td>霜冻</td><td colspan="3">初霜冻:4 站,1 日阿克苏地区温宿站,巴州轮台站共 2 站;2 日喀什地区巴楚站、叶城站共 2 站</td></tr>
<tr><td>大风</td><td colspan="3">大风站数:博州西部、塔城地区北部、阿勒泰地区东部、克拉玛依市、克州山区、巴州山区、哈密市北部等地共 120 站出现 8 级以上大风,其中 10 级以上 10 站(图 3.65d)。
过程极大风速中心:区域站为巴州和静县哈尔莫敦镇莫乎查汗村站 32.5 m/s(11 级,1 日 00:12);国家站为塔城地区和布克赛尔站 22.8 m/s(9 级,2 日 15:26)</td></tr>
</table>

(a)

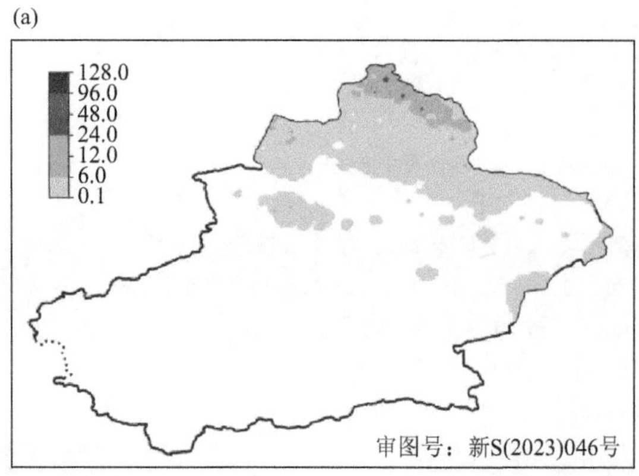

(b)

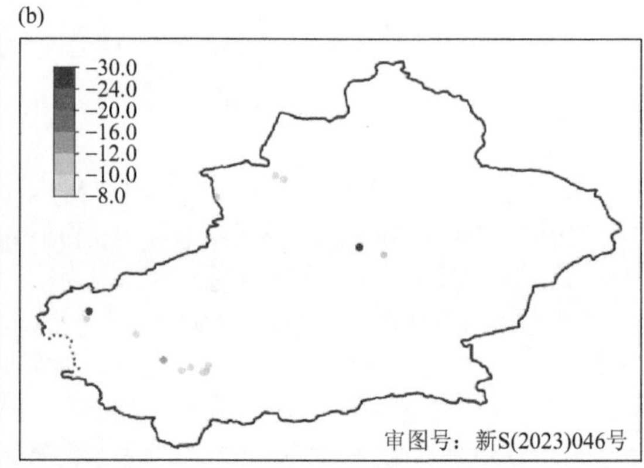

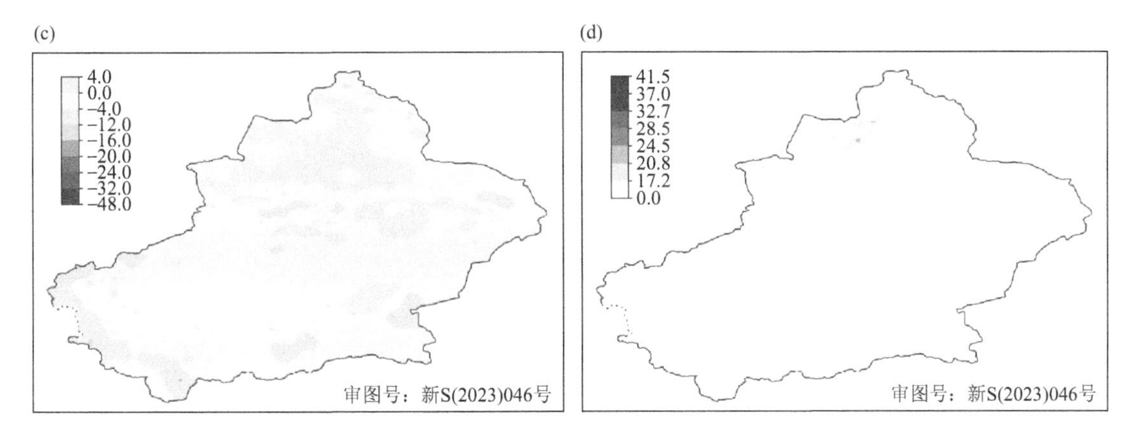

图 3.65 (a)10月31日08时至11月2日20时过程累计降水量(单位:mm);
(b)11月2日最低气温24 h降温幅度(单位:℃);(c)过程最低气温(单位:℃);(d)过程极大风速(单位:m/s)

3.33.2 环流形势

影响系统:500 hPa 西西伯利亚低涡低槽,700～850 hPa 偏西急流和切变线,地面冷高压、低压。

100～200 hPa:新疆受极涡底部极锋锋区控制,11月2日20时200 hPa北疆北部偏西急流核最大风速达42 m/s(图3.66a)。

500 hPa:31日20时,欧亚范围内欧洲地区为高压脊区,西西伯利亚至中亚地区为低压系统活动区,欧洲高压脊发展强盛,脊前西北气流引导冷空气南下,使得西伯利亚低涡发展,低涡底部分裂低槽加强南

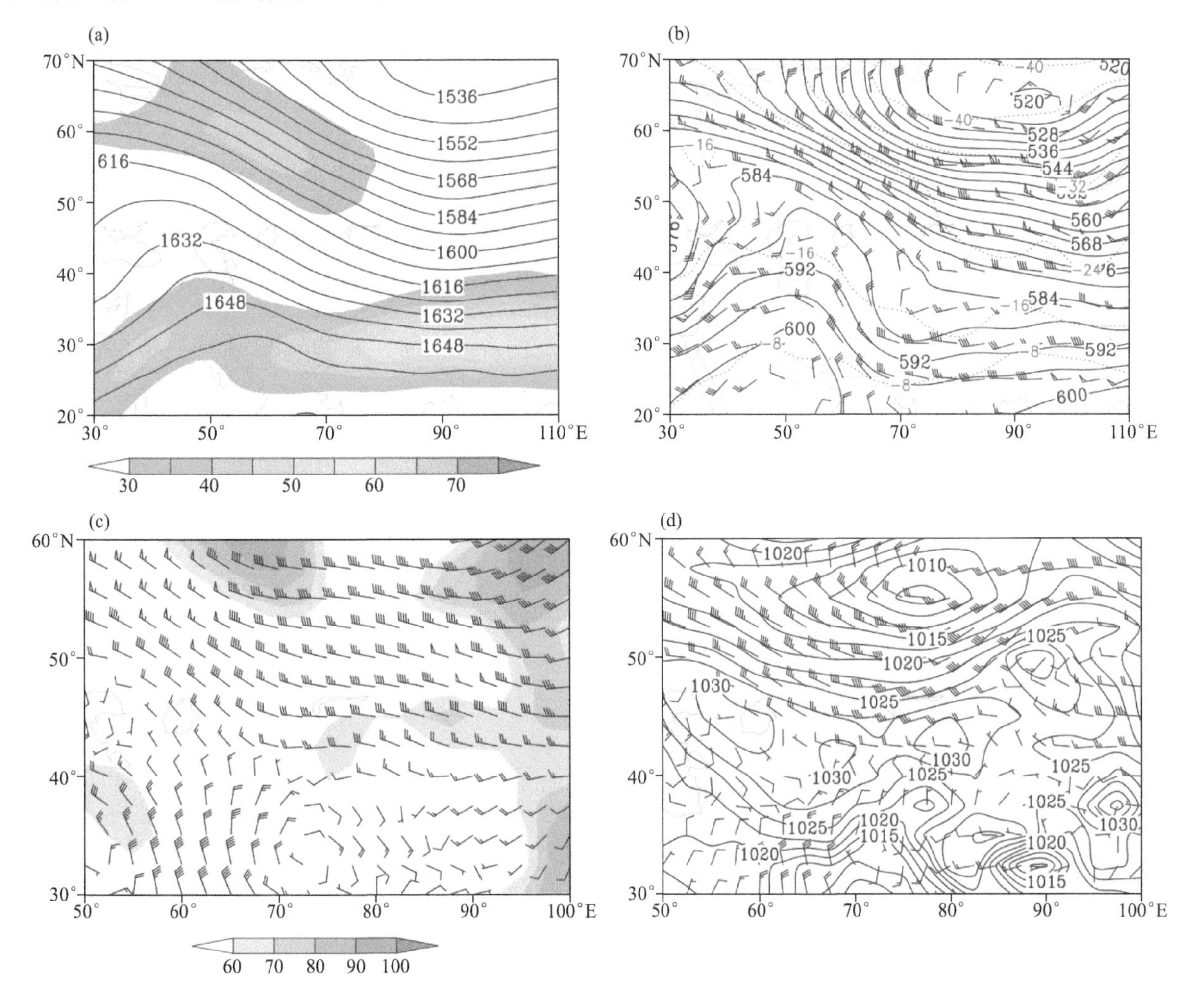

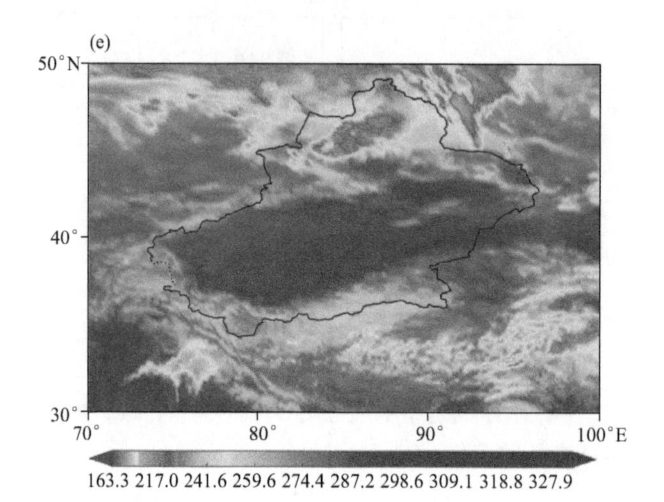

图 3.66 2021 年 11 月 1 日环流形势及 11 日 FY-4A 红外云图

(a)11 月 1 日 08 时 100 hPa 高度场(实线,单位:dagpm)和 200 hPa 风速≥30 m/s 的急流(填色区,单位:m/s);
(b)11 月 1 日 20 时 500 hPa 高度场(黑实线,单位:dagpm)、风场(单位:m/s)和温度场(红虚线,单位:℃);
(c)11 月 1 日 08 时 700 hPa 风场(单位:m/s)和相对湿度(填色区,%);
(d)11 月 1 日 20 时海平面气压(实线,单位:hPa)和 850 hPa 风场(单位:m/s);
(e)11 月 2 日 12:15 FY-4A 红外云图(单位:K)

压,与中亚短波槽有所叠加,低槽东移影响新疆,造成此次降雪、降温、大风天气(图 3.66b)。

700～850 hPa:北疆存在偏西急流和偏西风与西南风的切变线,31 日 20 时,700 hPa 北疆北部偏西急流中心为 32 m/s(图 3.66c),11 月 1 日 08 时,850 hPa 北疆北部偏西急流最大风速达 20 m/s,北疆北部存在偏西风和西南风的切变线,从温度场来看,北疆地区受暖脊控制。

地面:地面存在低压倒槽,地面冷高压以西方路径影响新疆,最大中心强度达 1035 hPa,11 月 1 日 23 时地面场中西伯利亚地区为低压控制,同时在巴州至吐鲁番市也为低压区,低压倒槽明显(图 3.66d)。

3.34 11 月 3 日 20 时至 5 日 20 时北疆暴雪,局地寒潮、大风、沙尘暴

3.34.1 天气实况综述

天气类型	暴雪、寒潮、霜冻、大风、沙尘暴	过程强度	强
天气实况	①雨雪:北疆大部、喀什地区南部、克州山区、巴州、吐鲁番市北部、哈密市等地出现微到小雪或雨夹雪转雪,其中伊犁州、塔城地区南部、克拉玛依市、石河子市、乌鲁木齐市、昌吉州东部、巴州南部、哈密市北部的部分区域累计降水量 3.1～12.0 mm,伊犁州山区、阿勒泰地区北部局地累计降水量 12.9～25.7 mm,最大降水中心位于伊犁州新源县阿热勒托别镇站(图 3.67a)。 ②降温:北疆大部、巴州、吐鲁番市北部、哈密市等地的部分区域气温下降 5～8 ℃,北疆部分区域、喀什地区、和田地区、阿克苏地区西部、巴州、吐鲁番市北部、哈密市北部气温下降 8～10 ℃,出现寒潮,伊犁州山区、博州西部、塔城地区、阿勒泰地区东部、石河子市、乌鲁木齐市、昌吉州、哈密市北部局地气温下降 10 ℃以上,出现强寒潮或特强寒潮。 ③霜冻:博州东部、乌鲁木齐市北部、阿克苏地区、吐鲁番市局地出现初霜冻。 ④风:全疆大部出现 5～6 级西北风,北疆、东疆风口和南疆西部、巴州等地风力 10 级左右,阵风 12～13 级。 ⑤沙尘:南疆塔里木盆地、吐鲁番市、哈密市出现不同程度沙尘天气,其中和田地区东部、巴州、哈密市共 6 站出现沙尘暴		

续表

灾害性天气	暴雪	伊犁州、吐鲁番市、哈密市北部等地出现雨转雪天气。 暴雪站数：13 站，4 日伊犁州山区 12 站、阿勒泰地区北部 1 站，共 13 站（其中大暴雪 2 站）。 日最大降雪中心：区域站伊犁州新源县阿热勒托别镇站 24.7 mm（4 日），国家站伊犁州新源站 15.3 mm（4 日）。 最大小时雪强：伊犁州昭苏县察汗乌苏乡阿克苏站 4.5 mm/h（4 日 10:00—11:00）
	寒潮	寒潮站数：796 站·次（其中强寒潮 296 站·次、特强寒潮 279 站·次）：4 日北疆部分区域、喀什地区、阿克苏地区西部、哈密市北部共 607 站（其中强寒潮 251 站、特强寒潮 255 站）；5 日伊犁州、阿勒泰地区东部、克拉玛依市、石河子市、昌吉州西部、和田地区、巴州、吐鲁番市北部、哈密市共 189 站（其中强寒潮 45 站、特强寒潮 24 站）。 日最大降温中心：4 日阿勒泰地区富蕴县吐尔洪乡拜依格托别村站（区域站）降温 21.2 ℃，乌鲁木齐市城区（国家站）降温 16.2 ℃（图 3.67b）。 过程最低气温：5 日阿勒泰地区富蕴县吐尔洪乡拜依格托别村站（区域站）最低气温 −36.3 ℃，乌鲁木齐市天山大西沟站（国家站）−25.6 ℃（图 3.67c）
	霜冻	初霜冻：4 站，3 日博州阿拉山口站，阿克苏地区阿克苏站共 2 站；4 日乌鲁木齐市米东区共 1 站；5 日吐鲁番市鄯善站共 1 站
	大风	大风站数：博州、塔城地区北部、阿勒泰地区、克拉玛依市、克州山区、阿克苏地区西部北部、巴州、吐鲁番市、哈密市等地共 463 站出现 8 级以上大风，其中 10 级以上 117 站（图 3.67d）。 过程极大风速中心：区域站为吐鲁番市高昌区小草湖服务区站 46.0 m/s（14 级，5 日 00:07）；国家站为哈密市十三间房站 40.3 m/s（13 级，5 日 04:27）
	沙尘暴	南疆塔里木盆地、吐鲁番市、哈密市出现不同程度沙尘天气，其中和田地区东部、巴州、哈密市共 6 站出现沙尘暴。 沙尘暴站数：4 日 23:00—5 日 20:00，6 站出现沙尘暴（和田地区民丰站，巴州库尔勒站、塔中站、且末站、若羌站，哈密市十三间房站），其中塔中站、若羌站、十三间房站出现强沙尘暴。 最低能见度：哈密市十三间房站 177 m（5 日 05:17）

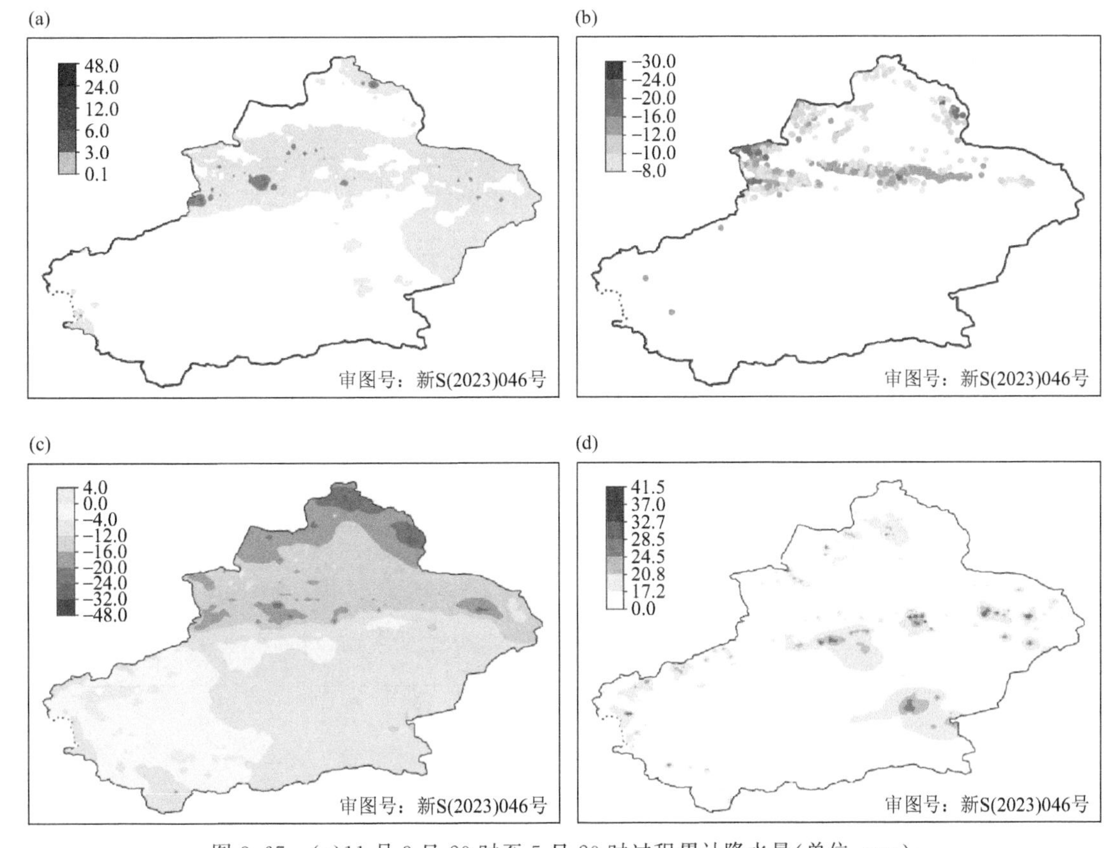

图 3.67　(a)11 月 3 日 20 时至 5 日 20 时过程累计降水量（单位：mm）；(b)11 月 4 日最低气温 24 h 降温幅度（单位：℃）；(c)过程最低气温（单位：℃）；(d)过程极大风速（单位：m/s）

3.34.2 环流形势

影响系统:500 hPa 西西伯利亚低槽,700～850 hPa 偏西急流和切变线,地面冷高压。

100～200 hPa:新疆受长波槽及其锋区影响,11 月 3 日 20 时 200 hPa 北疆北部偏西急流核最大风速达 48 m/s(图 3.68a)。

500 hPa:3 日 08 时,欧亚范围内以经向环流为主,欧洲地区为高压脊区,西西伯利亚至中亚地区为低槽活动区,3 日 20 时东欧高压脊发展,高压脊前西北气流引导冷空气南下向西西伯利亚低槽中补充,西西伯利亚低槽发展加深,锋区南压,配合−44 ℃冷中心,随着东欧高压脊东南落,推动西西伯利亚低槽逆转并快速东移南下,造成此次降雪、寒潮、风沙天气(图 3.68b)。

700～850 hPa:北疆和南疆西部存在偏西急流和偏西风与西南风的切变线,3 日 20 时,700 hPa 北疆西部北部偏西急流中心为 22 m/s(图 3.68c),4 日 08 时,850 hPa 北疆西部偏西急流最大风速达 16 m/s,4 日 20 时,850 hPa 南疆东部偏东急流最大风速达 28 m/s,有利于南疆风沙天气。

地面:北疆至贝加尔湖地区以西存在地面冷高压,冷高压最大中心强度达 1055 hPa,北疆至东疆一线存在较大的气压梯度,南疆盆地为 1005 hPa 低压,南北疆气压差大,地面形势有利于南疆风沙天气(图 3.68d)。

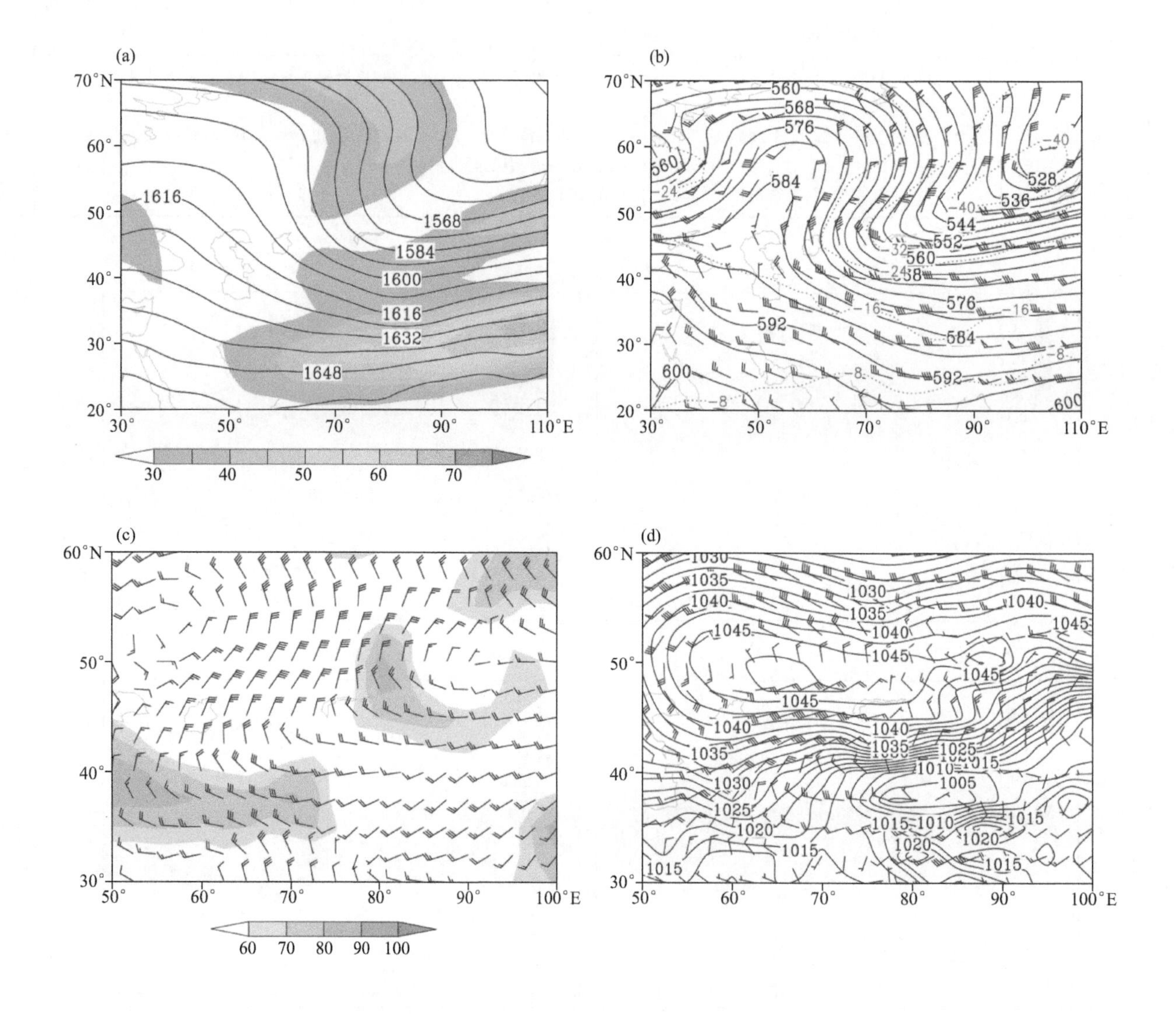

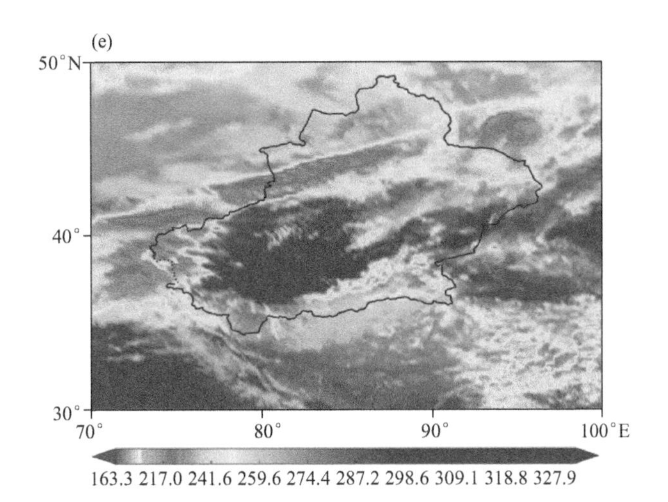

图3.68 2021年11月4日环流形势及4日FY-4A红外云图

(a)11月4日08时100 hPa高度场(实线,单位:dagpm)和200 hPa风速≥30 m/s的急流(填色区,单位:m/s);
(b)11月4日08时500 hPa高度场(黑实线,单位:dagpm)、风场(单位:m/s)和温度场(红虚线,℃);
(c)11月4日08时700 hPa风场(单位:m/s)和相对湿度(填色区,%);
(d)11月4日20时海平面气压(实线,单位:hPa)和850 hPa风场(单位:m/s);
(e)11月4日14:30 FY-4A红外云图(单位:K)

3.35 11月17日20时至20日08时北疆寒潮、暴雪、大风

3.35.1 天气实况综述

<table>
<tr><td>天气类型</td><td colspan="2">暴雪、寒潮、大风</td><td>过程强度</td><td>中度</td></tr>
<tr><td>天气实况</td><td colspan="4">①降雪:伊犁州东南部、塔城地区、阿勒泰地区、石河子市、乌鲁木齐市、昌吉州、巴州北部山区、哈密市等地出现微到小雪,其中伊犁州东部、塔城地区北部、阿勒泰地区北部东部、乌鲁木齐市、昌吉州东部、巴州北部、哈密市等地的部分区域累计降雪量3.1～12.0 mm,阿勒泰地区东部、昌吉州东部局地累计降雪量12.2～13.4 mm,最大降雪中心位于哈密市伊州区沁城乡站(图3.69a)。
②降温:北疆大部、哈密市和南疆局部区域气温下降5～8 ℃,北疆部分区域、克州山区、巴州和哈密市北部气温下降8～10 ℃,出现寒潮,伊犁州东部、博州西部、塔城地区北部、阿勒泰地区、克拉玛依市、乌鲁木齐市、昌吉州东部、克州山区、哈密市北部局地气温下降10 ℃以上,出现强寒潮或特强寒潮。
③风:北疆大部、喀什地区山区、克州、和田地区南部、阿克苏地区西部北部、巴州、吐鲁番市北部、哈密市等地出现5～6级西北风,风口风力9～10级,阵风12级左右</td></tr>
<tr><td rowspan="2">灾害性天气</td><td>暴雪</td><td colspan="3">暴雪站数:1站,20日哈密市伊州区共1站。
日最大降雪中心:区域站哈密市伊州区沁城乡站13.4 mm(20日),国家站昌吉州木垒站7.2 mm(18日)。
最大小时雪强:哈密市2.4 mm/h(20日00:00—01:00)</td></tr>
<tr><td>寒潮</td><td colspan="3">寒潮站数:143站·次(其中强寒潮32站·次、特强寒潮15站·次):18日伊犁州、阿勒泰地区西部、克拉玛依市、乌鲁木齐市共11站(其中强寒潮5站);19日阿勒泰地区东部、乌鲁木齐市、昌吉州东部、巴州北部山区、哈密市北部共23站(其中强寒潮4站);20日伊犁州东部、博州西部、塔城地区北部、阿勒泰地区北部、克州山区、巴州南部共109站(其中强寒潮23站、特强寒潮15站)。
日最大降温中心:20日阿勒泰地区哈巴河县库勒拜乡托哈勒别依特村站(区域站)降温16.9 ℃,阿勒泰地区阿勒泰市(国家站)降温13.2 ℃(图3.69b)。
过程最低气温:20日阿勒泰地区富蕴县吐尔洪乡拜依格托别村站(区域站)最低气温−32.7 ℃,巴州和静县巴音布鲁克站(国家站)−23.1 ℃(图3.69c)</td></tr>
</table>

续表

灾害性天气	大风	大风站数：伊犁州、博州、塔城地区北部、阿勒泰地区西部、克拉玛依市、昌吉州东部、克州山区、巴州北部山区、吐鲁番市北部、哈密市等地共 539 站出现 8 级以上大风，其中 10 级以上 133 站(图 3.69d)。 过程极大风速中心：区域站为克拉玛依市金矿站 39.9 m/s(13 级，17 日 23:52)；国家站为哈密市十三间房站 32.3 m/s(11 级，18 日 12:52)
灾情	11 月 17 日夜间大风，造成克拉玛依市学校门口围墙受损，城市隔离栏断裂，广告牌、路灯指示牌、单元门损坏	

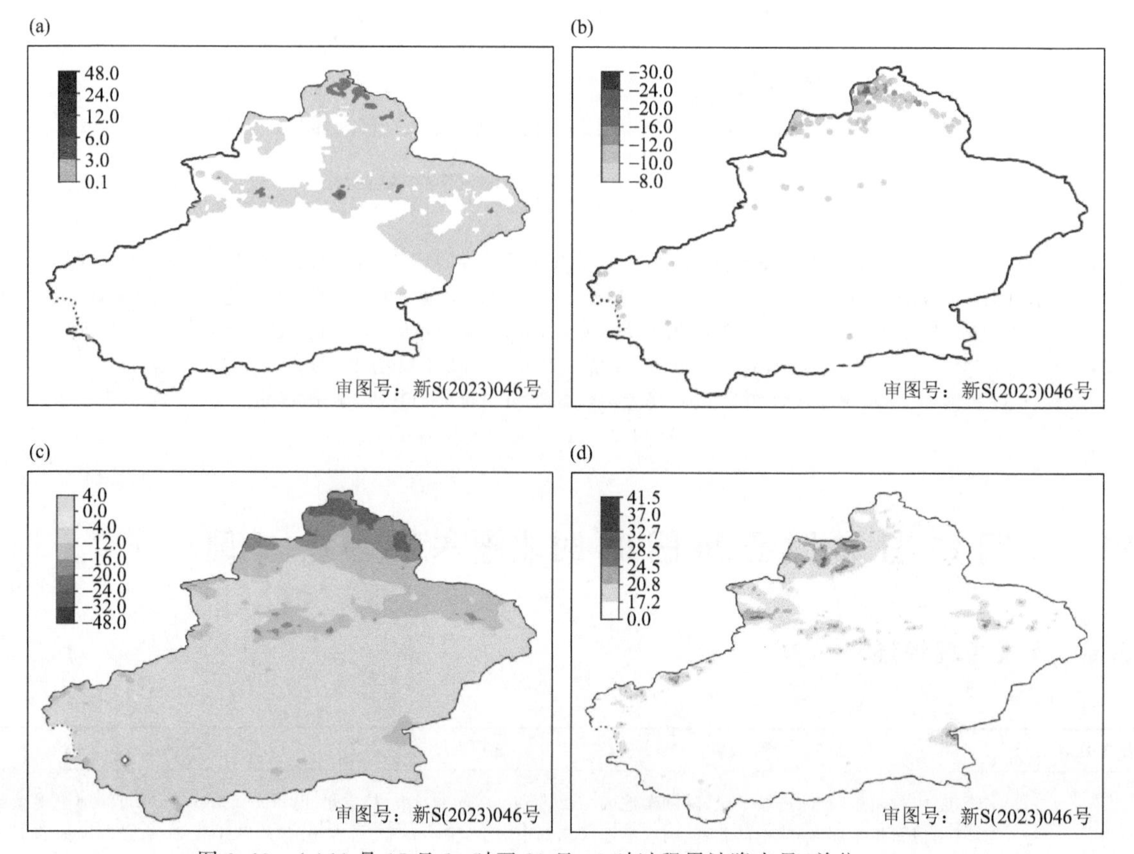

图 3.69 (a)11 月 17 日 20 时至 20 日 08 时过程累计降水量(单位：mm)；
(b)11 月 20 日最低气温 24 h 降温幅度(单位：℃)；(c)过程最低气温(单位：℃)；(d)过程极大风速(单位：m/s)

3.35.2 环流形势

影响系统：500 hPa 西西伯利亚低涡低槽，700～850 hPa 偏西急流和切变线，地面冷高压、冷锋。

100～200 hPa：新疆受极涡底部锋区控制，11 月 17 日 20 时 200 hPa 南疆南部偏西急流核最大风速达 64 m/s(图 3.70a)。

500 hPa：17 日 20 时，欧亚范围中高纬为“三槽两脊”的环流形势，西西伯利亚地区为深厚的低涡系统，低涡底部等高线、等温线密集，18 日 20 时，上游乌拉尔山高压脊东南落，西西伯利亚低涡在打转过程中，底部西风锋区上分裂波动快速东移影响北疆北部，19 日 20 时，西西伯利亚低槽加深发展，低槽曲率加大，快速东移影响新疆，造成了此次降雪、降温、大风天气(图 3.70b)。

700～850 hPa：北疆和南疆西部北部存在偏西急流和偏西风与西南风或偏西风与东南风的切变线，18 日 08 时，700 hPa 北疆北部和南疆西部偏西急流中心达 28 m/s(图 3.70c)，对应 850 hPa 北疆北部偏西急流最大风速达 20 m/s。

地面：地面冷高压沿偏西路径进入新疆，冷高压在东移过程中不断加强，17 日 20 时冷高压前沿进入北疆偏西地区，冷空气在天山附近堆积，冷锋维持，19 日 20 时，冷高压中心移至巴尔喀什湖地区，中心强

度达 1045 hPa，冷高压不断增强东移影响新疆，造成此次降雪、降温、大风天气（图 3.70d）

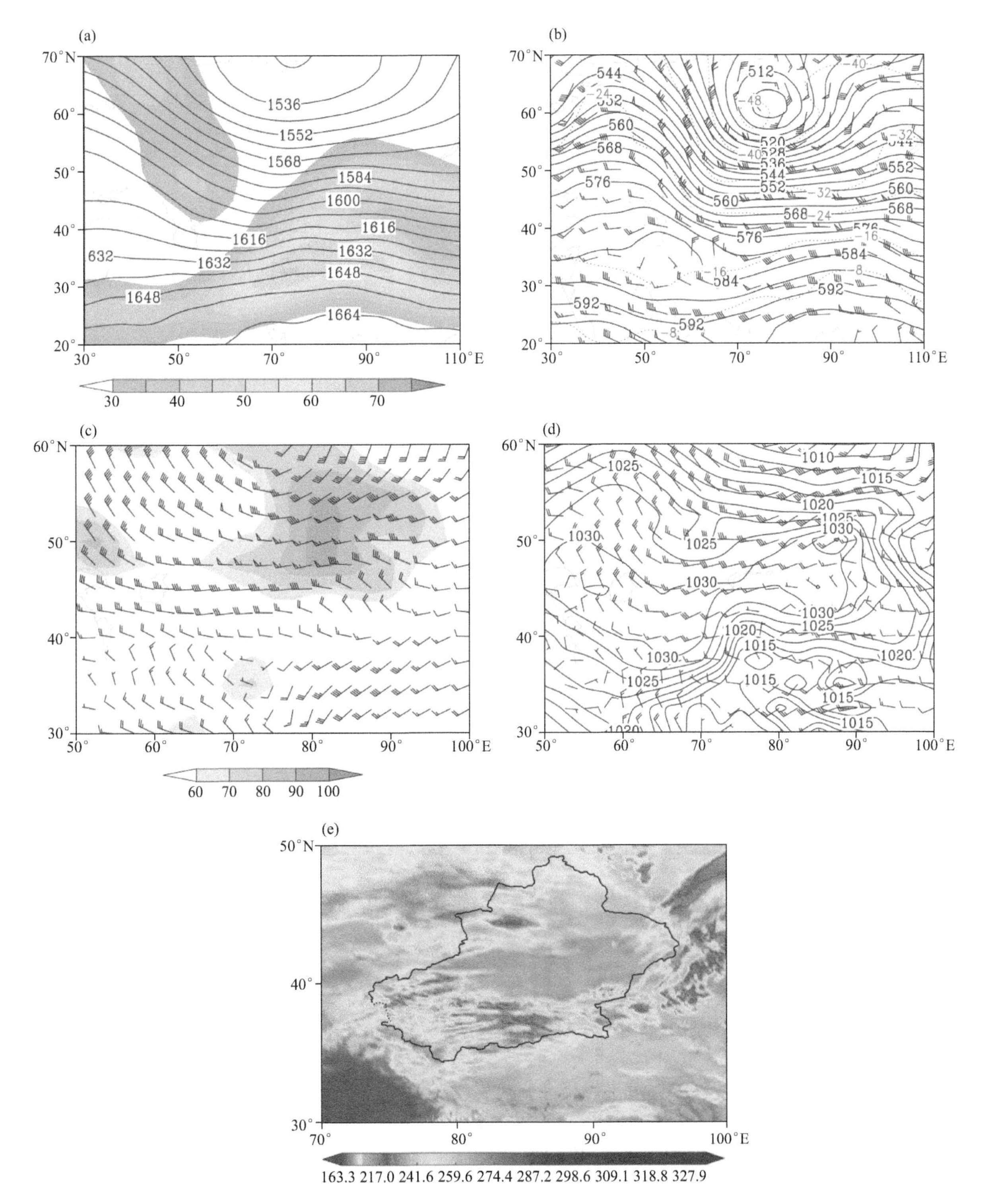

图 3.70　2021 年 11 月 17、18 日环流形势及 18 日 FY-4A 红外云图

(a)11 月 17 日 20 时 100 hPa 高度场（实线，单位：dagpm）和 200 hPa 风速≥30 m/s 的急流（填色区，单位：m/s）；

(b)11 月 18 日 20 时 500 hPa 高度场（黑实线，单位：dagpm）、风场（单位：m/s）和温度场（红虚线，单位：℃）；

(c)11 月 18 日 08 时 700 hPa 风场（单位：m/s）和相对湿度（填色区，%）；

(d)11 月 18 日 20 时海平面气压（实线，单位：hPa）和 850 hPa 风场（单位：m/s）；

(e)11 月 18 日 20:30 FY-4A 红外云图（单位：K）

3.36 11月26日05时至28日14时北疆寒潮、暴雪、大风

3.36.1 天气实况综述

天气类型	暴雪、寒潮、大风		过程强度	中强
天气实况	①降雪:北疆大部、喀什地区山区、克州山区、巴州、哈密市等地出现微到小雪,其中伊犁州、塔城地区、阿勒泰地区北部、石河子市、乌鲁木齐市、昌吉州、巴州北部、哈密市等地的部分区域累计降雪量3.1～12.0 mm,伊犁州东部、乌鲁木齐市、昌吉州东部局地累计降雪量12.1～18.1 mm,最大降雪中心位于阿勒泰地区阿勒泰市红墩镇乌希里克(野雪公园)站(图3.71a)。 ②降温:北疆大部、哈密市北部和南疆局部区域气温下降5～8 ℃,北疆部分区域、克州山区、巴州北部山区和哈密市北部气温下降8～10 ℃,出现寒潮,博州西部、塔城地区北部、阿勒泰地区北部东部、克拉玛依市、石河子市、乌鲁木齐市、昌吉州、克州山区、巴州北部山区和哈密市北部局地气温下降10 ℃以上,出现强寒潮或特强寒潮。 ③风:北疆大部、喀什地区山区、克州、和田地区南部、阿克苏地区西部北部、巴州、吐鲁番市、哈密市等地出现5～6级西北风,风口风力9～10级,阵风11～12级			
灾害性天气	暴雪	暴雪站数:8站,27日伊犁州东部2站、乌鲁木齐市4站、昌吉州东部2站,共8站。 日最大降雪中心:区域站乌鲁木齐市达坂城区野生动物园站13.8 mm(27日),国家站乌鲁木齐市城区13.2 mm(27日)。 最大小时雪强:塔城地区裕民站3.0 mm/h(26日08:00—09:00)		
	寒潮	寒潮站数:346站·次(其中强寒潮90站·次、特强寒潮59站·次):27日博州西部、塔城地区、阿勒泰地区、哈密市北部共108站(其中强寒潮27站、特强寒潮23站);28日北疆部分区域、克州山区、巴州北部山区和哈密市北部共238站(其中强寒潮63站、特强寒潮36站)。 日最大降温中心:28日昌吉州阜康市草原水库站(区域站)降温18.0 ℃,昌吉州昌吉市(国家站)降温13.8 ℃(图3.71b)。 过程最低气温:28日哈密市伊吾县淖柳公路33 km站(区域站)最低气温−41.9 ℃,巴州和静县巴音布鲁克站(国家站)−25.3 ℃(图3.71c)		
	大风	大风站数:伊犁州、博州、塔城地区北部、阿勒泰地区西部、克拉玛依市、乌鲁木齐市、昌吉州东部、克州山区、巴州北部山区、吐鲁番市、哈密市等地共258站出现8级以上大风,其中10级以上34站(图3.71d)。 过程极大风速中心:区域站为吐鲁番市高昌区小草湖服务区站37.0 m/s(13级,27日20:12);国家站为哈密市十三间房站36.2 m/s(12级,27日22:00)		

3.36.2 环流形势

影响系统:500 hPa西西伯利亚低槽,700～850 hPa偏西急流和切变线,地面冷高压、冷锋。

100～200 hPa:新疆受极涡底部锋区控制,11月26日20时200 hPa高空偏西急流轴位于天山两侧,偏西风最大风速达38 m/s(图3.72a)。

500 hPa:25日20时,欧亚范围中高纬为"两槽两脊"的经向环流,欧洲和贝加尔湖地区为高压脊区,西伯利亚地区为低槽活动区,26日随着上游欧洲高压脊发展东移,推动西西伯利亚低槽东移南压,高压脊顶不断有冷空气沿高压脊前西北急流东南下,使得西西伯利亚低槽底部的锋区加强,27日低槽南伸至40°N以南,随着上游高压脊东南落,推动低槽快速东移南下影响新疆,造成了此次降雪、降温、大风天气(图3.72b)。

700～850 hPa:北疆和南疆西部存在偏西急流和偏西风与西南风或西北风与东南风的切变线,26日08时和27日08时,700 hPa北疆北部和南疆西部偏西急流中心达26 m/s(图3.72c),26日08时和27日08时,850 hPa北疆北部和西部偏西急流最大风速达14 m/s。

地面:地面冷高压沿偏西路径进入新疆,26日08时冷高压前沿冷空气进入北疆偏西地区,冷高压在东移过程中不断加强,27日08时冷高压中心强度达1052 hPa,冷空气进入北疆并在天山附近堆积,冷锋稳定维持,造成此次降雪、降温、大风天气(图3.72d)。

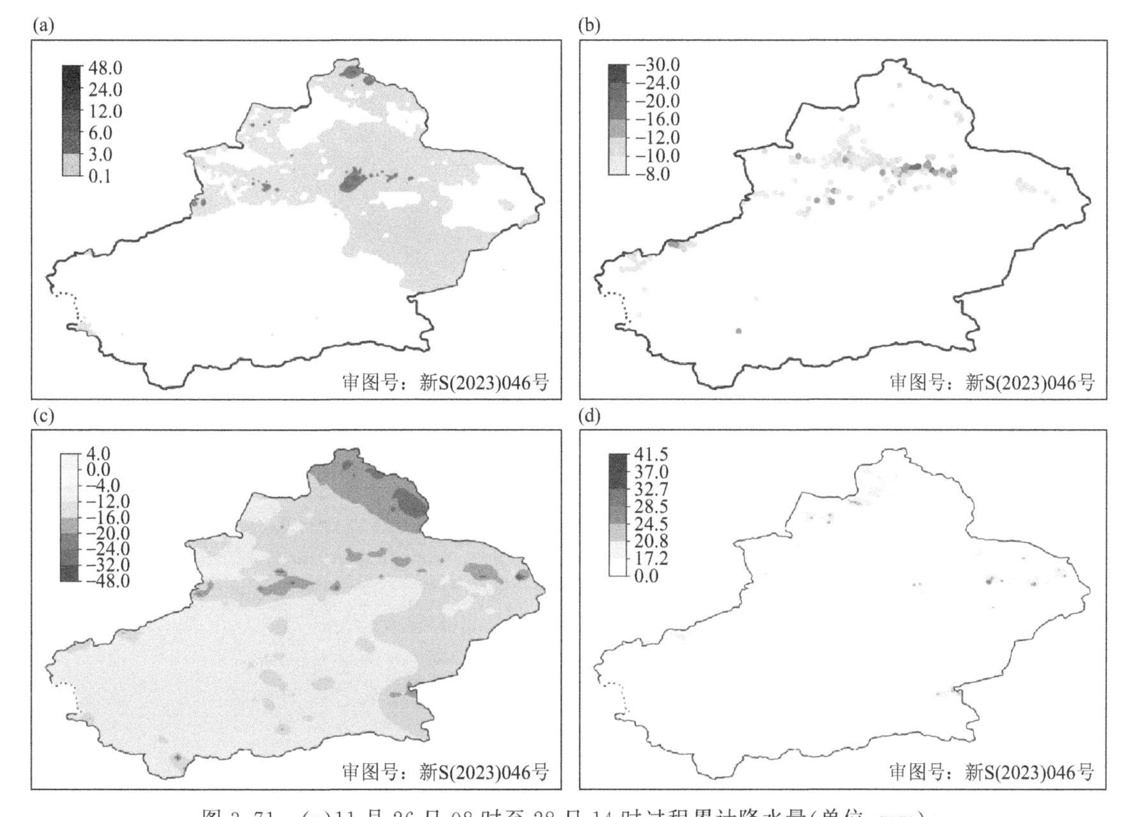

图 3.71　(a)11 月 26 日 08 时至 28 日 14 时过程累计降水量(单位:mm);
(b)11 月 28 日最低气温 24 h 降温幅度(单位:℃);(c)过程最低气温(单位:℃);(d)过程极大风速(单位:m/s)

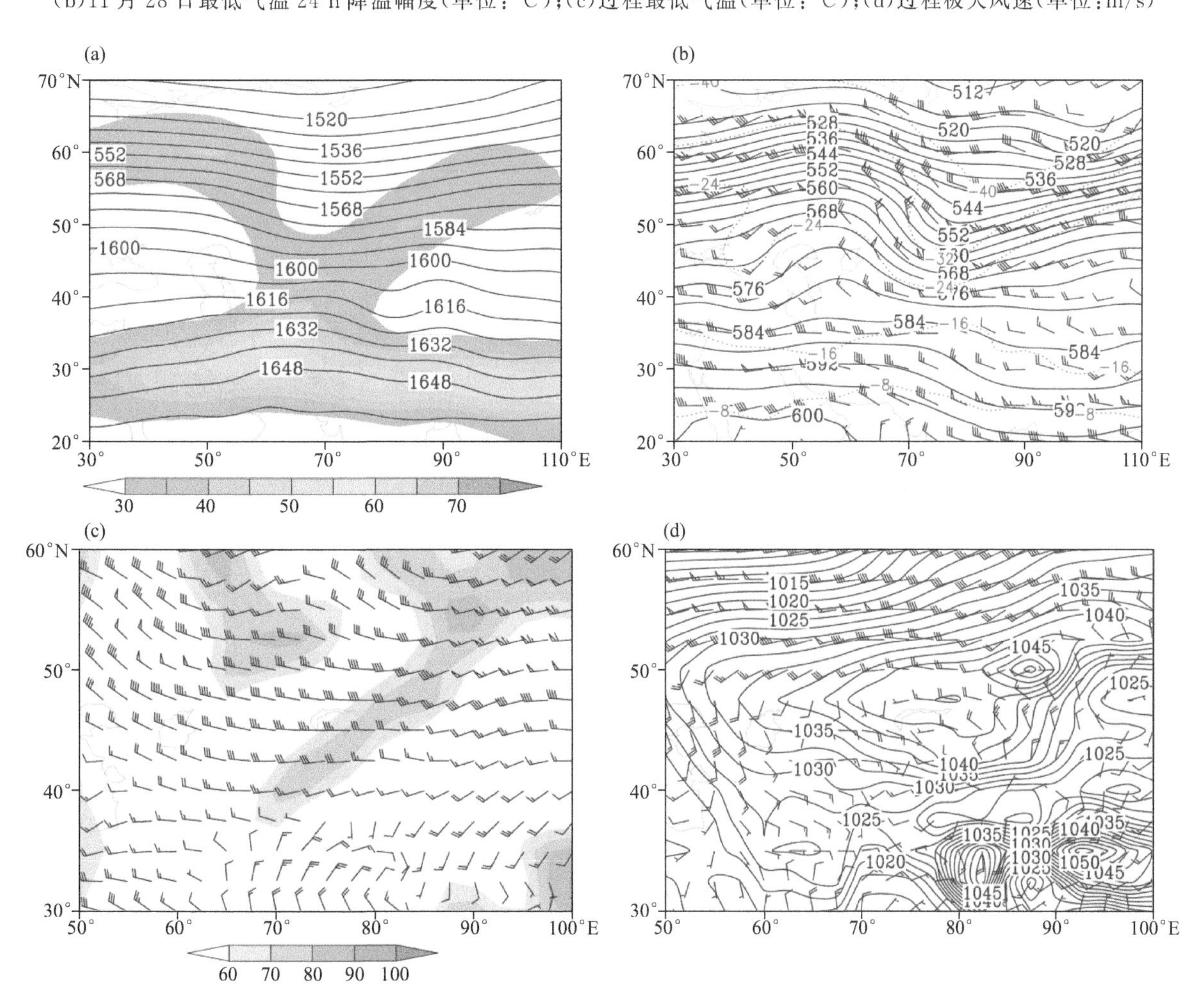

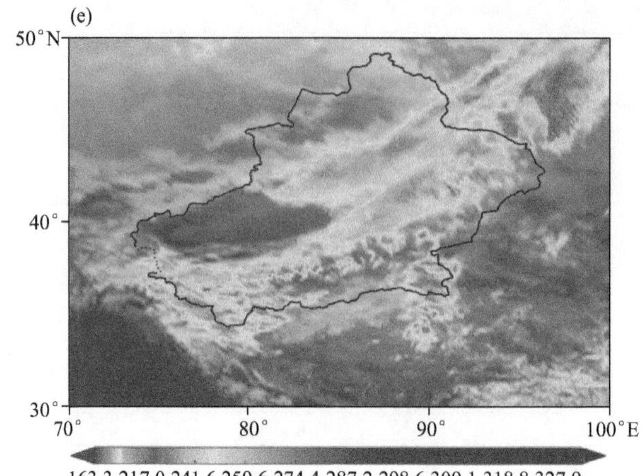

图 3.72　2021 年 11 月 26、27 日环流形势及 27 日 FY-4A 红外云图

(a)11 月 26 日 08 时 100 hPa 高度场(实线,单位:dagpm)和 200 hPa 风速≥30 m/s 的急流(填色区,单位:m/s);

(b)11 月 26 日 20 时 500 hPa 高度场(黑实线,单位:dagpm)、风场(单位:m/s)和温度场(红虚线,单位:℃);

(c)11 月 26 日 08 时 700 hPa 风场(单位:m/s)和相对湿度(填色区,%);

(d)11 月 27 日 08 时海平面气压(实线,单位:hPa)和 850 hPa 风场(单位:m/s);

(e)11 月 27 日 14:30 FY-4A 红外云图(单位:K)

3.37　12 月 8 日 08 时至 10 日 14 时北疆寒潮、降雪、大风

3.37.1　天气实况综述

<table>
<tr><td>天气类型</td><td colspan="2">寒潮、降雪、大风</td><td>过程强度</td><td>中强</td></tr>
<tr><td>天气实况</td><td colspan="4">①降雪:北疆大部、巴州北部、哈密市等地出现微到小雪,其中伊犁州、塔城地区北部、阿勒泰地区、石河子市、乌鲁木齐市、昌吉州、哈密市北部等地的部分区域累计降雪量 3.1～12.0 mm,伊犁州山区、塔城地区南部局地累计降雪量 12.1～17.5 mm,最大降雪中心位于伊犁州新源县那拉提镇(图 3.73a)。
②降温:北疆大部和南疆局部区域气温下降 5～8 ℃,北疆部分区域、和田地区南部、巴州北部山区和哈密市北部气温下降 8～10 ℃,出现寒潮,伊犁州东部南部、博州、塔城地区北部、阿勒泰地区、克拉玛依市、石河子市、昌吉州西部、巴州北部山区和哈密市北部局地气温下降 10 ℃以上,出现强寒潮或特强寒潮。
③风:北疆大部、喀什地区山区、克州、和田地区、阿克苏地区西部北部、巴州、吐鲁番市、哈密市等地出现 5～6 级西北风,风口风力 8～9 级,阵风 10～11 级</td></tr>
<tr><td rowspan="3">灾害性天气</td><td>暴雪</td><td colspan="3">暴雪站数:2 站,9 日伊犁州新源县 1 站、塔城地区沙湾市 1 站,共 2 站。
日最大降雪中心:伊犁州新源县那拉提镇站 17.4 mm(9 日)。
最大小时雪强:伊犁州新源站 2.7 mm/h(9 日 10:00—11:00)</td></tr>
<tr><td>寒潮</td><td colspan="3">寒潮站数:308 站・次(其中强寒潮 94 站・次、特强寒潮 61 站・次):9 日博州西部、塔城地区北部、阿勒泰地区西部共 58 站(其中强寒潮 25 站、特强寒潮 12 站);10 日北疆部分区域、和田地区南部、巴州北部山区和哈密市北部共 250 站(其中强寒潮 69 站、特强寒潮 49 站)。
日最大降温中心:10 日塔城地区沙湾县老沙湾镇胡家渠村站(区域站)降温 18.0 ℃,阿勒泰地区青河县站(国家站)降温 14.0 ℃(图 3.73b)。
过程最低气温:10 日阿勒泰地区富蕴县吐尔洪乡拜依格托别村站(区域站)最低气温－35.0 ℃,阿勒泰地区青河(国家站)－28.6 ℃(图 3.3c)</td></tr>
<tr><td>大风</td><td colspan="3">大风站数:伊犁州、博州、塔城地区北部、阿勒泰地区西部、克拉玛依市、克州山区、阿克苏地区西部北部、巴州北部山区、吐鲁番市、哈密市等地共 163 站出现 8 级以上大风,其中 10 级以上 13 站(图 3.73d)。
过程极大风速中心:区域站为克拉玛依市金矿站 31.6 m/s(11 级,9 日 14:46 和 15:20);国家站为哈密市十三间房站 29.4 m/s(11 级,10 日 10:59)</td></tr>
</table>

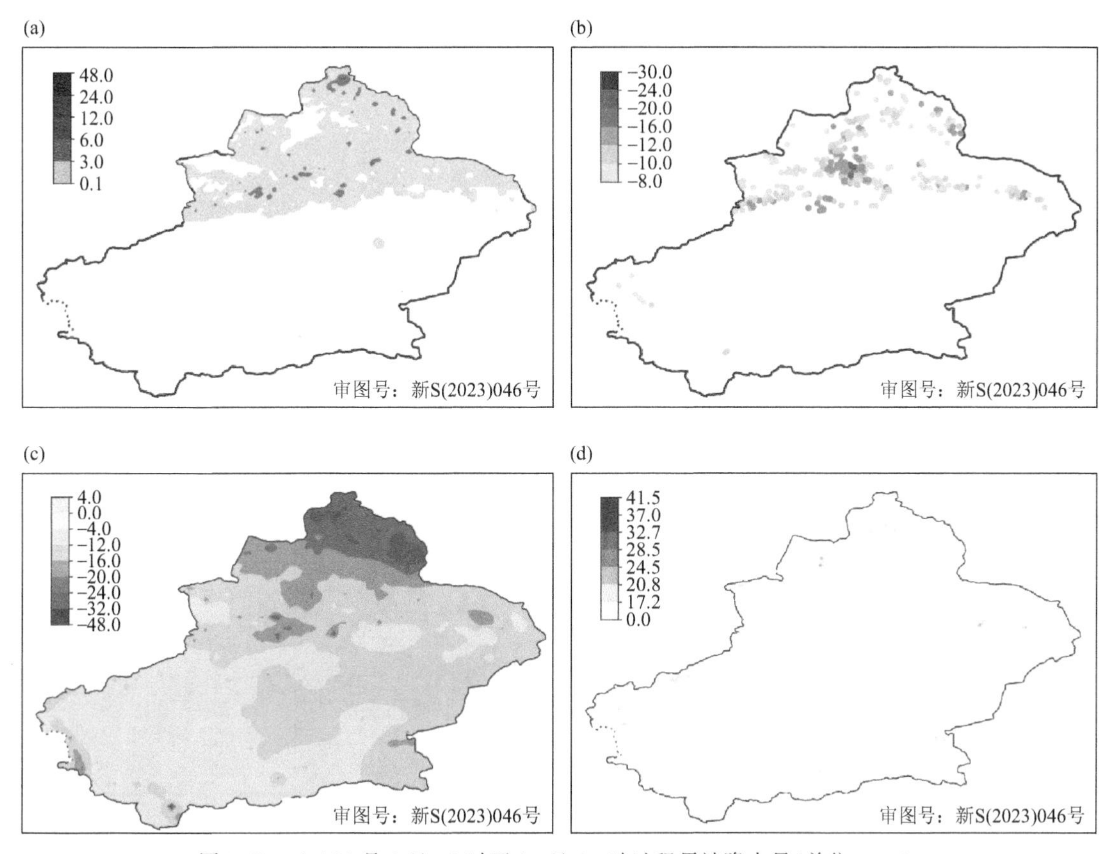

图 3.73　(a)12 月 8 日 08 时至 10 日 14 时过程累计降水量(单位：mm)；
(b)12 月 10 日最低气温 24 h 降温幅度(单位：℃)；(c)过程最低气温(单位：℃)；(d)过程极大风速(单位：m/s)

3.37.2　环流形势

影响系统：500 hPa 西西伯利亚低槽，700～850 hPa 偏西急流和切变线，地面冷高压、冷锋。

100～200 hPa：新疆受长波槽槽底锋区影响，12 月 8 日 20 时 200 hPa 高空偏西风最大风速达 38 m/s (图 3.74a)。

500 hPa：8 日 08 时，欧亚范围中高纬为“两槽两脊”的环流形势，乌拉尔山和贝加尔湖地区为高压脊区，欧洲和西西伯利亚地区为低槽活动区，北方冷空气沿高压脊前西北急流东南下向低槽中补充，随着高压脊东移，推动西西伯利亚低槽东移影响新疆，造成此次降温、降雪，大风天气(图 3.74b)。

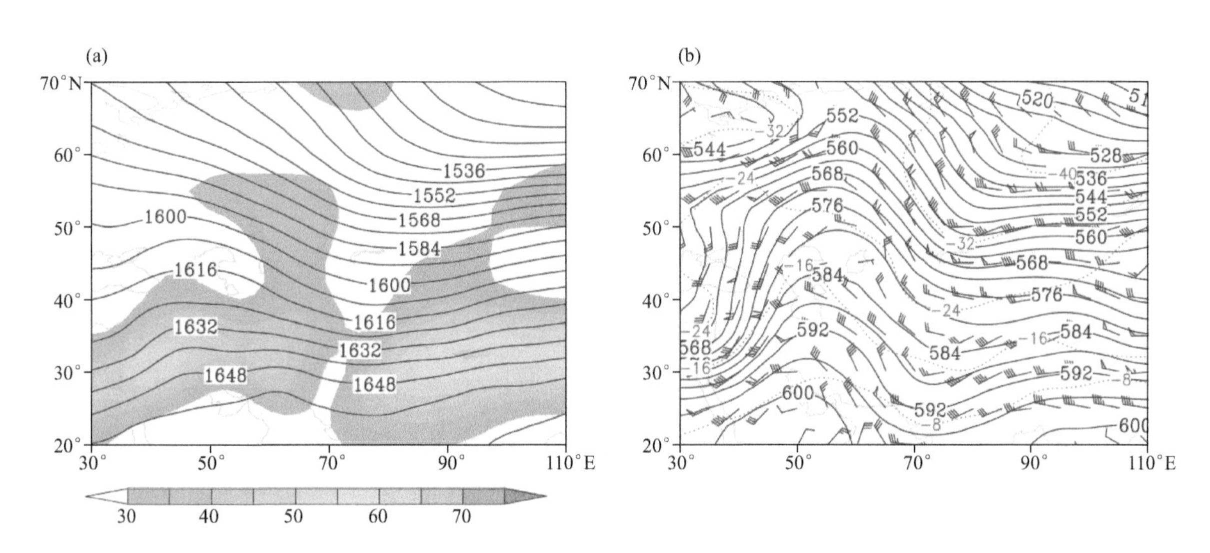

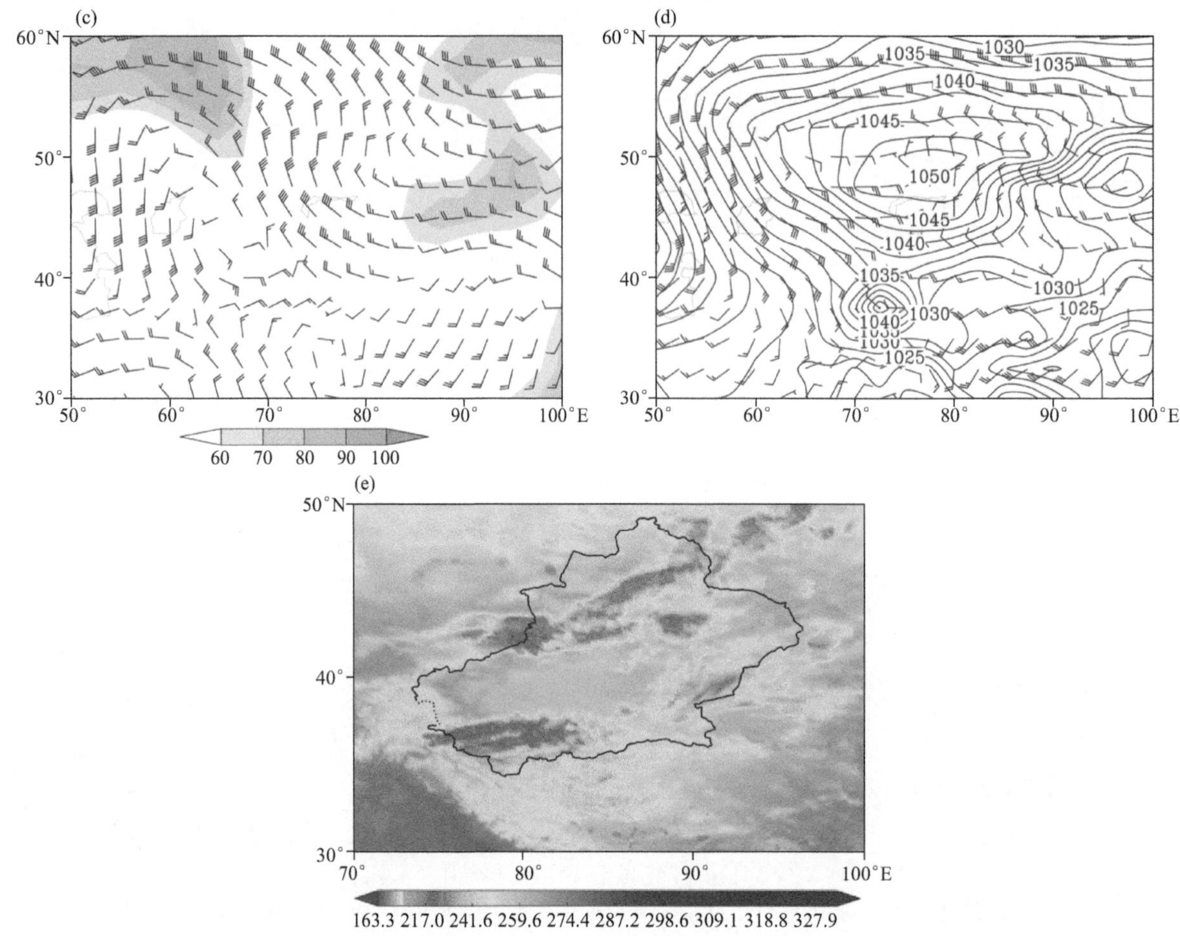

图 3.74　2021 年 12 月 8、9 日环流形势及 9 日 FY-4A 红外云图

(a)12 月 8 日 20 时 100 hPa 高度场(实线,单位:dagpm)和 200 hPa 风速≥30 m/s 的急流(填色区,单位:m/s);

(b)12 月 8 日 20 时 500 hPa 高度场(黑实线,单位:dagpm)、风场(单位:m/s)和温度场(红虚线,单位:℃);

(c)12 月 9 日 08 时 700 hPa 风场(单位:m/s)和相对湿度(填色区,%);

(d)11 月 9 日 14 时海平面气压(实线,单位:hPa)和 850 hPa 风场(单位:m/s);

(e)12 月 9 日 10:15 FY-4A 红外云图(单位:K)

700～850 hPa:北疆和南疆存在偏西急流和偏西风与西南风或西北风与东南风的切变线,9 日 08 时,700 hPa 北疆西部北部偏西急流中心达 20 m/s(图 3.74c),9 日 08 时和 20 时,850 hPa 北疆西部北部和南疆西部偏西急流最大风速达 16 m/s。

地面:地面冷高压沿偏西路径进入新疆,在东移过程中不断加强,9 日 14 时冷高压中心强度增加至 1050 hPa,冷高压主体位于巴尔喀什湖,新疆受冷高压底部冷空气影响,冷空气进入北疆后在天山附近堆积,冷锋稳定维持,造成此次降温、降雪、大风天气(图 3.74d)。

3.38　12 月 13 日 02 时至 17 日 08 时北疆降雪,局地寒潮、大风

3.38.1　天气实况综述

天气类型	寒潮、降雪、大风	过程强度	中度
天气实况	①降雪:北疆大部、喀什地区山区、克州山区、哈密市北部等地出现微到小雪,其中伊犁州、塔城地区北部、阿勒泰地区、乌鲁木齐市、昌吉州等地的部分区域累计降雪量 3.1～8.8 mm,昌吉州东部局地累计降雪量 12.1～14.6 mm,最大降雪中心位于昌吉州木垒县(图 3.75a)		

续表

天气实况	②降温：北疆西部北部、哈密市北部和南疆局部区域气温下降 5～8 ℃，伊犁州西部、塔城地区北部、阿勒泰地区西部北部、喀什地区、克州山区、和田地区、巴州气温下降 8～10 ℃，出现寒潮，塔城地区北部、阿勒泰地区西部北部、克州山区局地气温下降 10 ℃以上，出现强寒潮或特强寒潮。 ③风：北疆大部、喀什地区山区、克州山区、和田地区南部、巴州、哈密市等地出现 5～6 级西北风，风口风力 8～9 级，阵风 10 级	
	寒潮	寒潮站数：91 站・次（其中强寒潮 29 站・次、特强寒潮 17 站・次）：15 日阿勒泰地区共 76 站（其中强寒潮 25 站、特强寒潮 16 站）；16 日阿勒泰地区东部和阿克苏地区北部共 2 站；17 日伊犁州西部、塔城地区北部、昌吉州东部、哈密市北部共 13 站（其中强寒潮 4 站、特强寒潮 1 站）。 日最大降温中心：15 日阿勒泰地区福海县红山嘴口岸站（区域站）降温 15.7 ℃，阿勒泰地区青河县站（国家站）降温 16.3 ℃（图 3.75b）。 过程最低气温：22 日阿勒泰地区青河县塔克什肯镇西根村（区域站）最低气温－29.8 ℃，巴州巴音布鲁克站（国家站）－26.8 ℃（图 3.75c）
	大风	大风站数：博州、塔城地区北部、阿勒泰地区西部、克拉玛依市、昌吉州东部、克州山区、巴州山区、哈密市等地共 60 站出现 8 级以上大风，其中 10 级以上 5 站（图 3.75d）。 过程极大风速中心：区域站为哈密市伊吾县前山乡一村站 28.1 m/s（10 级，16 日 10:03）；国家站为哈密市十三间房站 19.4 m/s（8 级，15 日 17:42）

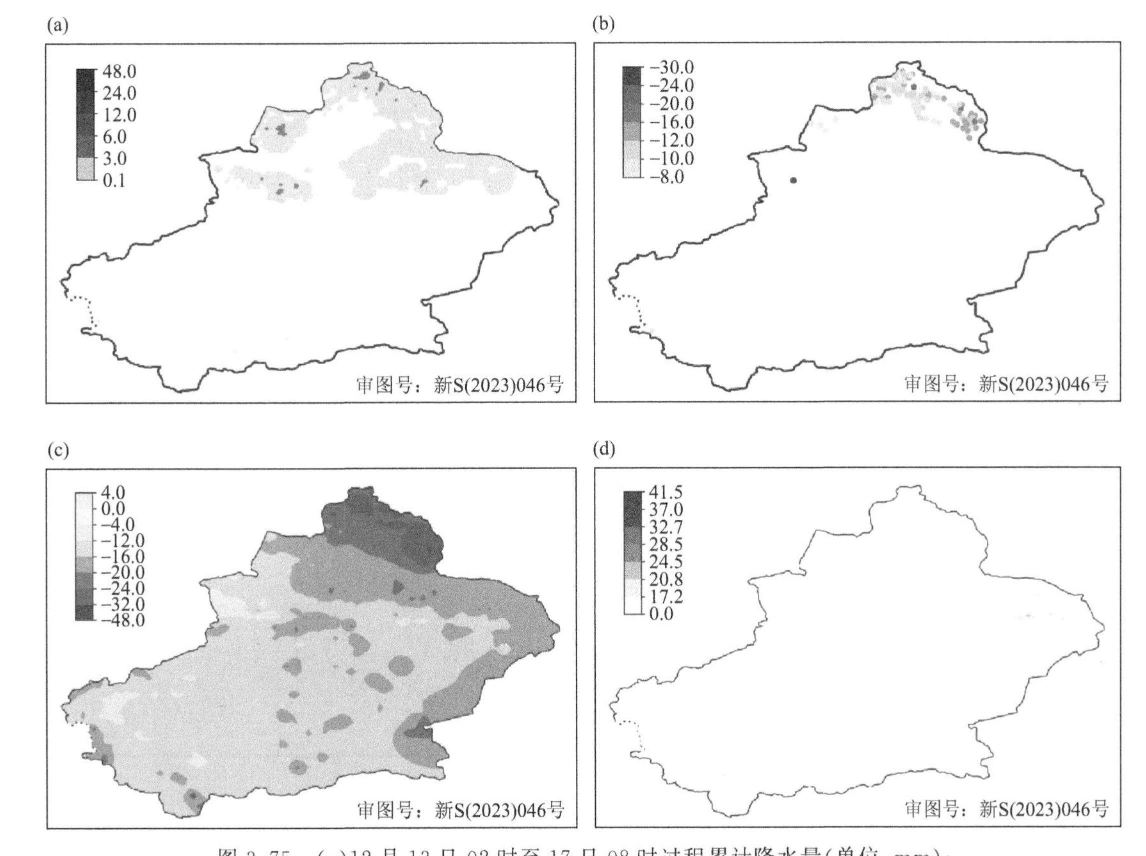

图 3.75　(a)12 月 13 日 02 时至 17 日 08 时过程累计降水量（单位：mm）；(b)12 月 15 日最低气温 24 h 降温幅度（单位：℃）；(c)过程最低气温（单位：℃）；(d)过程极大风速（单位：m/s）

3.38.2　环流形势

影响系统：500 hPa 西西伯利亚和中亚低涡低槽，700～850 hPa 偏西急流，地面冷高压、冷锋。

100～200 hPa：新疆受槽前锋区影响，12 月 13 日 20 时 200 hPa 高空偏西风最大风速达 46 m/s（图 3.76a）。

500 hPa：13 日 08 时，欧亚范围中高纬为“两槽两脊”的经向环流，西欧和西西伯利亚地区至中亚为低压系统活动区，东欧至乌拉尔山为高压脊区，上游高压脊脊顶不断有冷空气沿脊前西北急流南下补充至低压系统中，锋区加强，随着上游高压脊顺转东移，推动西西伯利亚低槽和中亚低涡分裂的短波槽有所叠加，

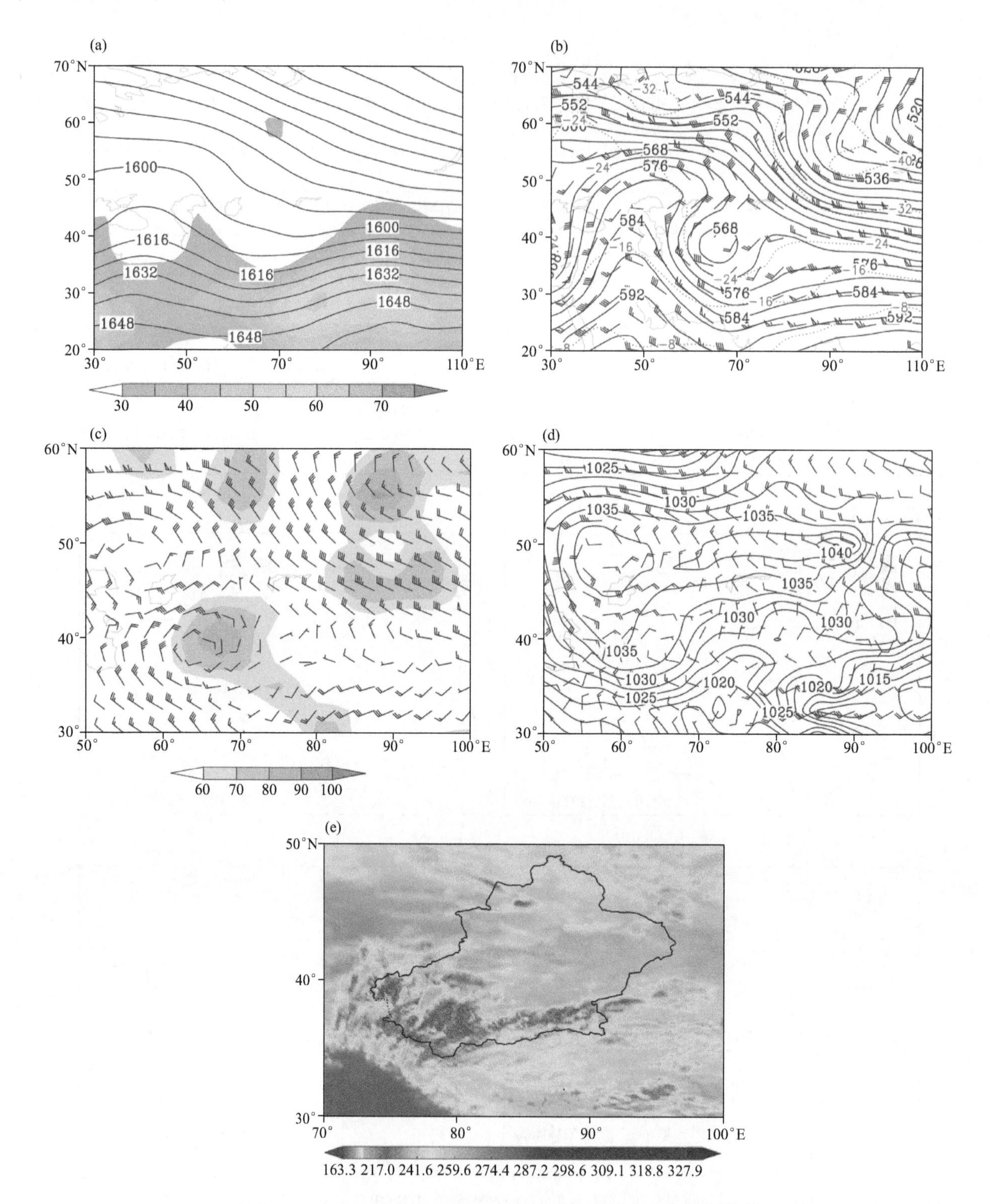

图 3.76 2021 年 12 月 13、14 日环流形势及 14 日 FY-4A 红外云图

(a)12 月 13 日 20 时 100 hPa 高度场(实线,单位:dagpm)和 200 hPa 风速≥30 m/s 的急流(填色区,单位:m/s);

(b)12 月 14 日 20 时 500 hPa 高度场(黑实线,单位:dagpm)、风场(单位:m/s)和温度场(红虚线,单位:℃);

(c)12 月 14 日 20 时 700 hPa 风场(单位:m/s)和相对湿度(填色区,%);

(d)11 月 14 日 20 时海平面气压(实线,单位:hPa)和 850 hPa 风场(单位:m/s);

(e)12 月 14 日 20:30 FY-4A 红外云图(单位:K)

东移过程中影响新疆,造成了此次降雪、降温、大风天气(图 3.76b)。

700～850 hPa:北疆存在偏西急流和偏西风与西南风或西北风与东南风的切变线,14 日 08 时和 20

时,700 hPa 北疆北部偏西急流中心达 26 m/s(图 3.76c),14 日 08 时,850 hPa 北疆北部偏西急流最大风速达 20 m/s。

地面:地面冷高压沿偏西路径进入新疆,在东移过程中不断加强,13 日 20 时冷高压前沿进入北疆偏西地区,15 日 08 时高压中心强度增加至 1050 hPa,新疆受冷高压底部冷空气影响,随着冷高压东移,新疆受冷高压底后部影响,造成此次降温、降雪、大风天气(图 3.76d)。

第 4 章　2021 年中弱和弱天气过程

4.1　1 月 4 日 18 时至 7 日 20 时降雪大风

<table>
<tr><td>天气类型</td><td colspan="2">降雪、大风</td><td>过程强度</td><td>弱</td></tr>
<tr><td>天气实况</td><td colspan="4">①降雪:喀什地区、克州、和田地区等地的部分区域和北疆沿天山一带的局部区域累计降水量 0.1～2.5 mm,乌鲁木齐市北部、克拉玛依市、喀什地区的局部累计降水量 4.2～9.2 mm,最大降水中心位于克拉玛依市金龙镇工业园站(图 4.1a)。
②风:伊犁州、塔城地区北部、阿勒泰地区、乌鲁木齐市、昌吉州、喀什地区、巴州、哈密市等地出现 5 级左右偏东风,风口风力 9～10 级</td></tr>
<tr><td>灾害性天气</td><td>大风</td><td colspan="3">大风站数:伊犁州、塔城地区北部、阿勒泰地区、乌鲁木齐市、昌吉州、喀什地区、巴州、哈密市等地共 53 站出现 8 级以上大风,其中 9 级以上 10 站(图 4.1b)。
过程极大风速中心:区域站为塔城地区托里县老风口站 28.7 m/s(11 级,5 日 18:46);国家站为哈密市十三间房站 21.9 m/s(9 级,4 日 20:41)</td></tr>
</table>

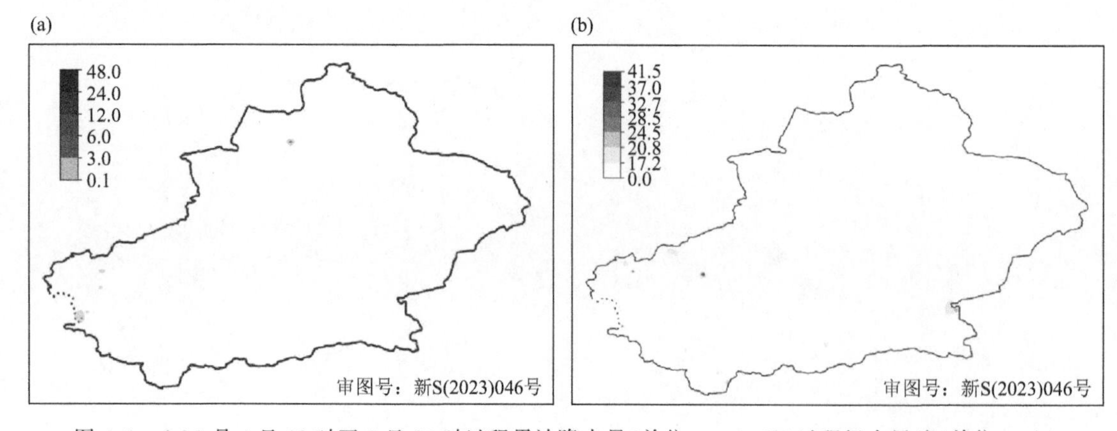

图 4.1　(a)1 月 4 日 18 时至 7 日 20 时过程累计降水量(单位:mm);(b)过程极大风速(单位:m/s)

4.2　1 月 7 日 20 时至 10 日 08 时天山北坡、东疆弱降雪

<table>
<tr><td>天气类型</td><td colspan="2">降雪、大风</td><td>过程强度</td><td>弱</td></tr>
<tr><td>天气实况</td><td colspan="4">①降雪:伊犁州、乌鲁木齐市、昌吉州东部、克州、阿克苏地区北部、巴州、哈密市等地的部分区域和塔城地区、阿勒泰地区山区、喀什地区、吐鲁番地区等地的局部区域累计降水量 0.1～3.0 mm,其中昌吉州南部山区、哈密市北部等地的局部区域累计降水量 3.2～4.3 mm,最大降水中心位于哈密市巴里坤县石人子乡站(图 4.2a)。
②风:伊犁州、博州、塔城地区北部、克拉玛依市、乌鲁木齐市南部、喀什地区、克州、和田地区、阿克苏地区、巴州、哈密市等地出现 5～6 级西北或偏东风,风口风力 10 级</td></tr>
<tr><td>灾害性天气</td><td>大风</td><td colspan="3">大风站数:塔城地区北部、阿勒泰地区、克拉玛依市、乌鲁木齐市南部、喀什地区山区、克州、巴州、哈密市等地共 36 站出现 8 级以上大风,其中 10 级以上 3 站(图 4.2b)。
过程极大风速中心:区域站为克州阿合奇县国营马场站 24.9 m/s(10 级,9 日 17:30)</td></tr>
</table>

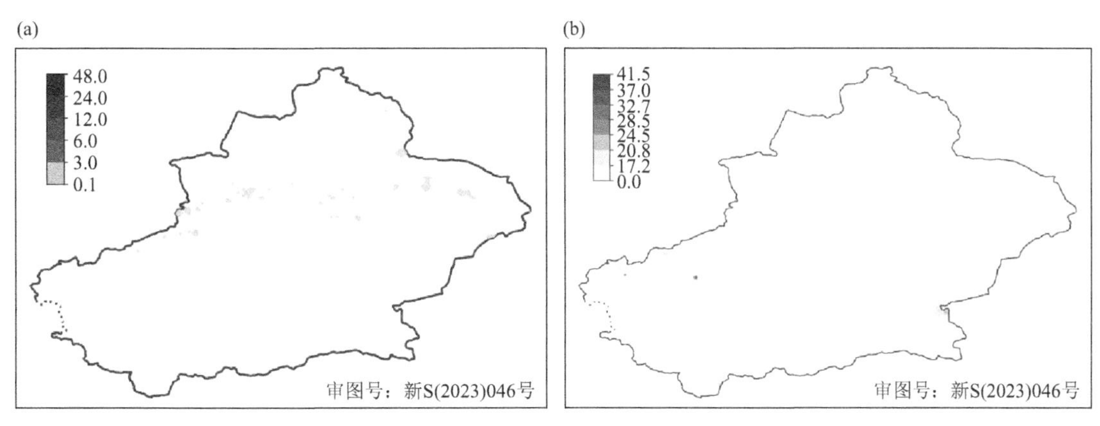

图 4.2　(a)1 月 7 日 20 时至 10 日 08 时过程累计降水量(单位：mm)；(b)过程极大风速(单位：m/s)

4.3　1 月 20 日 02 时至 21 日 14 时北疆偏西偏北、哈密市弱降雪

天气类型	降雪	过程强度	弱
天气实况	降雪：伊犁州北部山区、塔城地区北部、阿勒泰地区北部、昌吉州东部、哈密市北部等地的部分区域出现分散性降雪，其中伊犁州北部山区、塔城地区北部、阿勒泰地区北部等地的局地累计降雪量 0.1～6.0 mm，最大降雪中心位于阿勒泰地区吉木乃站(图 4.3a)		
灾害性天气	大风	大风站数：伊犁州、博州西部、塔城地区北部、阿勒泰地区西部、克拉玛依市、乌鲁木齐市南部、克州山区、和田地区等地共 27 站出现 8 级以上大风(图 4.3b)。 过程极大风速中心：区域站为克州乌恰县膘尔托阔依乡卡拉贝利水电站 23.1 m/s(9 级，20 日 13:28)	

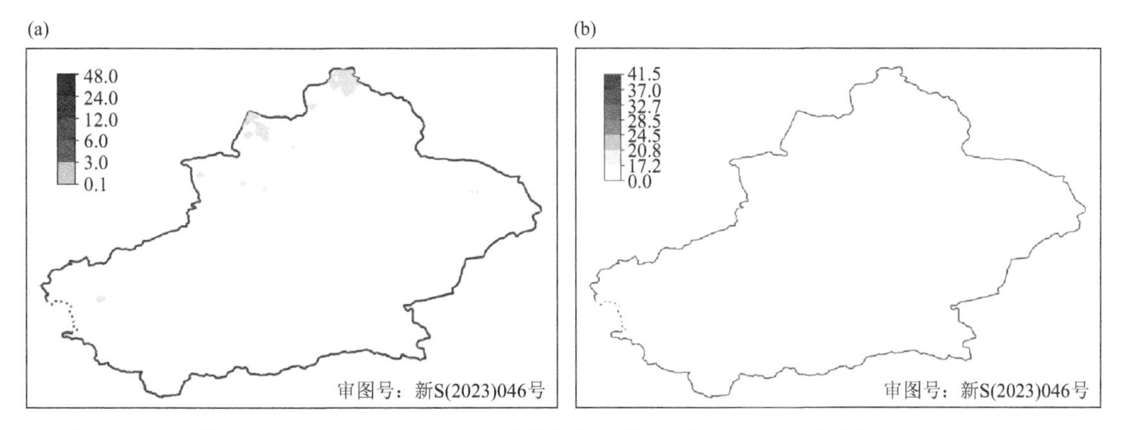

图 4.3　(a)1 月 20 日 02 时至 21 日 14 时过程累计降水量(单位：mm)；(b)过程极大风速(单位：m/s)

4.4　1 月 24 日 08 时至 27 日 08 时北疆降雪、大风

天气类型	降雪、大风	过程强度	弱
天气实况	①降雪：伊犁州、塔城地区、阿勒泰地区、石河子市、乌鲁木齐市、昌吉州、巴州北部山区、哈密市北部等地的部分区域出现小雪，其中，伊犁州北部东部、塔城地区北部、阿勒泰地区北部东部、昌吉东部山区、哈密市北部山区等地的局部区域累计降雪量 3.7～7.5 mm，最大降雪中心位于阿勒泰地区富蕴站(图 4.4a)。 ②风：北疆偏西偏北地区、喀什地区山区、克州山区、巴州、吐鲁番市、哈密市部分区域出现 5～6 级偏西风，风口阵风 9～10 级，阵风 12 级		

续表

灾害性天气	大风	大风站数:伊犁州、博州西部、塔城地区北部、克拉玛依市、乌鲁木齐市南部、喀什地区山区、克州山区、巴州、吐鲁番市、哈密市等地共 87 站出现 8 级以上大风,其中 10 级以上 9 站(图 4.4b)。 过程极大风速中心:区域站为巴州和静县阿拉沟乡奎先达坂站 34.5 m/s(12 级,24 日 20:24);国家站为乌鲁木齐市天山大西沟站 21.9 m/s(9 级,24 日 21:22)

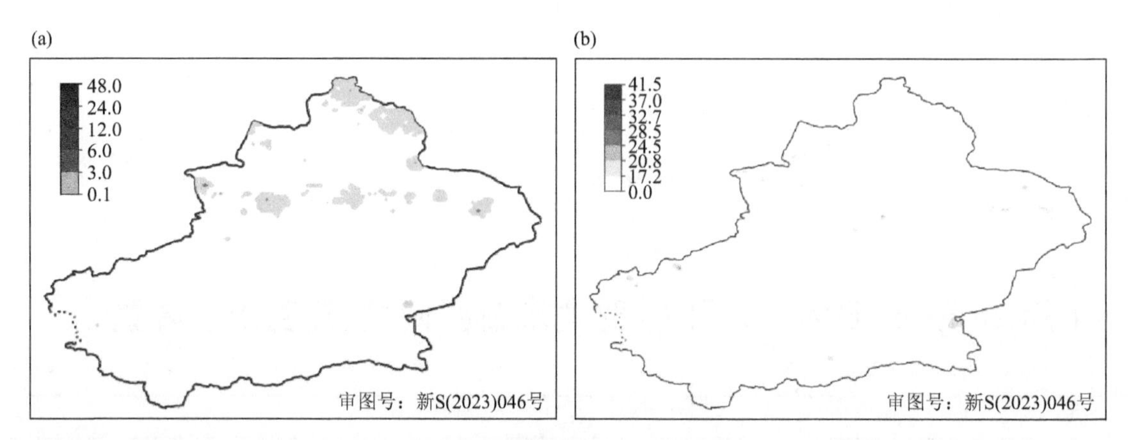

图 4.4 (a)1 月 24 日 08 时至 27 日 08 时过程累计降水量(单位:mm);(b)过程极大风速(单位:m/s)

4.5 2 月 2 日 08 时至 3 日 20 时伊犁州昌吉州等地弱降雪、风口大风

天气类型	降雪、大风		过程强度	弱
天气实况	①降雪:伊犁州、昌吉州东部和乌鲁木齐市山区等地的局地出现小雪(伊犁州部分为雨夹雪),其中伊犁州、乌鲁木齐市、昌吉州的局地累计降水量 3.4～4.4 mm,最大降水中心位于昌吉州阜康市天池站(图 4.5)。 ②风:伊犁州、博州、乌鲁木齐市、昌吉州、喀什、克州、哈密市有 5 级左右西北风,风口风力 8～9 级			
灾害性天气	大风	大风站数:伊犁州、博州西部、克拉玛依市、巴州等地共 13 站出现 8 级以上大风。 过程极大风速中心:区域站为克拉玛依市克拉玛依区金矿站 23.3 m/s(14 级,22 日 23:27);国家站为哈密市伊州区十三间房站 13.8 m/s(6 级,3 日 19:45)		

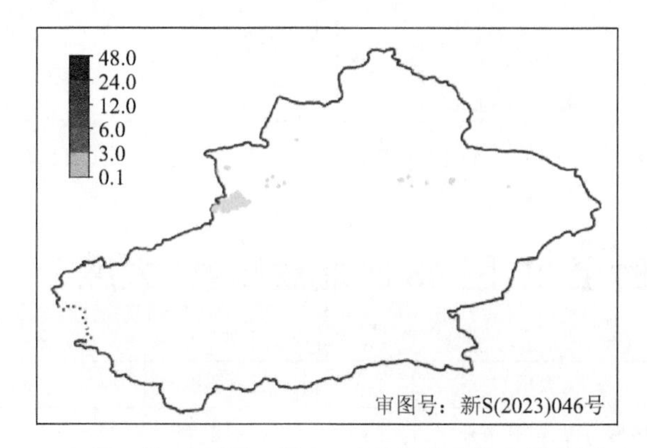

图 4.5 2 月 2 日 08 时至 3 日 20 时过程累计降水量(单位:mm)

4.6 2 月 10 日 20 时至 13 日 02 时北疆局地暴雪、大风

<table>
<tr><td>天气类型</td><td colspan="2">暴雪、大风</td><td>过程强度</td><td>中弱</td></tr>
<tr><td>天气实况</td><td colspan="4">①降雪:北疆大部、克州山区、哈密市北部等地的部分区域出现降雪,其中伊犁州北部东部、阿勒泰地区北部、塔城地区北部、乌鲁木齐市、昌吉州东部山区、哈密市北部山区等地等地累计降雪量 6.9～11.1 mm,伊犁州东部局地累计降雪量 12.2～18.8 mm,最大降雪中心位于伊犁州尼勒克县莫托沟站(图 4.6a)。
②风:博州、克州、巴州、哈密市的部分区域出现 5～6 级西北风,风口风力 9～10 级</td></tr>
<tr><td rowspan="2">灾害性天气</td><td>暴雪</td><td colspan="3">暴雪站数:共计 5 站,12 日伊犁州东部 5 站。
单日最大降雪中心:伊犁州新源县阿勒玛勒乡站和四师 66 团站 15.3 mm(12 日)</td></tr>
<tr><td>大风</td><td colspan="3">大风站数:博州西部、塔城地区北部、阿勒泰地区东部、喀什地区山区、克州、阿克苏地区西部、巴州、哈密市等地共 52 站出现 8 级以上大风,其中 10 级以上 6 站(图 4.6b)。
过程极大风速中心:区域站为巴州和静县阿拉沟乡奎先达坂站 27.6 m/s(10 级,12 日 18:12);国家站为哈密市伊州区十三间房站 20.4 m/s(8 级,10 日 21:32)</td></tr>
</table>

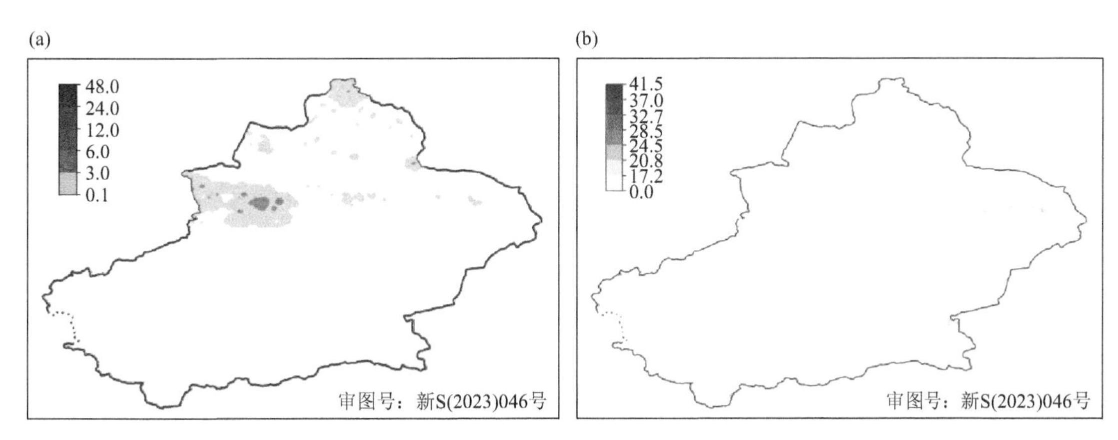

图 4.6 (a)2 月 10 日 20 时至 13 日 02 时过程累计降水量(单位:mm);(b)过程极大风速(单位:m/s)

4.7 2 月 20 日 02 时至 21 日 05 时北疆降雪大风

<table>
<tr><td>天气类型</td><td colspan="2">降雪、大风</td><td>过程强度</td><td>中弱</td></tr>
<tr><td>天气实况</td><td colspan="4">①降雪:塔城地区北部和伊犁州、博州西部、阿勒泰地区、克拉玛依市、石河子市、乌鲁木齐市山区、昌吉州、喀什地区北部山区等地的部分区域出现微到小雪(伊犁州平原雨转雨夹雪或雪),其中伊犁州、塔城地区北部、阿勒泰地区北部东部、石河子市的部分区域累计降水量 3.1～9.2 mm,最大降水中心位于塔城地区裕民站(图 4.7a)。
②风:北疆大部和喀什地区山区、克州山区、吐鲁番市、哈密市出现 5～6 级西北风,风口风力 9～11 级</td></tr>
<tr><td>灾害性天气</td><td>大风</td><td colspan="3">大风站数:新疆地区大部有 5 级左右西北风,博州、塔城地区、阿勒泰地区、喀什地区山区、克州山区、吐鲁番市、哈密市等地共 88 站出现 8 级以上大风,其中 10 级以上大风 20 站(图 4.7b)。
过程极大风速中心:区域站为哈密市伊吾县盐池乡阿尔通盖村站 32.6 m/s(11 级,20 日 03:56);国家站为哈密市伊州区十三间房站 25.5 m/s(10 级,20 日 20:09)</td></tr>
</table>

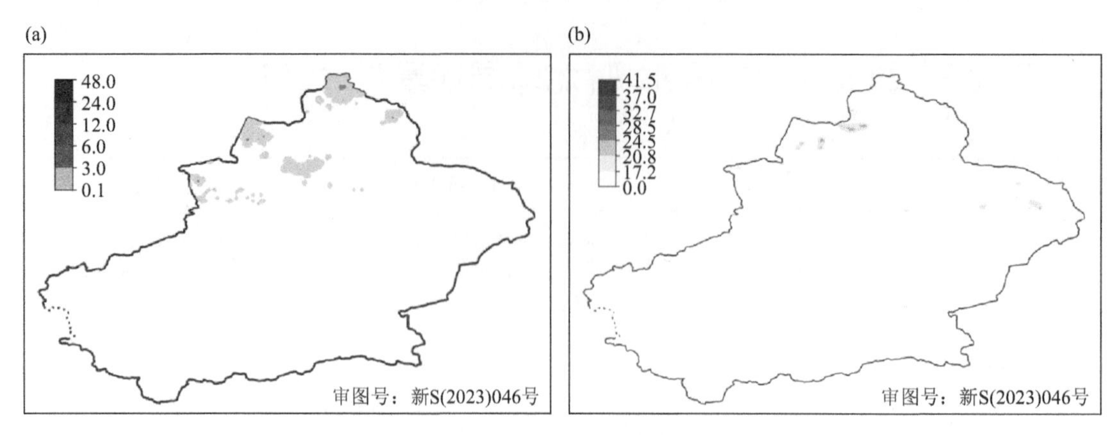

图 4.7 (a)2 月 20 日 02 时至 21 日 05 时过程累计降水量(单位:mm);(b)过程极大风速(单位:m/s)

4.8 2 月 21 日 05 时至 23 日 20 时北疆降雪、大风

天气类型	降雪、大风		过程强度	中弱
天气实况	①降雪:伊犁州、博州西部、塔城地区、阿勒泰地区、克拉玛依市、石河子市、乌鲁木齐市、昌吉州等地的部分区域和喀什地区南部山区、克州山区、阿克苏地区山区、巴州南部山区等地的局部区域出现微到小雪,其中伊犁州、塔城地区、阿勒泰地区北部山区、昌吉州西部、喀什地区南部山区、克州山区等地的局部累计降水量 3.1～11.6 mm,最大降水中心位于塔城地区沙湾市老沙湾镇胡家渠村站(图 4.8a)。 ②风:北疆大部和吐鲁番市、哈密市出现 5～6 级西北风,风口风力 9～10 级			
灾害性天气	大风	大风站数:博州、塔城地区、阿勒泰地区、喀什地区、克州、巴州、吐鲁番市、哈密市等地共 67 站出现 8 级以上大风,其中 10 级以上 10 站(图 4.8b)。 过程极大风速中心:区域站为吐鲁番市高昌区小草湖服务区站 27.5 m/s(10 级,22 日 04:22);国家站为哈密市伊州区十三间房站 25.5 m/s(10 级,22 日 07:07)		

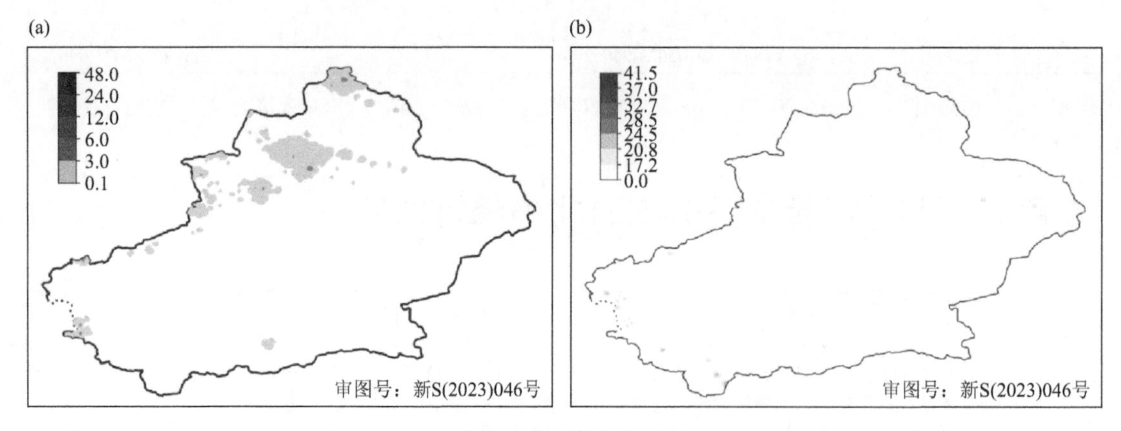

图 4.8 (a)2 月 21 日 05 时至 23 日 20 时过程累计降水量(单位:mm);(b)过程极大风速(单位:m/s)

4.9 2 月 27 日 08 时至 3 月 1 日 08 南疆降雪大风

天气类型	降雪、大风	过程强度	弱
天气实况	①降雪:喀什地区、克州、和田地区、阿克苏地区、巴州和阿勒泰地区北部山区、哈密市北部等地出现微到小雨或雨夹雪(东疆为雪),其中喀什地区山区、和田地区南部、哈密市北部等地的局部累计降水量 3.1～12.1 mm,最大降水中心位于喀什地区库里杜库里站(图 4.9a)。 ②风:北疆、东疆、南疆普遍出现 5～6 级西北风,风口风力 11～13 级,阵风 14 级		

续表

灾害性天气	大风	大风站数：北疆偏西偏北、喀什地区山区、克州山区、和田地区南部、巴州山区、哈密市等地共 61 站出现 8 级以上大风，其中 10 级以上 6 站(图 4.9b)。 过程极大风速中心：区域站为喀什地区叶城县新藏公路 11 站 34.7 m/s(12 级，27 日 18:22)；国家站为哈密市伊州区十三间房站 22.5 m/s(9 级，28 日 09:29)
灾情	2 月 27 日低温天气，造成阿克苏地区拜城县温室大棚外墙倒塌 1 座，羊死亡 6 只，农作物受损	

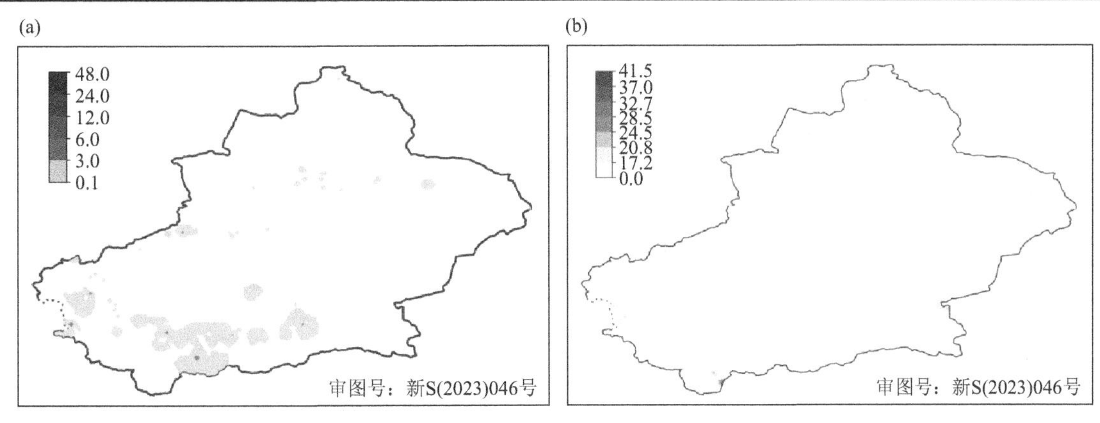

图 4.9　(a)2 月 27 日 08 时至 3 月 1 日 08 时过程累计降水量(单位：mm)；(b)过程极大风速(单位：m/s)

4.10　3 月 2 日 08 时至 5 日 02 时北疆局地暴雪、大风、霜冻

天气类型	局地暴雪、大风、霜冻	过程强度	中弱
天气实况	①降雪：阿勒泰地区和伊犁州、博州西部、塔城地区、昌吉州东部等地的部分区域出现雨夹雪或雪，其中伊犁州山区、塔城地区北部、阿勒泰地区北部等地的局部累计降水量 6.2～23.5 mm，最大降水中心位于阿勒泰地区布尔津县贾登峪站(图 4.10a)。 ②风：北疆大部和喀什地区、克州、和田地区、阿克苏地区北部、巴州、吐鲁番、哈密市有 4～5 级西北风，风口风力 10～11 级。 ③霜冻：喀什地区、和田地区、吐鲁番市出现终霜冻		
灾害性天气	暴雪	暴雪站数：共计 6 站，2 日阿勒泰地区布尔县 1 站，3 日阿勒泰地区布尔县 5 站。 单日最大降雪中心：阿勒泰地区布尔津县禾木乡黑流滩中游站 17.0 mm(2 日)	
	大风	大风站数：博州、塔城地区北部、阿勒泰地区西部、克拉玛依市、乌鲁木齐市、昌吉州、喀什地区山区、克州山区、巴州、吐鲁番市、哈密市等地共 117 站出现 8 级以上大风，其中 10 级以上 11 站(图 4.10b)。 过程极大风速中心：区域站为塔城地区托里县铁厂沟镇站 32.1 m/s(11 级，3 日 19:04)；国家站为哈密市伊州区十三间房站 26.6 m/s(13 级，4 日 06:03)	
	霜冻	终霜冻：11 站，2 日和田地区和田市、吐鲁番市吐鲁番站共 2 站；3 日喀什地区喀什站、巴楚站、英吉沙站、莎车站、泽普站，和田地区于田站共 7 站；4 日喀什地区麦盖提站 1 站；5 日吐鲁番市东坎儿共 1 站	

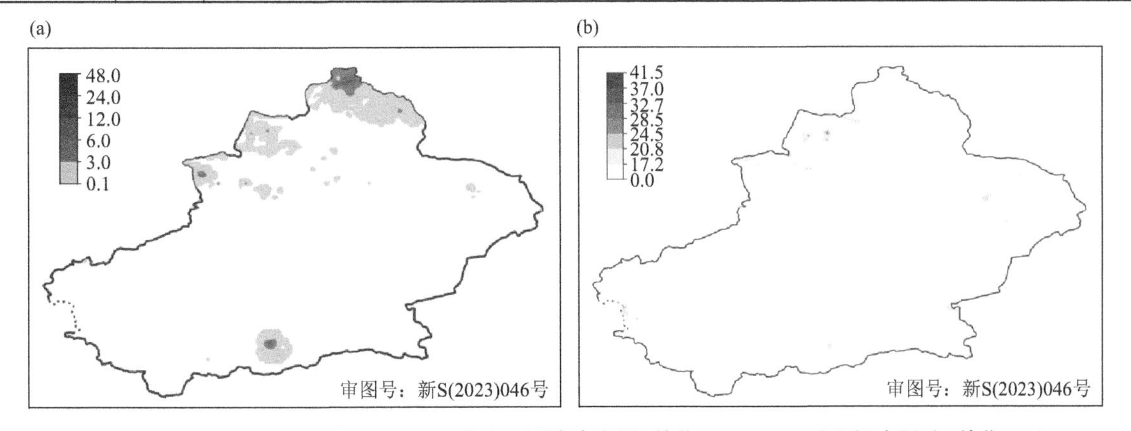

图 4.10　(a)3 月 2 日 08 时至 5 日 02 时过程累计降水量(单位：mm)；(b)过程极大风速(单位：m/s)

4.11 3月5日08时至6日14时北疆分散性降雪、大风

<table>
<tr><td>天气类型</td><td colspan="2">降雪、大风、霜冻</td><td>过程强度</td><td>中弱</td></tr>
<tr><td>天气实况</td><td colspan="4">①降雪:北疆大部、阿克苏地区北部山区、克州山区、巴州北部山区、哈密市北部等地出现雨夹雪或雪,其中伊犁州、塔城地区北部、阿勒泰地区北部山区等地的局部累计降雪量3.1～8.2 mm,最大降雪中心位于伊犁州新源县(图4.11a)。
②风:北疆大部和喀什地区、克州、和田地区、阿克苏地区北部、巴州、吐鲁番、哈密市有5～6级西北风,风口风力10～11级。
③霜冻:喀什地区出现终霜冻</td></tr>
<tr><td rowspan="2">灾害性天气</td><td>大风</td><td colspan="3">大风站数:伊犁州、博州西部、塔城地区北部、阿勒泰地区、克拉玛依市、乌鲁木齐市、昌吉州东部、喀什地区山区、克州山区、巴州、吐鲁番市、哈密市等地共200站出现8级以上大风,其中10级以上133站(图4.11b)。
过程极大风速中心:区域站为克拉玛依市克拉玛依市区金矿站32.3 m/s(11级,5日17:16);国家站为哈密市伊州区十三间房站28.7 m/s(11级,5日23:43)</td></tr>
<tr><td>霜冻</td><td colspan="3">终霜冻:1站,6日喀什地区岳普湖站共1站</td></tr>
</table>

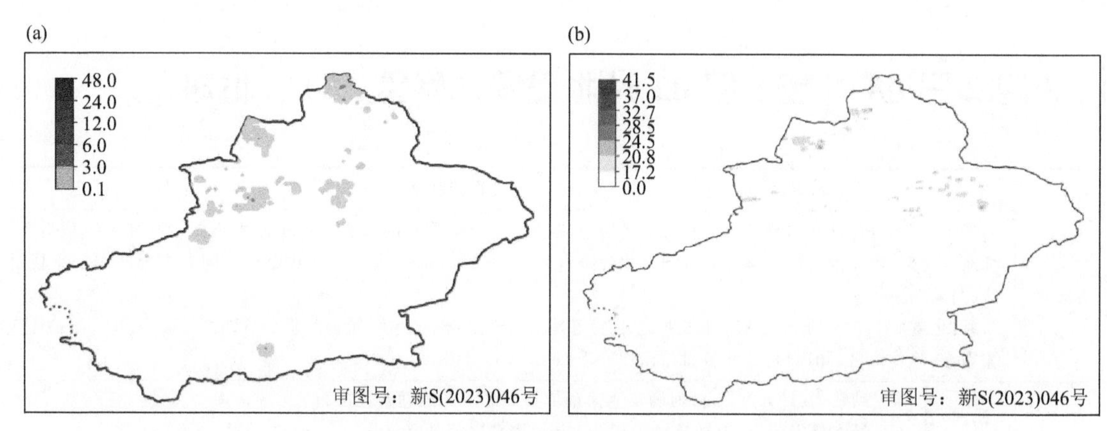

图4.11 (a)3月5日08时至6日14时过程累计降水量(单位:mm);(b)过程极大风速(单位:m/s)

4.12 3月11日08时至12日14时北疆西部降雪、大风

<table>
<tr><td>天气类型</td><td colspan="2">降雪、大风</td><td>过程强度</td><td>弱</td></tr>
<tr><td>天气实况</td><td colspan="4">①降雪:伊犁州、博州西部、塔城地区北部、阿勒泰地区西部北部、喀什地区南部山区、克州山区、巴州北部山区等地的部分区域出现雨夹雪或雪,山区局部累计降雪量3.2～8.2 mm,最大降雪中心位于塔城地区额敏站(图4.12a)。
②风:北疆偏西偏北地区和喀什地区南部山区、克州山区、巴州北部山区等地有5～6级西北风,风口风力10～11级</td></tr>
<tr><td>灾害性天气</td><td>大风</td><td colspan="3">大风站数:伊犁州东部、博州西部、塔城地区北部、阿勒泰地区西部、喀什地区山区、克州山区、和田地区山区、巴州、吐鲁番市、哈密市等地共112站出现8级以上大风,其中10级以上14站(图4.12b)。
过程极大风速中心:区域站为塔城地区托里县铁厂沟镇站32.0 m/s(11级,11日14:16);国家站为博州阿拉山口站28.2 m/s(10级,11日15:53)</td></tr>
<tr><td>灾情</td><td colspan="4">3月11日大风、强沙尘暴天气,造成和田地区民丰县农业设施受损</td></tr>
</table>

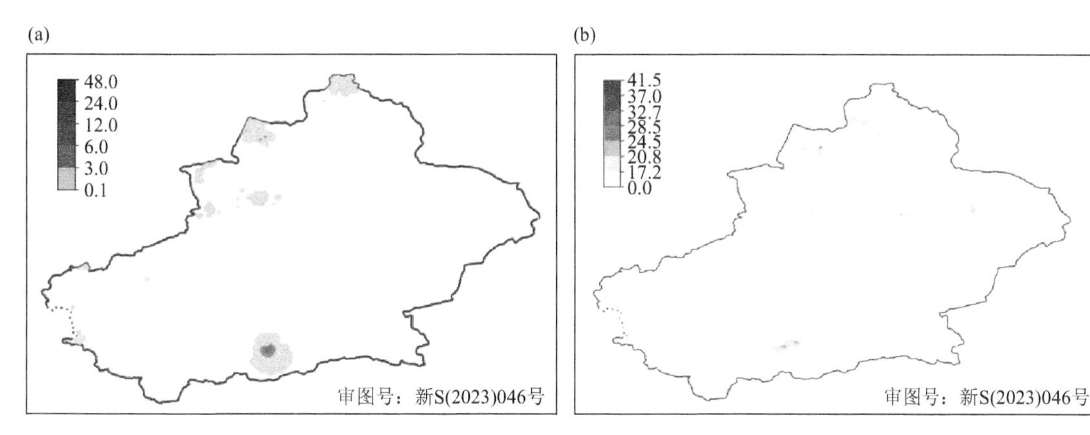

图 4.12 (a)3 月 11 日 08 时至 12 日 14 时过程累计降水量(单位：mm)；(b)过程极大风速(单位：m/s)

4.13 3 月 13 日 14 时至 14 日 11 时北疆北部降雪降温大风

<table>
<tr><td>天气类型</td><td colspan="2">寒潮、大风</td><td>过程强度</td><td>中弱</td></tr>
<tr><td>天气实况</td><td colspan="4">①降雪：博州西部、塔城地区、阿勒泰地区出现雨夹雪或雪，其中塔城地区北部、阿勒泰地区北部的局部累计降水量 3.5～9.4 mm，最大降雪中心位于塔城地区阿西尔乡铁列克提村站(图 4.13a)。
②风：博州、塔城地区北部、阿勒泰地区、昌吉州东部、喀什地区山区、巴州、吐鲁番、哈密市等地有 5～6 级西北风，风口风力 10～11 级。
③降温：塔城地区北部、阿勒泰地区、昌吉州、巴州的部分区域气温下降 8～10 ℃，出现寒潮，山区局地气温下降 10 ℃以上，出现强寒潮或特强寒潮</td></tr>
<tr><td rowspan="2">灾害性天气</td><td>大风</td><td colspan="3">大风站数：博州、塔城地区北部、阿勒泰地区、昌吉州东部、喀什地区山区、克州山区、和田地区南部山区、巴州、吐鲁番、哈密市等地共 196 站出现 8 级以上大风，其中 10 级以上 47 站(图 4.13b)。
过程极大风速中心：区域站为阿勒泰地区阿勒泰市喀拉希力克乡站 30.7 m/s(11 级，13 日 23:10)；国家站为博州阿拉山口站 31.5 m/s(11 级，13 日 21:27)</td></tr>
<tr><td>寒潮</td><td colspan="3">寒潮站数：121 站・次(其中强寒潮 32 站・次、特强寒潮 26 站・次)：其中 14 日塔城地区北部、阿勒泰地区、昌吉州、巴州等地共 121 站寒潮(其中强寒潮 32 站、特强寒潮 26 站)。
日最大降温中心：14 日阿勒泰地区富蕴县大乌恰沟站(区域站)降温 16.4 ℃，阿勒泰地区富蕴站(国家站)降温 11.9 ℃(图 4.13c)。
过程最低气温：14 日阿勒泰地区哈巴河县萨尔布拉克镇加郎阿什村站(区域站)最低气温 −23.6 ℃，阿勒泰地区哈巴河站(国家站)最低气温 −18.6 ℃(图 4.13d)</td></tr>
</table>

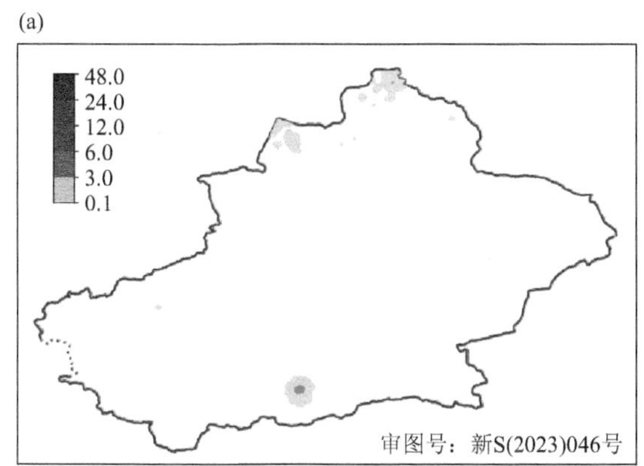

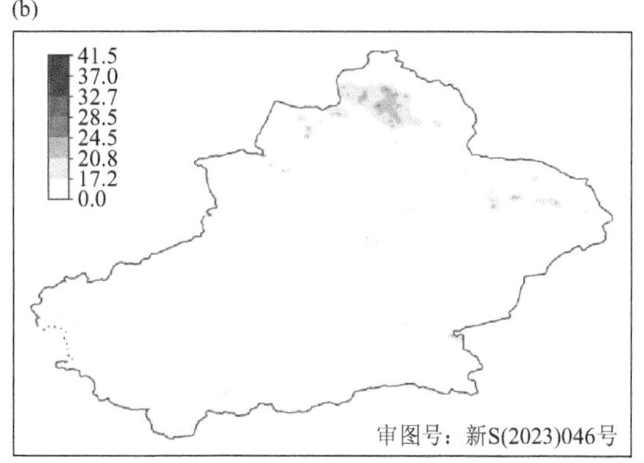

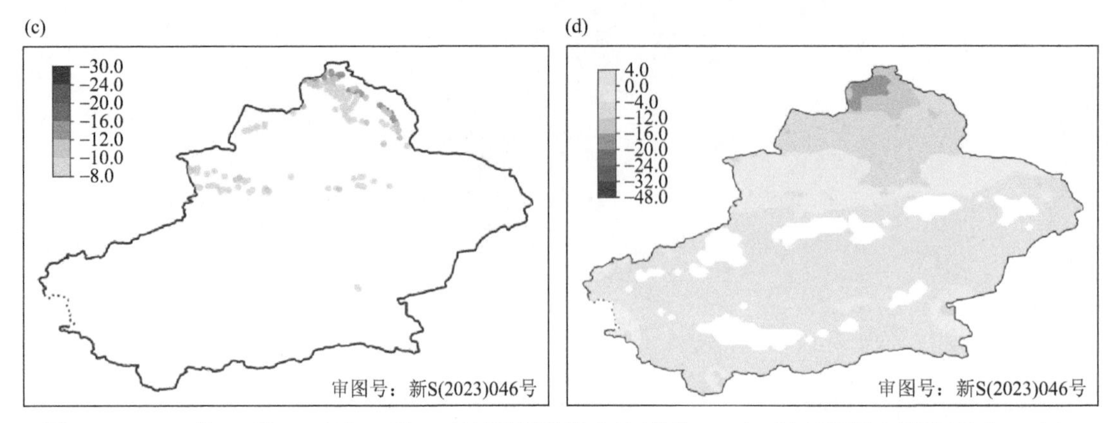

图 4.13 (a)3月13日14时至14日11时过程累计降水量(单位:mm);(b)过程极大风速(单位:m/s);(c)3月14日最低气温24 h降温幅度(单位:℃);(d)过程最低气温(单位:℃)

4.14 3月24日05时至24日21时北疆局地降雪大风

天气类型	降雪、大风		过程强度	弱
天气实况	①降雪:博州西部、塔城地区、阿勒泰地区、巴州北部出现雨夹雪或雪,其中伊犁州南部山区、塔城地区北部、阿勒泰地区北部的局部累计降水量3.1~9.3 mm,最大降水中心位于伊犁州伊宁县站(图4.14a)。 ②风:伊犁州西部、博州西部、塔城地区、阿勒泰地区、克拉玛依市、巴州北部、哈密市等地有4~5级西北风,风口风力10~11级			
灾害性天气	大风	大风站数:伊犁州西部、博州西部、塔城地区北部、阿勒泰地区、克拉玛依市、哈密市等地共169站出现8级以上大风,其中10级以上23站(图4.14b)。 过程极大风速中心:区域站为克拉玛依市白碱滩区九区站33.0 m/s(12级,24日09:09);国家站为哈密市伊州区十三间房站28.6 m/s(11级,24日21:34)		

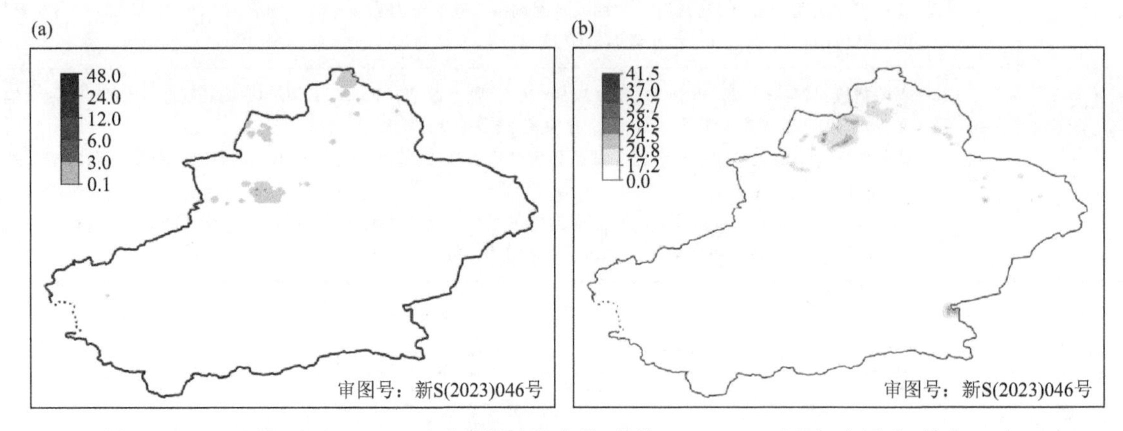

图 4.14 (a)3月24日05—21时过程累计降水量(单位:mm);(b)过程极大风速(单位:m/s)

4.15 3月26日02时至27日08时北疆降雪大风

天气类型	降雪、大风	过程强度	中弱
天气实况	①降雪:北疆大部和哈密市北部出现微到小雨或雨夹雪,其中伊犁州、塔城地区北部、阿勒泰地区北部东部、克拉玛依市的部分区域累计降水量6.1~19.3 mm,最大降水中心位于塔城地区额敏县(图4.15a)。 ②风:北疆大部和喀什地区山区、克州山区、和田地区南部、巴州、哈密市有4~5级西北风,风口风力10~11级,阵风12级		

续表

灾害性天气	暴雪	暴雪站数：共计 9 站，27 日伊犁州 4 站、塔城地区 5 站。 单日最大降雪中心：塔城地区额敏站 16.0 mm(27 日)
	大风	大风站数：博州西部、塔城地区北部、阿勒泰地区西部、喀什地区山区、克州山区、哈密市等地共 166 站出现 8 级以上大风，其中 10 级以上 25 站(图 4.15b)。 过程极大风速中心：区域站为哈密市巴里坤县萨尔乔克乡苏吉西村吴家庄子站 35.6 m/s(12 级，26 日 12:23)；国家站为博州和布克赛尔站 23.2 m/s(9 级，26 日 15:25)

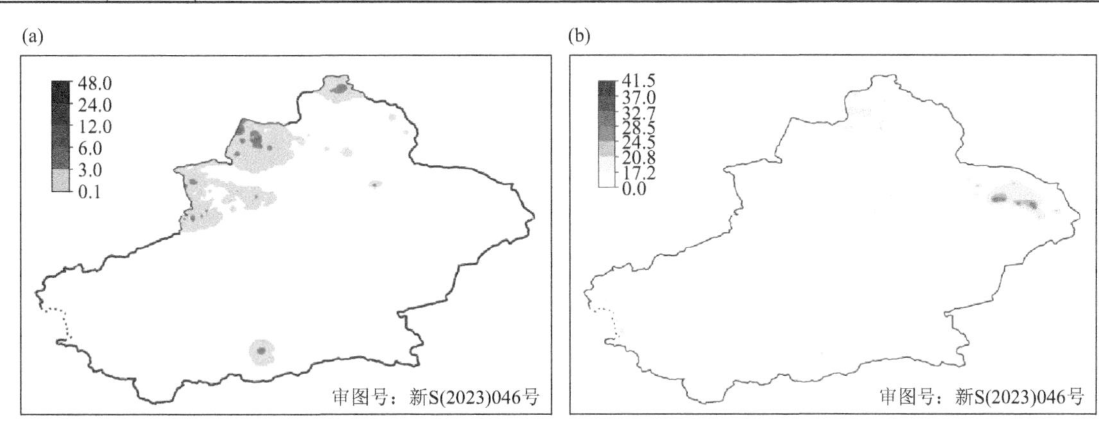

图 4.15　(a)3 月 26 日 02 时至 27 日 08 时过程累计降水量(单位：mm)；(b)过程极大风速(单位：m/s)

4.16　4 月 9 日 17 时至 12 日 17 时天山北坡巴州哈密市降雪、局地大风霜冻

天气类型	大风、霜冻	过程强度	弱
天气实况	①降水：伊犁州、乌鲁木齐市山区、和田地区南部、阿克苏地区、巴州、吐鲁番市、哈密市等地的部分区域和塔城地区、克拉玛依市、阿勒泰地区北部东部、昌吉州山区、喀什地区南部山区、克州山区等地的局部区域出现微到小雨或雪，其中乌鲁木齐市南部山区、和田地区南部山区、阿克苏地区西部北部、巴州山区、哈密市等地的局部区域累计降水量 3.1～12.8 mm，最大降水中心位于哈密市伊州区白石头乡(图 4.16a)。 ②风：北疆和东疆出现 5～6 级西北风，风口风力 9～10 级。 ③霜冻：克州局地出现终霜冻		
灾害性天气	大风	大风站数：北疆偏西偏北、巴州、吐鲁番市、哈密市等地共 313 站出现 8 级以上大风，其中 10 级以上 4 站(图 4.16b)。 过程极大风速中心：区域站为巴州且末县奥依亚依拉克镇阿克苏库勒湖 27.8 m/s(10 级，10 日 15:16)；国家站为哈密市伊州区十三间房站 22.3 m/s(9 级，11 日 16:33)	
	霜冻	终霜冻：1 站，10 日克州乌恰站共 1 站	
灾情	4 月 12 日至 13 日大风、降雨天气，造成阿克苏地区温宿县棉花受灾		

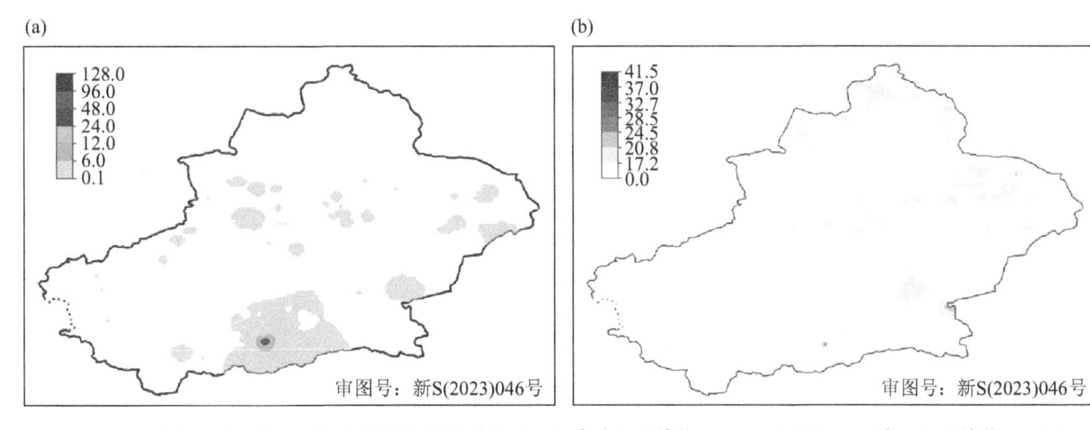

图 4.16　(a)4 月 9 日 17 时至 12 日 17 时过程累计降水量(单位：mm)；(b)过程极大风速(单位：m/s)

4.17 4月12日20时至15日05时南疆西部分散性降水、局地大风沙尘

<table>
<tr><td>天气类型</td><td colspan="2">大风、沙尘暴</td><td>过程强度</td><td>弱</td></tr>
<tr><td>天气实况</td><td colspan="4">①降水:喀什地区、克州、阿克苏地区、巴州东部和北疆出现分散性降水,其中阿克苏地区北部山区、克州山区等地的局部区域累计降水量 7.0～17.5 mm,最大降水中心位于阿克苏地区拜城县铁热克镇站(图 4.17a)。
②风:北疆大部地区出现 5～6 级西北风,南疆大部地区出现 5～6 级东北风,风口风力 10～11 级</td></tr>
<tr><td rowspan="2">灾害性天气</td><td>大风</td><td colspan="3">大风站数:伊犁州、塔城地区北部、阿勒泰地区、克拉玛依市、昌吉州东部、巴州北部、吐鲁番市、哈密市共 360 站出现 8 级以上大风,其中 10 级以上 65 站(图 4.17b)。
过程极大风速中心:区域站为哈密市巴里坤县三塘湖乡站 31.8 m/s(11 级,14 日 17:23);国家站为哈密市伊州区十三间房站 26.8 m/s(10 级,14 日 17:46)</td></tr>
<tr><td>沙尘暴</td><td colspan="3">南疆盆地和东疆出现不同程度沙尘,哈密市伊州区共 1 站出现沙尘暴。
沙尘暴站数:14 日 17:00—20:00,1 站出现沙尘暴(哈密站)。
最低能见度:喀什地区莎车站 395 m(12 日 22:46)</td></tr>
</table>

(a)

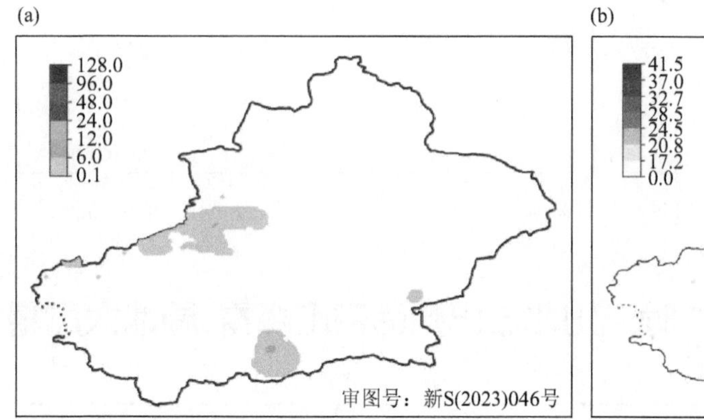

(b)

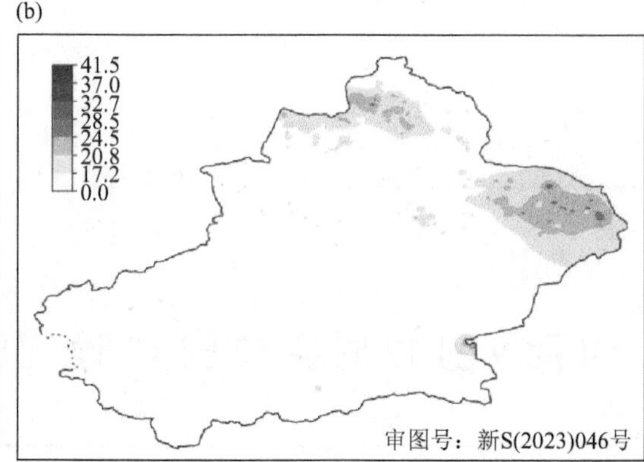

图 4.17 (a)4 月 12 日 20 时至 15 日 05 时过程累计降水量(单位:mm);(b)过程极大风速(单位:m/s)

4.18 4月15日08时至17日08时南疆西部降水、局地大风

<table>
<tr><td>天气类型</td><td colspan="2">大风</td><td>过程强度</td><td>弱</td></tr>
<tr><td>天气实况</td><td colspan="4">①降水:克州、喀什地区南部山区、阿克苏地区西部北部等地部分区域出现微到小雨(山区为雪),其中克州山区、阿克苏地区西部山区的局地累计降水量 6.3～12.1 mm,最大降水中心位于阿克苏地区乌什县英阿瓦提乡英阿特村站(图 4.18a)。
②风:伊犁州、塔城地区北部、南疆西部出现 5～6 级西北或偏东风,风口风力 9～10 级</td></tr>
<tr><td>灾害性天气</td><td>大风</td><td colspan="3">大风站数:伊犁州、塔城地区北部、巴州等地共 52 站出现 8 级以上大风,其中 10 级以上 1 站(图 4.18b)。
过程极大风速中心:区域站为巴州且末县奥依亚依拉克镇阿克苏库勒湖站 26.1 m/s(10 级,16 日 16:57)</td></tr>
</table>

(a)

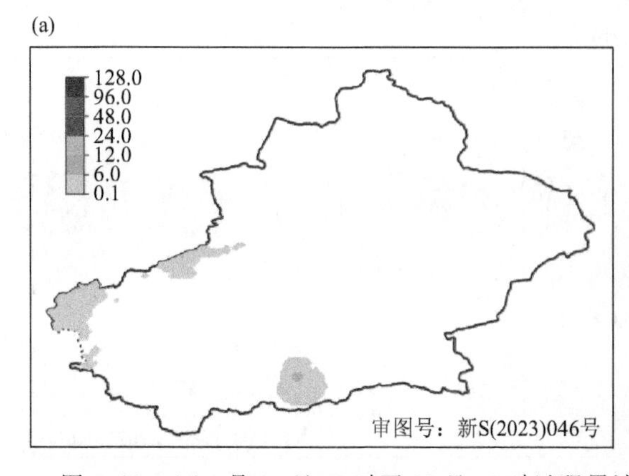

(b)

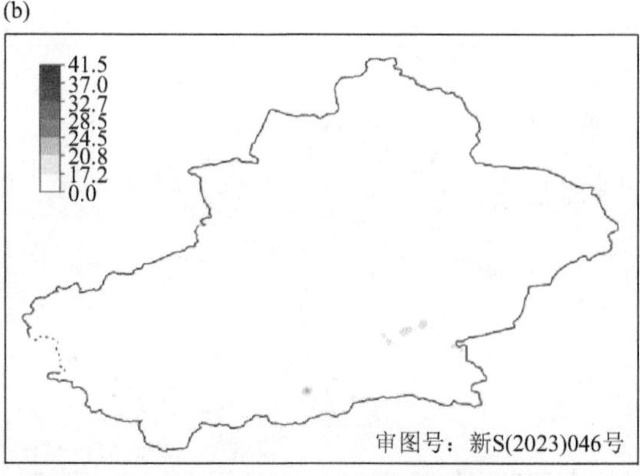

图 4.18 (a)4 月 15 日 08 时至 17 日 08 时过程累计降水量(单位:mm);(b)过程极大风速(单位:m/s)

4.19 4 月 17 日 08 时至 18 日 14 时北疆西部降水、局地大风

<table>
<tr><td>天气类型</td><td colspan="2">大风</td><td>过程强度</td><td>弱</td></tr>
<tr><td>天气实况</td><td colspan="4">①降雪:伊犁州和塔城地区、石河子市、昌吉州山区、喀什地区、克州的局部区域出现微到小雨(山区为雪),其中伊犁州、喀什地区南部山区的局地累计降水量 6.2～14.8 mm,最大降水中心位于喀什地区塔什库尔干县达布达尔乡站(图 4.19a)。
②风:伊犁州、天山北坡、喀什地区、克州、哈密市等地出现 4～5 级西北风,风口风力 9～10 级</td></tr>
<tr><td>灾害性天气</td><td>大风</td><td colspan="3">大风站数:伊犁州、博州、塔城地区北部、阿勒泰地区、哈密市等地共 194 站出现 8 级以上大风,其中 10 级以上 4 站(图 4.19b)。
过程极大风速中心:区域站为塔城地区托里县多拉特乡加尔巴斯洪沟站 25.1 m/s(10 级,17 日 15:26);国家站为博州阿拉山口站 22.9 m/s(9 级,17 日 21:36)</td></tr>
</table>

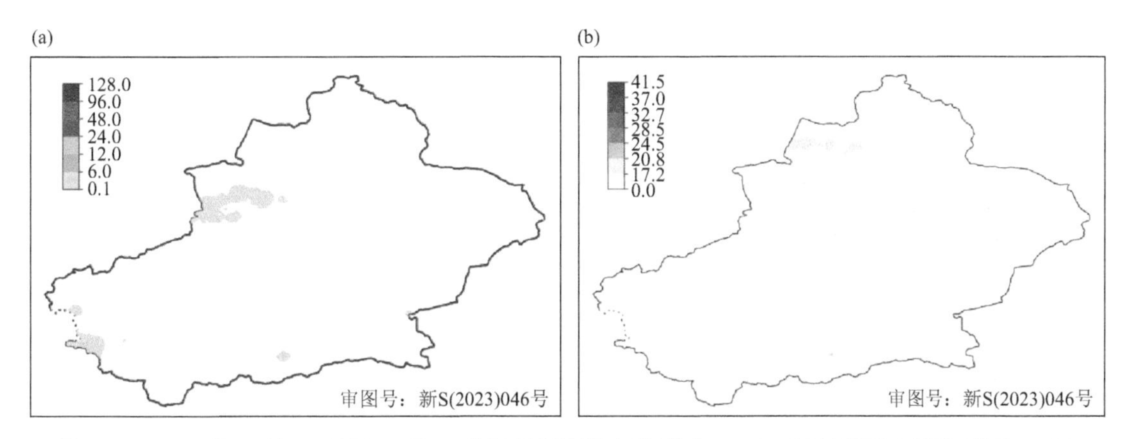

图 4.19 (a)4 月 17 日 08 时至 18 日 14 时过程累计降水量(单位:mm);(b)过程极大风速(单位:m/s)

4.20 4 月 18 日 20 时至 20 日 08 时局地暴雨、大风

<table>
<tr><td>天气类型</td><td colspan="2">暴雨、大风</td><td>过程强度</td><td>弱</td></tr>
<tr><td>天气实况</td><td colspan="4">①降雨:伊犁州、阿克苏地区西部北部和博州、塔城地区、阿勒泰地区北部东部、克拉玛依市、乌鲁木齐市、昌吉州、喀什地区、和田地区、巴州北部山区等地的部分区域出现小雨或雪,其中伊犁州、博州、阿勒泰地区北部山区、昌吉州山区、喀什地区、和田地区东部、阿克苏地区北部山区等地局地累计降水量 6.1～24.0 mm,伊犁州东部、喀什地区南部、和田地区东部局地累计降水量 24.1～39.2 mm,最大降水中心位于喀什地区莎车县达木斯乡站(图 4.20a)。
②风:北疆部分区域和喀什地区、克州山区、和田地区、阿克苏地区北部、巴州、吐鲁番市、哈密市等地出现 4～5 级西北风,风口风力 9～10 级,阵风 11 级左右。
③沙尘暴:和田地区皮山站出现沙尘暴</td></tr>
<tr><td rowspan="3">灾害性天气</td><td>暴雨</td><td colspan="3">暴雨站数:7 站,19 日伊犁州东部 1 站、喀什地区 6 站,共 7 站。
日最大降水中心:区域站喀什地区莎车县达木斯乡站(19 日)39.2 mm,国家站伊犁州昭苏站(19 日)7.4 mm。
短时强降水:无。最大小时雨强:喀什地区叶城县普萨场站 9.7 mm/h(18 日 23:00—19 日 00:00)</td></tr>
<tr><td>大风</td><td colspan="3">大风站数:伊犁州东部、博州东部、塔城地区北部、阿勒泰地区西部北部、昌吉州东部、喀什地区、克州山区、和田地区、阿克苏地区西部北部、巴州北部、吐鲁番市北部、哈密市等地共 295 站出现 8 级以上大风,其中 10 级以上 14 站(图 4.20b)。
过程极大风速中心:区域站为巴州轮台县群巴克镇拉依苏站 29.3 m/s(11 级,19 日 21:28);国家站为哈密市十三间房站 21.9 m/s(9 级,20 日 03:30)</td></tr>
<tr><td>沙尘暴</td><td colspan="3">4 月 19 日和田地区皮山站出现沙尘暴。
最低能见度:和田地区皮山站 665 m(19 日 01:06)</td></tr>
<tr><td>灾情</td><td colspan="4">4 月 18 日夜间至 19 日暴雨导致洪水,造成莎车县小麦、玉米等农作物受灾。精河县大风天气,造成 5 个乡镇场部分村队农田受损,农作物受灾</td></tr>
</table>

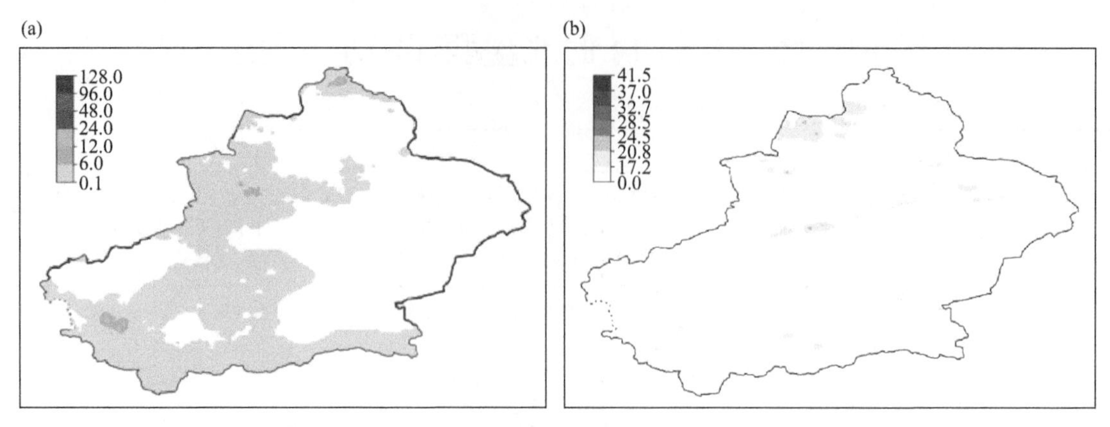

图 4.20 (a) 4 月 18 日 20 时至 20 日 08 时过程累计降水量(单位:mm);(b) 过程极大风速(单位:m/s)

4.21 5 月 7 日 17 时至 10 日 00 时局地暴雨、大风

<table>
<tr><td>天气类型</td><td colspan="2">暴雨、大风</td><td>过程强度</td><td>中弱</td></tr>
<tr><td>天气实况</td><td colspan="4">①降雨:北疆大部和克州山区、喀什地区山区、阿克苏地区西部北部、巴州北部山区、吐鲁番市北部山区、哈密市等地的部分区域出现微到小雨(山区雨转雪),其中伊犁州、塔城地区南部、石河子市南部山区、乌鲁木齐市、昌吉州等地的部分区域累计降水量 6.1～22.9 mm,伊犁州南部山区累计降水量 24.1～48.9 mm,最大降水中心位于伊犁州昭苏县喀拉苏镇站(图 4.21a)。
②风:北疆大部、喀什地区、克州、和田地区、阿克苏地区、巴州、吐鲁番市、哈密市等地出现 5～6 级西北风,阵风 8～9 级,风口风力 10～12 级</td></tr>
<tr><td rowspan="2">灾害性天气</td><td>暴雨</td><td colspan="3">暴雨站数:3 站,8 日伊犁州 3 站。
日最大降水中心:区域站伊犁州昭苏县喀拉苏镇站 48.6 mm(8 日),国家站伊犁州新源站 10.9 mm(8 日)。
短时强降水和最大小时雨强:1 站。最大小时雨强伊犁州昭苏县乌尊布拉克乡吉浪赛 22.4 mm/h(8 日 14:00—15:00),国家站乌鲁木齐县小渠子站 4.7 mm/h(8 日 19:00—20:00)</td></tr>
<tr><td>大风</td><td colspan="3">大风站数:北疆大部、喀什地区、克州、和田地区、阿克苏地区、巴州、吐鲁番市、哈密市等地共 309 站出现 8 级以上大风,其中 10 级以上 25 站(图 4.21b)。
过程极大风速中心:区域站为吐鲁番市托克逊县阿拉沟水库站 34.9 m/s(12 级,8 日 19:56);国家站为哈密市十三间房站 26.4 m/s(10 级,9 日 04:16)</td></tr>
<tr><td>灾情</td><td colspan="4">温泉县强降水、冰雹造成 4 户家庭和 14.0 hm^2 农作物受灾。拜城县大风沙尘,造成多处小拱棚、地膜、羊圈、房屋等受损</td></tr>
</table>

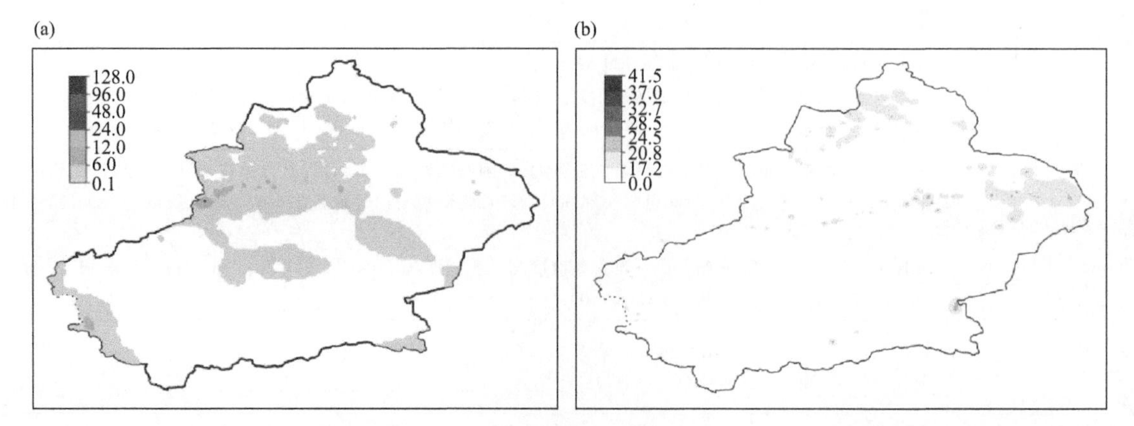

图 4.21 (a) 5 月 7 日 17 时至 10 日 00 时过程累计降水量(单位:mm);(b) 过程极大风速(单位:m/s)

4.22 5 月 27 日 17 时至 30 日 08 时局地暴雨、大风

天气类型	暴雨、大风		过程强度	中弱
天气实况	①降雨：伊犁州、博州、石河子市、乌鲁木齐市和塔城地区山区、昌吉州、喀什地区山区、克州山区、阿克苏地区北部山区、巴州北部山区等地的部分区域出现微到小雨，其中伊犁州、博州、塔城地区南部山区、乌鲁木齐市南部山区、昌吉州山区等地的局部区域累计降水量 6.1～23.7 mm，伊犁、乌鲁木齐市山区、喀什地区山区累计降水量 24.6～36.7 mm。最大降水中心位于喀什地区塔什库尔干县牙特滚白孜站(图 4.22a)。 ②风：伊犁州、博州、塔城地区、阿勒泰地区、昌吉州东部、克州山区、阿克苏地区北部西部、巴州北部山区、吐鲁番市、哈密市出现 5 级左右西北风，阵风 8～9 级，北疆、东疆风口风力 11～13 级，极大风速出现在和布克赛尔县巴嘎乌图布拉克牧场站 37.1 m/s(13 级)。 ③霜冻：喀什地区塔什库尔干站、乌鲁木齐市大西沟站出现终霜冻			
灾害性天气	暴雨	暴雨站数：1 站，29 日，乌鲁木齐市山区 1 站。 日最大降水中心：区域站伊犁州尼勒克县唐布拉景区站 17.4 mm(30 日)，国家站乌鲁木齐市小渠子站 25.7 mm(29 日)。 短时强降水和最大小时雨强：1 站。最大小时雨强乌鲁木齐市小渠子站 22.1 mm/h(29 日 17:00—18:00)		
	大风	大风站数：伊犁州山区、博州、塔城地区北部、阿勒泰地区、昌吉州东部、克州山区、阿克苏地区北部西部、巴州北部山区、吐鲁番市、哈密市等地共 717 站出现 8 级以上大风，其中 10 级以上 81 站(图 4.22b)。 过程极大风速中心：区域站为和布克赛尔县巴嘎乌图布拉克牧场站 37.1 m/s(13 级，28 日 12:50)；国家站为哈密市十三间房站 26.5 m/s(10 级，28 日 14:15)		
	霜冻	终霜冻：喀什地区塔什库尔干站 1 站、乌鲁木齐市大西沟站 1 站，共 2 站出现霜冻		

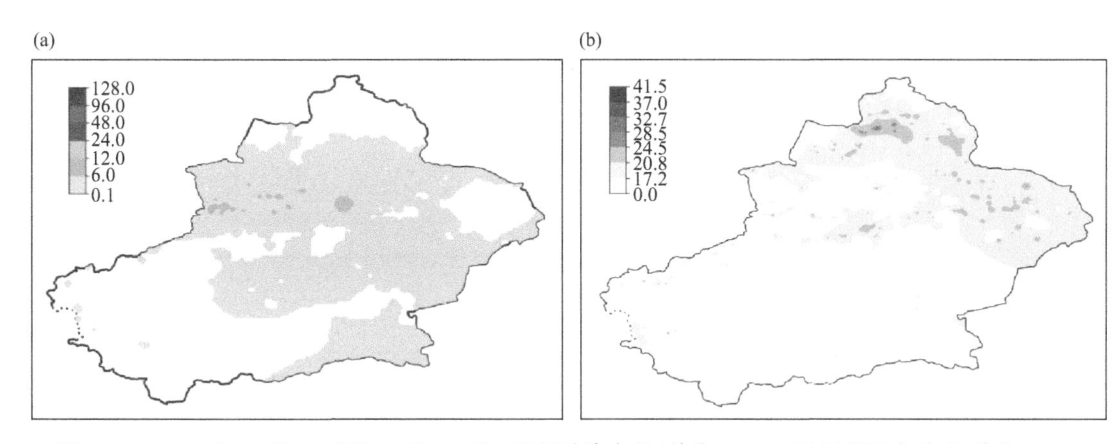

图 4.22 (a)5 月 27 日 17 时至 30 日 08 时过程累计降水量(单位：mm)；(b)过程极大风速(单位：m/s)

4.23 5 月 30 日 08 时至 6 月 2 日 20 时局地暴雨、大风

天气类型	暴雨、大风、沙尘暴	过程强度	中弱
天气实况	①降雨：克州、阿克苏地区、和田地区、巴州和伊犁州、博州、塔城地区、阿勒泰地区、喀什地区、克州山区、哈密市等地的部分区域出现降水，克州、阿克苏地区、和田地区、巴州的部分区域和伊犁州、博州西部、喀什地区等地的局部区域累计降水量 6.1～23.9 mm，阿克苏地区、和田地区的局部区域累计降水量 24.2～62.7 mm；最大降水中心位于和田地区一牧场第十四师 1 连站(图 4.23a)。 ②风：全疆大部区域出现 5 级左右西北阵风，伊犁州、博州、塔城地区、阿勒泰地区、昌吉州、喀什地区、克州、和田地区、阿克苏地区、巴州、吐鲁番市、哈密市等地出现 8 级以上偏西或西北大风，上述地区的风口风力 10～11 级，极大风速出现在哈密巴里坤县八墙子乡阿格息沃巴村二组站(29.2 m/s，11 级)。 ③沙尘暴：阿克苏地区温宿站出现沙尘暴		

续表

灾害性天气	暴雨	暴雨站数:4站,2日,和田地区、阿克苏地区共4站。 日最大降水中心:区域站和田地区策勒县博斯坦乡水库站(2日)37.4 mm,国家站克州阿克陶站(1日)7.1 mm。 短时强降水和最大小时雨强:1站。最大小时雨强阿克苏地区乌什县亚曼苏乡巴力杜尔站28.6 mm/h(2日14:00—15:00),国家站喀什地区喀什站8.8 mm/h(31日22:00—23:00)
	大风	大风站数:伊犁州、博州、塔城地区、阿勒泰地区、昌吉州、喀什地区、克州、和田地区、阿克苏地区、巴州、吐鲁番市、哈密市等地共514站出现8级以上大风,其中10级以上33站(图4.23b)。 过程极大风速中心:区域站为哈密市巴里坤县八墙子乡阿格息沃巴村二组站29.2 m/s(11级,31日13:51);国家站为哈密市十三间房站22.9 m/s(9级,30日08:06)
	沙尘暴	阿克苏地区温宿站出现沙尘暴。 沙尘暴站数:6月2日1站出现沙尘暴(阿克苏地区温宿县)。 最小能见度:阿克苏地区温宿站517 m(2日16:57)

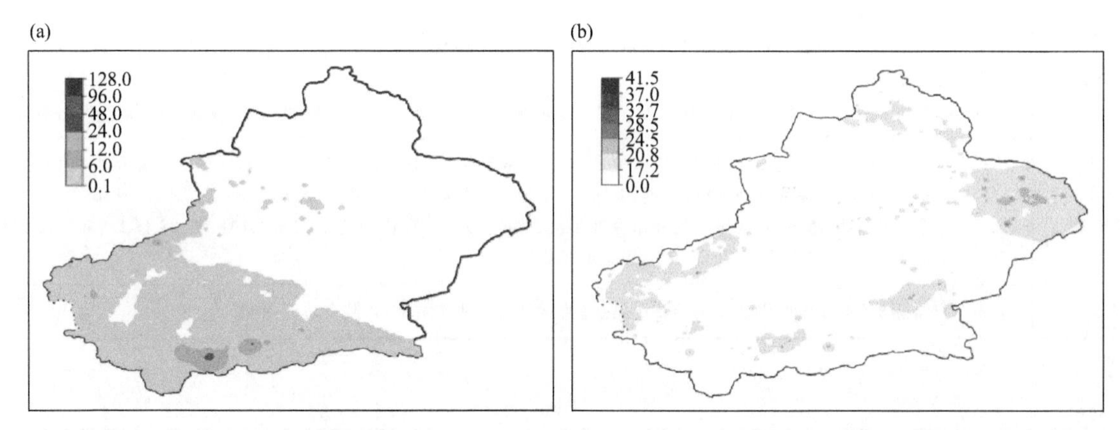

图4.23 (a)5月30日08时至6月2日20时过程累计降水量(单位:mm);(b)过程极大风速(单位:m/s)

4.24 6月7日08时至10日08时局地暴雨、大风、沙尘暴

天气类型	暴雨、大风、沙尘暴	过程强度	中弱
天气实况	①降雨:北疆大部和喀什地区、克州、和田地区西南部、阿克苏地区、巴州北部、吐鲁番市、哈密市北部等地的部分区域出现微到小雨,其中,伊犁州山区、博州西部山区、塔城地区、阿勒泰地区西部北部、克拉玛依市、乌鲁木齐市山区、昌吉州山区、克州山区、阿克苏地区北部、巴州北部山区、哈密市北部山区等地的局部出现中到大雨,累计降水量6.1～23.8 mm,伊犁州山区、巴州北部山区局地暴雨,累计降水量25.2～31.8 mm,最大降水中心位于伊犁州尼勒克县阿勒沙郎沟站(图4.24a)。 ②风:全疆大部区域出现6级左右西北风,风口风力10～12级,极大风速出现在昌吉州玛纳斯县包家店镇黑梁湾村站36.7 m/s(12级)。 ③沙尘暴:喀什地区泽普县、和田地区洛浦县、民丰县3站出现沙尘暴		
灾害性天气	暴雨	暴雨站数:无。 日最大降水中心:区域站为阿克苏地区拜城县老虎台种羊场三连21.1 mm(9日),国家站喀什地区吐尔尕特站10.3 mm(8日)。 短时强降水:无。最大小时雨强:塔城地区额敏县上户镇库尔布拉克一村站14.8 mm/h(9日19:00—20:00);国家站塔城地区塔城站9.6 mm/h(9日18:00—19:00)	
	大风	大风站数:全疆大部区域出现6级左右西北风,伊犁州、博州、塔城地区、阿勒泰地区、克拉玛依市、石河子市、昌吉州、喀什地区、克州、和田地区、阿克苏地区、巴州、吐鲁番市、哈密市等地共917站出现8级以上大风,其中10级以上155站(图4.24b)。 过程极大风速中心:区域站为昌吉州玛纳斯县包家店镇黑梁湾村站36.7 m/s(12级,9日20时);国家站为塔城地区和布克赛尔站28.4 m/s(10级,9日15:18)	
	沙尘暴	和田地区洛浦县、玉田县、民丰县出现沙尘暴。 沙尘暴站数:9日和田地区3站出现沙尘暴(洛浦县、玉田县、民丰县)。 最低能见度:和田地区洛浦县站361 m(9日04:52)	
灾情	阿拉尔市暴雨、冰雹天气,造成棉花、香梨、苹果、红枣、小麦等农作物受灾		

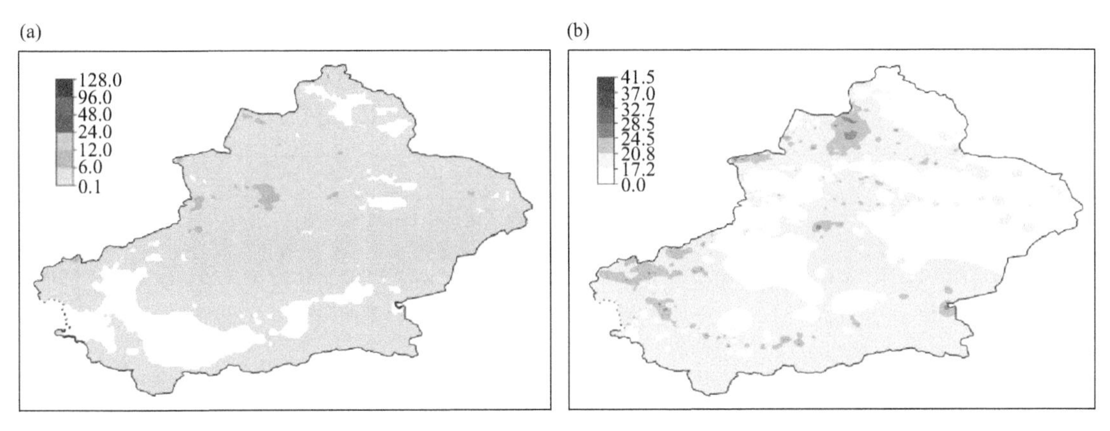

图 4.24　(a) 6 月 7 日 08 时至 10 日 08 时过程累计降水量(单位:mm);(b) 过程极大风速(单位:m/s)

4.25　6 月 10 日 08 时至 13 日 08 时局地暴雨、大风

<table>
<tr><td>天气类型</td><td colspan="2">暴雨、大风、冰雹</td><td>过程强度</td><td>中弱</td></tr>
<tr><td>天气实况</td><td colspan="4">①降雨:北疆大部及和田地区、阿克苏地区、吐鲁番市、哈密市等地的大部区域和喀什地区、克州、巴州等地的部分区域出现降水,其中伊犁州山区、博州、塔城地区、阿勒泰地区北部东部、石河子市、乌鲁木齐市山区、昌吉州南部山区、和田地区南部山区、阿克苏地区西部北部、吐鲁番市北部山区、哈密市北部等地的部分区域累计降水量 6.1～24.0 mm,伊犁州山区、博州东部、塔城地区山区、阿勒泰地区西部北部山区、吐鲁番市北部山区、哈密市北部等地的局部区域和和田地区南部、阿克苏地区北部山区的局地累计降水量 24.1～52.4 mm,最大降水中心位于吐鲁番市高昌区恰勒坎渠首站(图 4.25a)。
②风:北疆大部出现 5～6 级偏西阵风,北疆沿天山一带出现雷暴大风天气,极大风速出现在昌吉玛纳斯黑梁湾 42.5 m/s(14 级)</td></tr>
<tr><td rowspan="2">灾害性天气</td><td>暴雨</td><td colspan="3">暴雨站数:20 站,10 日,阿克苏地区 1 站;11 日,和田地区 1 站、博州 1 站,阿勒泰地区 4 站;12 日,昌吉州 2 站,吐鲁番市 1 站,哈密市 7 站,博州 2 站;13 日,吐鲁番市 1 站。共 20 站。
日最大降水中心:区域站为吐鲁番市高昌区恰勒坎渠首站 44.3 mm(12 日),国家站阿勒泰地区吉木乃站 20.1 mm(11 日)。
短时强降水和最大小时雨强:7 站。阿克苏地区拜城县老虎台乡克克兰木村 28.8 mm/h(10 日 19:00—20:00);博州金三角工业园区 27.6 mm/h(11 日 16:00—17:00);昌吉州玛纳斯石门子水库 26.8 mm/h(12 日 17:00—18:00);塔城地区沙湾大南沟 23 mm/h(12 日 19:00—20:00);七师 124 团下双河 22.1 mm/h(11 日 17:00—18:00);吐鲁番市阿拉沟水库 21.9 mm/h(12 日 23:00—13 日 00:00);伊犁州尼勒克阿勒沙朗沟 21.1 mm/h(10 日 18:00—19:00)</td></tr>
<tr><td>大风</td><td colspan="3">大风站数:伊犁州、博州、塔城地区、阿勒泰地区、克拉玛依市、石河子市、昌吉州、喀什地区、克州、和田地区、阿克苏地区、巴州、吐鲁番市、哈密市等地共 878 站出现 8 级以上大风,其中 10 级以上 108 站(图 4.25b)
过程极大风速中心:区域站为博州精河县大河沿子镇库苏木其克 33.7 m/s(12 级,11 日 11:54);国家站为昌吉州昌吉市站 25.6 m/s(10 级,11 日 21:46)</td></tr>
<tr><td>灾情</td><td colspan="4">阿拉尔市、阿瓦提县出现强降水和冰雹,造成棉花、香梨、苹果、红枣、小麦、辣椒等农作物受灾</td></tr>
</table>

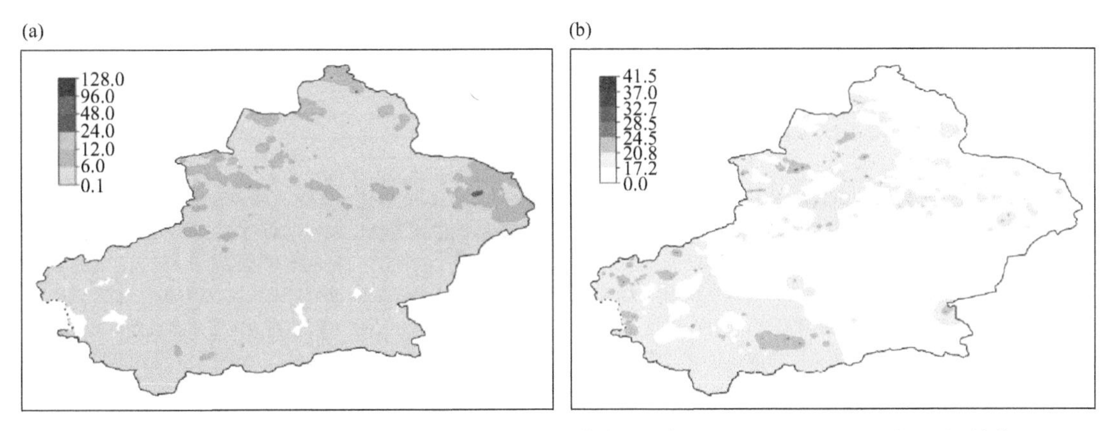

图 4.25　(a) 6 月 10 日 08 时至 13 日 08 时过程累计降水量(单位:mm);(b) 过程极大风速(单位:m/s)

4.26 6月19日14时至21日11时局地暴雨、大风

天气类型	暴雨、大风	过程强度	中弱
天气实况	①降雨:北疆大部和喀什地区南部山区、克州山区、和田地区南部山区、阿克苏地区、巴州山区、哈密市等地的部分区域出现微到小雨,其中伊犁州、阿勒泰地区、石河子市南部山区、乌鲁木齐市山区、昌吉州南部山区、喀什地区南部山区、和田地区南部山区、阿克苏地区北部、巴州北部山区、哈密市北部等地的部分区域中到大雨,累计降水量 6.1～24.0 mm,伊犁州山区、河子市南部山区、乌鲁木齐市山区、昌吉州南部山区等地的局部区域出现暴雨,累计降水量 24.1～45.5 mm,最大降水中心位于巴州和静县诺尔湖站(图 4.26a)。 ②风:北疆大部出现 6～7 级左右偏西阵风,巴州南部为偏东风,风口风力 9～11 级,极大风速出现在博州精河县艾比湖湿地站(32.1 m/s,11 级)		
灾害性天气	暴雨	暴雨站数:7 站。20 日,伊犁州霍城县、尼勒克县山区 5 站、巴州和静县山区 1 站、昌吉州玛纳斯县山区 1 站,共 7 站。 日最大降水中心:区域站为伊犁州霍城县果子沟龙口站和巴州和静县巩乃斯镇宏矿业站均为(20 日)36.6 mm,国家站乌鲁木齐市小渠子站(20 日)15.1 mm。 短时强降水和最大小时雨强:2 站。阿勒泰地区福海县解特阿勒镇老八队站 21.5 mm/h(20 日 14:00—15:00),国家站乌鲁木齐市小渠子站 14.2 mm/h(20 日 19:00—20:00)	
	大风	大风站数:伊犁州、博州、塔城地区、阿勒泰地区、克拉玛依市、石河子市、昌吉州、喀什地区、克州、和田地区、阿克苏地区、巴州、吐鲁番市、哈密市等地等地共 578 站出现 8 级以上大风,其中 10 级以上 59 站(图 4.26b)。 过程极大风速中心:区域站为博州精河县艾比湖湿地站 32.1 m/s(11 级,20 日 16:01);国家站为十三间房站 31.4 m/s(11 级,21 日 03:20)	
灾情	6 月 19 日至 21 日,强降雨天气造成伊犁州新源县人口受灾,农作物受灾		

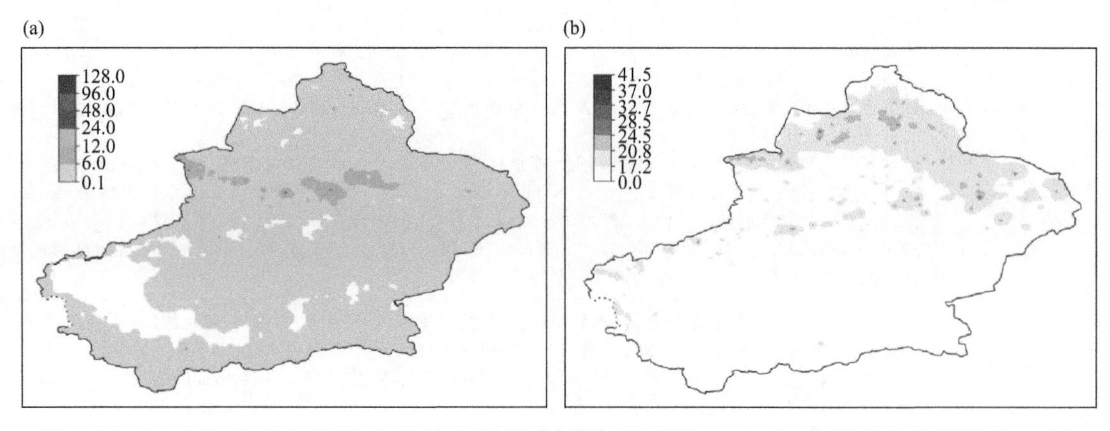

图 4.26 (a) 6 月 19 日 14 时至 21 日 11 时过程累计降水量(单位:mm);(b) 过程极大风速(单位:m/s)

4.27 7月5日14时至7日05时局地暴雨、大风、沙尘暴

天气类型	暴雨、大风、沙尘暴	过程强度	弱
天气实况	①降雨:伊犁州、博州、塔城地区、喀什地区、克州等地的部分区域和阿勒泰地区西部北部、石河子市南部山区、乌鲁木齐市南部山区、昌吉州山区、和田地区南部山区、阿克苏地区西部北部、巴州北部山区等地的局部区域出现微到小雨,其中伊犁州、博州西部山区、塔城地区山区、阿勒泰地区北部山区、喀什地区、克州山区、和田地区南部山区、阿克苏地区西部北部山区、巴州北部山区等地的局部区域出现中到大雨,累计降水量 6.1～21.8 mm,伊犁州山区、阿勒泰地区北部山区、巴州北部山区等地的局部区域出现暴雨,累计降水量 28.8～42.5 mm,最大降水中心位于阿勒泰地区布尔津县贾登峪站(图 4.27a)。 ②风:南、北疆大部和东疆的部分区域出现 5～6 级偏西或西北阵风,风口风力 10～12 级,极大风速出现在伊犁州特克斯县喀拉峻湖站 35.4 m/s(12 级)。 ③沙尘暴:阿克苏地区柯坪县沙尘暴		

续表

灾害性天气	暴雨	暴雨站数:3 站。5 日 1 站,巴州和静县山区 1 站;6 日伊犁州特克斯县山区、阿勒泰地区北部布尔津县山区 2 站。 日最大降水中心:区域站为阿勒泰地区布尔津县贾登峪站 42.5 mm(6 日),国家站霍尔果斯站 8.5 mm(6 日)。 短时强降水和最大小时雨强:3 站。阿勒泰地区布尔津县禾木乡贾登峪站 39.9 mm/h(6 日 17:00—18:00),伊犁州特克斯县齐勒乌泽克镇乔拉克米斯沟站 28.8 mm/h(6 日 15:00—16:00),巴州和静县巩乃斯班禅沟景区 26.1 mm/h(5 日 19:00—20:00)
	大风	大风站数:北疆、东疆及南疆西部风口和伊犁州西部、巴州北部等地共 403 站出现 8 级以上大风,其中 10 级以上 30 站(图 4.27b) 过程极大风速中心:区域站为伊犁州特克斯县喀拉峻湖站 35.4 m/s(12 级,6 日 16:58);国家站为克州阿图什站 23.4 m/s(9 级,5 日 18:35)
	沙尘暴	阿克苏柯坪县出现沙尘暴。 沙尘暴站数:6 日阿克苏地区柯坪县 1 站出现沙尘暴。 最低能见度:阿克苏地区柯坪县 640 m(6 日 00:05)

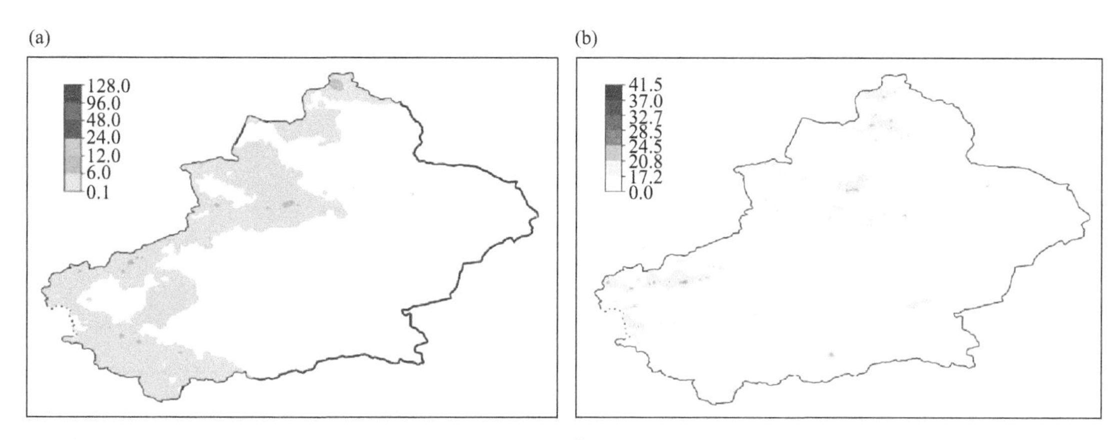

图 4.27　(a) 7 月 5 日 14 时至 7 日 05 时过程累计降水量(单位:mm);(b) 过程极大风速(单位:m/s)

4.28　7 月 7 日 05 时至 9 日 08 时局地暴雨、大风

天气类型	暴雨、大风	过程强度	弱
天气实况	①降雨:伊犁州、博州、塔城地区、乌鲁木齐市、巴州、和田地区等地的部分区域和阿勒泰地区、石河子市南部山区、喀什地区南部山区、克州山区、昌吉州山区、阿克苏地区北部、哈密市等地的局部区域出现微到小雨,其中伊犁州、博州西部、巴州北部山区等地的部分区域中到大雨,局地暴雨,累计降水量 6.1～36.9 mm,最大降水中心位于库尔勒市和静县巴音布鲁克镇电站(图 4.28a)。 ②风:上述部分区域出现 5～6 级偏西或西北阵风,风口风力 8～10 级,极大风速出现在昌吉州玛纳斯县包家店镇黑梁湾村站 37.5 m/s(10 级)		

灾害性天气	暴雨	暴雨站数:1 站。8 日,巴州和静县山区 1 站。 日最大降水中心:区域站为巴州和静县巴音郭楞乡站 30.6 mm(8 日),国家站为巴音布鲁克站 10.1 mm(8 日)。 短时强降水:无。最大小时雨强:区域站为博州温泉县小温泉站 19.2 mm/h(7 日 15:00—16:00),国家站为巴音布鲁克站 3.2 mm/h(8 日 12:00—13:00)
	大风	大风站数:北疆、东疆及南疆西部风口和伊犁州西部、巴州北部等地共 231 站出现 8 级以上大风,其中 10 级以上 10 站(图 4.28b)。 过程极大风速中心:区域站为昌吉州玛纳斯县包家店镇黑梁湾村站 37.5 m/s(12 级,7 日 17:23);国家站为十三间房站 24.3 m/s(9 级,8 日 06:05)

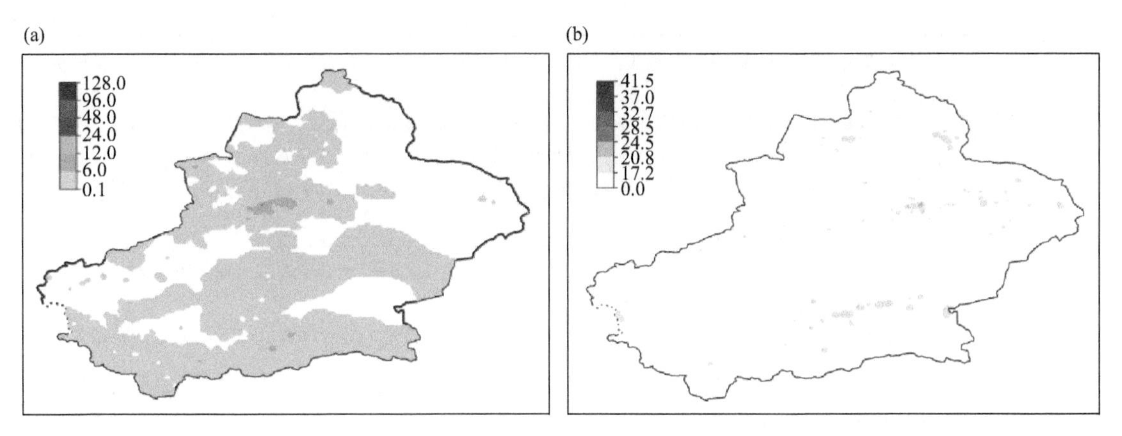

图 4.28 (a) 7 月 7 日 05 时至 9 日 08 时过程累计降水量(单位:mm);(b) 过程极大风速(单位:m/s)

4.29 7 月 9 日 08 时至 10 日 20 时局地暴雨、大风

天气类型	暴雨、大风		过程强度	中弱
天气实况	①降雨:伊犁州东部南部、博州西部、塔城地区、阿勒泰地区、克拉玛依市、石河子市、昌吉州、乌鲁木齐市南部山区、克州山区、阿克苏地区西部北部、巴州、哈密市等地的部分区域出现微到小雨,其中伊犁州东部南部山区、博州西部、塔城地区、阿勒泰地区西部、克州山区、阿克苏地区西部、巴州山区、哈密市等地的局地出现中到大雨,累计降水量 6.1～22.9 mm,伊犁州山区、塔城地区、巴州南部山区局地暴雨,累计降水量 27.3～44.9 mm,最大降雨中心位于塔城地区乌苏市四棵树镇煤矿站(图 4.29a)。 ②风:上述区域出现 5 级左右西北风,风口风力 11 级左右,极大风速中心为昌吉州玛纳斯县包家店镇东梁湾村站 40.6 m/s(13 级)			
灾害性天气	暴雨	暴雨站数:3 站。9 日 3 站,乌苏市 1 站、托里县 1 站、巴州 1 站。 日最大降水中心:区域站为乌苏市四棵树镇煤矿站 41.5 mm(9 日),国家站为乌什站 13.1 mm(10 日)。 短时强降水和最大小时雨强:2 站。乌苏市四棵树镇煤矿站 41.4 mm/h(9 日 19:00—20:00),托里县苗尔沟镇 27.6 mm/h(9 日 18:00—19:00)。最大小时雨强:区域站为乌苏市四棵树镇煤矿站 41.4mm/h(9 日 19:00—20:00),国家站为克州乌什站 7.4 mm/h(10 日 18:00—19:00)		
	大风	大风站数:北疆、东疆及南疆西部风口和伊犁州西部、阿克苏地区北部、巴州北部等地共 466 站出现 8 级以上大风,其中 10 级以上 64 站(图 4.29b)。 过程极大风速中心:区域站为昌吉州玛纳斯县包家店镇黑梁湾村站 40.6 m/s(13 级,9 日 21:55);国家站为吐尔尕特站 24.9 m/s(9 级,10 日 18:03)		

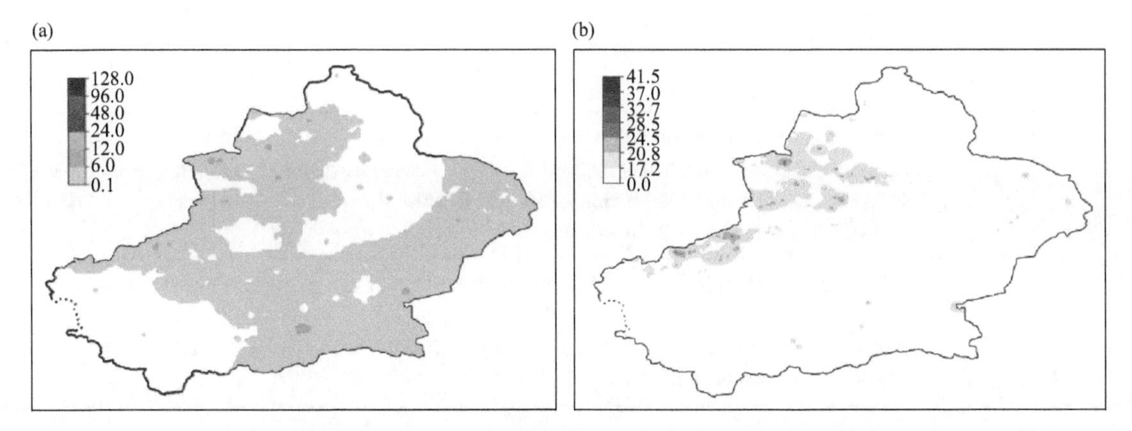

图 4.29 (a) 7 月 9 日 08 时至 10 日 20 时过程累计降水量(单位:mm);(b) 过程极大风速(单位:m/s)

4.30　7 月 15 日 20 时至 18 日 20 时局地暴雨、大风

天气类型	暴雨、大风	过程强度	中弱
天气实况	①降雨:北疆各地和喀什地区、克州、和田地区西部、阿克苏地区、巴州北部、吐鲁番市、哈密市等地的部分区域出现微到小雨,其中伊犁州、博州西部山区、塔城地区、阿勒泰地区、昌吉州山区、喀什地区、克州、和田地区西部、阿克苏地区、巴州北部山区、哈密市北部等地的部分区域出现中到大雨,累计降水量 6.1～24 mm,喀什地区、克州、阿克苏地区西部北部的局部区域出现暴雨,累计降水量 25～49.7 mm,最大降水中心位于阿克苏地区拜城县老虎台种羊场三连站(图 4.30a)。 ②风:南、北疆大部和东疆的部分区域出现 6 级偏西或西北阵风,风口风力 11～13 级,极大风速出现在伊犁州特克斯县喀拉峻湖站 37.7 m/s(13 级)		
灾害性天气	暴雨	暴雨站数:5 站。17 日 4 站,阿克苏地区 2 站、阿勒泰地区 1 站、克州 1 站;18 日 1 站,喀什地区 1 站;共 5 站。 日最大降水中心:区域站为阿克苏地区拜城县老虎台种羊场三连站 35.7 mm(17 日),国家站为乌什站 15.1 mm(18 日)。 短时强降水和最大小时雨强:5 站。拜城老虎台种羊场三连站 35.7 mm/h(17 日 18:00—19:00),拜城老虎台乡开普台尔村 27.6 mm/h(17 日 18:00—19:00),阿图什哈拉峻乡谢依特村站 24.4 mm/h(17 日 17:00—18:00),乌苏市巴音沟山庄 21.7 mm/h(15 日 19:00—20:00),喀什市荒地乡 10 村 20.2 mm/h(18 日 00:00—01:00)。最大小时雨强:区域站为拜城县老虎台种羊场三连站 35.7 mm/h,国家站为吐尔尕特站 9.5 mm/h(16 日 18:00—19:00)	
	大风	大风站数:北疆、东疆及南疆西部风口和伊犁州西部、阿克苏地区北部、巴州北部等地共 532 站出现 8 级以上大风,其中 10 级以上 63 站(图 4.30b)。 过程极大风速中心:区域站为伊犁州特克斯县喀拉峻湖站 37.7 m/s(13 级,16 日 17:55);国家站为十三间房站 31.6 m/s(11 级,17 日 18:21)	
灾情	巴楚县出现冰雹并伴有短时强降水,造成阿纳库勒乡 1 个村的棉花、玉米受灾		

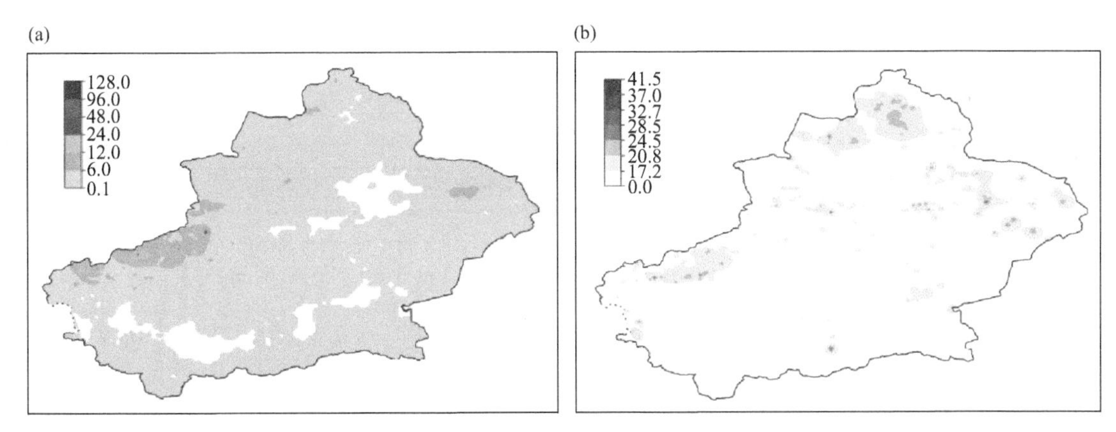

图 4.30　(a) 7 月 15 日 20 时至 18 日 20 时过程累计降水量(单位:mm);(b) 过程极大风速(单位:m/s)

4.31　7 月 22 日 20 时至 24 日 20 时局地暴雨、大风

天气类型	暴雨、大风	过程强度	弱
天气实况	①降雨:阿勒泰地区、哈密市的部分区域和伊犁州、博州、塔城地区、乌鲁木齐市、昌吉州、喀什地区、克州山区、和田地区南部、阿克苏地区北部西部、巴州、吐鲁番市北部等地山区的局部区域出现微到小雨,其中博州西部山区、塔城地区南部山区、阿勒泰地区北部、克州山区、巴州北部山区、哈密市北部等地的局部区域出现中到大雨,累计降水量 6.1～22.9 mm,哈密市北部、阿克泰地区山区局地出现暴雨,累计降水量 25.5～32.7 mm,最大降水中心位于哈密市巴里坤县八墙子乡阿格喜沃巴村二组和伊吾县前山乡一村(图 4.31a)。 ②风:全疆大部出现 4～5 级偏西或西北阵风,风口风力 8～10 级,极大风速出现在吐鲁番小草湖服务区站 26.9 m/s(10 级)		

续表

<table>
<tr><td rowspan="2">灾害性天气</td><td>暴雨</td><td>暴雨站数:6 站。24 日 6 站,哈密市 4 站,阿勒泰地区 2 站。
日最大降水中心:区域站为巴里坤县八墙子乡阿格喜沃巴村二组 30.9 mm(24 日),国家站为淖毛湖站 14.9 mm(24 日)。
短时强降水和最大小时雨强:1 站。阿勒泰市拉斯特乡小东沟鹊吉克桥 27.9 mm/h(24 日 14:00—15:00)。
最大小时雨强:区域站为阿勒泰市拉斯特乡小东沟鹊吉克桥 27.9 mm/h(24 日 14:00—15:00),国家站为阿勒泰地区哈巴河站 7.7 mm/h(23 日 20:00—21:00)</td></tr>
<tr><td>大风</td><td>大风站数:北疆、东疆及南疆西部风口和伊犁州西部、阿克苏地区北部、巴州北部等地共 132 站出现 8 级以上大风,其中 10 级以上 7 站(图 4.31b)。
过程极大风速中心:区域站为吐鲁番小草湖服务区站 26.9 m/s(10 级,23 日 10:01);国家站为阿拉山口站 21.3 m/s(9 级,23 日 21:46)</td></tr>
</table>

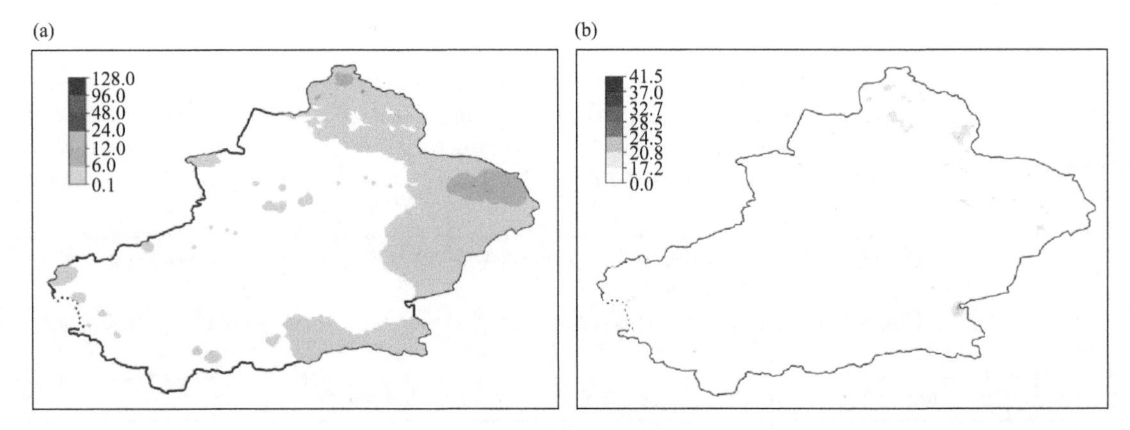

图 4.31 (a) 7 月 22 日 20 时至 24 日 20 时过程累计降水量(单位:mm);(b) 过程极大风速(单位:m/s)

4.32 8 月 1 日 20 时至 3 日 20 时局地暴雨、大风

<table>
<tr><td>天气类型</td><td colspan="2">暴雨、大风</td><td>过程强度</td><td>弱</td></tr>
<tr><td>天气实况</td><td colspan="4">①降雨:喀什地区、克州和阿克苏地区西部、和田地区西部南部、伊犁州东部、巴州北部山区、哈密市北部等地的局部出现小到到中雨,累计降水量 6.2~23.7 mm,喀什地区、克州局部区域出现大到暴雨,累计降水量 25.7~29.5 mm,最大降水中心位于克州阿图什吐古买提乡结然布拉克村站(图 4.32a)。
②风:上述局部出现 4~5 级偏西或西北阵风,风口风力 7~8 级,极大风速出现在喀什地区塔什库尔干县下坂地水库站 27.0 m/s(10 级)。
③沙尘暴:无</td></tr>
<tr><td rowspan="2">灾害性天气</td><td>暴雨</td><td colspan="3">暴雨站数:2 站。2 日 2 站,克州 2 站。
日最大降水中心:区域站为克州阿图什市吐古买提乡塔克塔站 28.8 mm(2 日),国家站为吐尔尕特站 13.9 mm(2 日)。
短时强降水:无。最大小时雨强:区域站为克州乌恰县乌鲁克恰提乡库尔干村加斯站 12.3 mm/h(3 日 18:00—19:00),国家站为吐尔尕特站 2.6 mm/h(2 日 05:00—06:00)</td></tr>
<tr><td>大风</td><td colspan="3">大风站数:北疆、东疆及南疆西部风口和伊犁州西部、阿克苏地区北部、巴州北部等地共 61 站出现 8 级以上大风,其中 10 级以上 1 站(图 4.32d)。
过程极大风速中心:区域站为喀什地区塔什库尔干县下坂地水库站 27.0 m/s(10 级,2 日 21:22);国家站为塔中站 20.5 m/s(8 级,2 日 16:30)</td></tr>
</table>

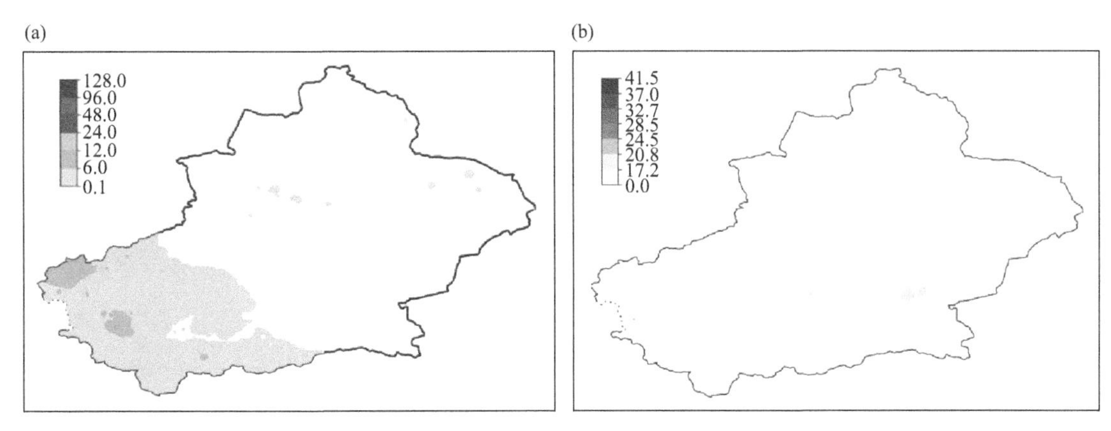

图 4.32 (a) 8 月 1 日 20 时至 3 日 20 时过程累计降水量(单位:mm);(b) 过程极大风速(单位:m/s)

4.33 8 月 3 日 20 时至 6 日 20 时局地暴雨、大风

天气类型	暴雨、大风	过程强度	中弱
天气实况	①降雨:北疆大部和喀什地区、克州、和田地区、阿克苏地区、巴州北部等地的部分区域出现微到小雨,其中伊犁州山区、塔城地区北部、阿勒泰地区西部北部山区、喀什地区南部山区、克州山区、和田地区南部山区、阿克苏地区西部山区、巴州北部山区等地的局部区域出现中到大雨,累计降水量 6.1~23.9 mm,克州山区、塔城地区北部的局地出现暴雨,累计降水量 24.5~33.2 mm,最大降水中心位于克州阿合奇县苏木塔什乡通古斯托克站(图 4.33a)。 ②风:上述部分区域及吐鲁番市、哈密市等地出现 4 级左右偏西或西北阵风,风口风力 9~12 级,极大风速出现在阿勒泰地区福海县小哇槽站 33.4 m/s(12 级)		
灾害性天气	暴雨	暴雨站数:1 站。3 日 1 站,克州 1 站。 日最大降水中心:区域站为克州阿合奇县苏木塔什乡通古斯托克站 24.8 mm(3 日),国家站为柯坪站 9.6 mm(6 日)。 短时强降水和最大小时雨强:1 站。克州阿合奇县苏木塔什乡通古斯托克站 24.8 mm/h(3 日 21:00—22:00)。最大小时雨强:区域站为克州阿合奇县苏木塔什乡通古斯托克站 24.8 mm/h(3 日 21:00—22:00),国家站为塔城站 6.6 mm/h(5 日 16:00—17:00)	
	大风	大风站数:北疆大部和喀什地区、克州、和田地区、阿克苏地区、巴州北部等地共 473 站出现 8 级以上大风,其中 10 级以上 29 站(图 4.33b)。 过程极大风速中心:区域站为阿勒泰地区福海县小哇槽站 33.4 m/s(12 级,5 日 18:07);国家站为塔中站 25.4 m/s(10 级,6 日 08:28)	

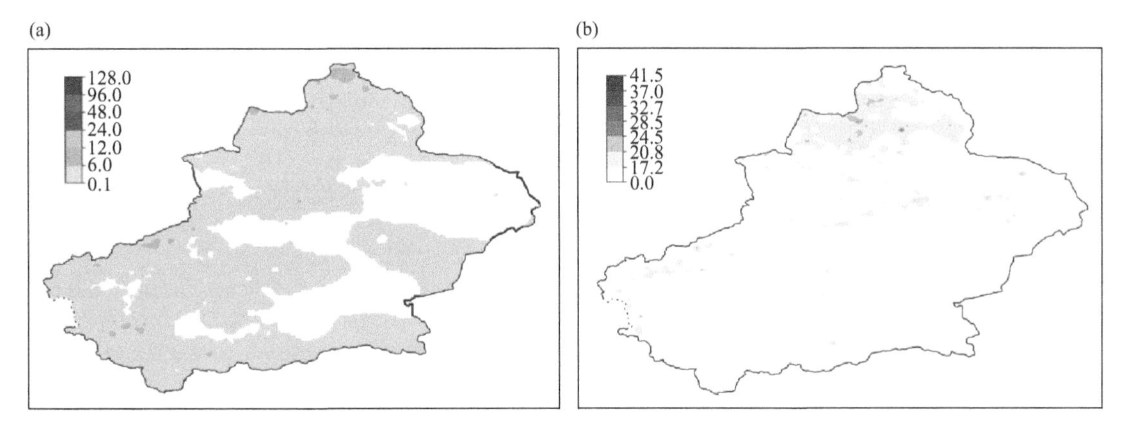

图 4.33 (a) 8 月 3 日 20 时至 6 日 20 时过程累计降水量(单位:mm);(b) 过程极大风速(单位:m/s)

4.34 8 月 7 日 14 时至 9 日 14 时局地暴雨、大风

天气类型	暴雨、大风	过程强度	弱
天气实况	①降雨:伊犁州、博州、塔城地区南部、克拉玛依市、乌鲁木齐市南部山区、昌吉州山区、喀什地区、克州山区、阿克苏地区、巴州、吐鲁番市北部、哈密市北部等地的部分区域出现微到小雨,其中伊犁州南部山区、博州西部山区、喀什地区山区、克州山区、阿克苏地区北部、巴州山区、哈密市北部山区等地的局部区域出现中到大雨,累计降水量 6.1~22 mm,最大降水中心位于十四师一牧场 1 连站(图 4.34a)。 ②风:北疆东疆风口风力 8~10 级,极大风速出现在博乐市青得里乡南城区站 28.1 m/s(10 级)		
灾害性天气	暴雨	暴雨站数:1 站。3 日 1 站,克州 1 站。 日最大降水中心:区域站为和田地区皮山县布琼村站 22 mm(8 日),国家站为精河站 5.2 mm(9 日)。 短时强降水:无。最大小时雨强:区域站为克州阿合奇县哈拉奇乡巴士库克托海站 16.8 mm/h(8 日 21:00—22:00),国家站为吐尔尕特站 3.5 mm/h(7 日 18:00—19:00)	
	大风	大风站数:北疆大部和喀什地区、克州、和田地区、阿克苏地区、巴州北部等地共 473 站出现 8 级以上大风,其中 10 级以上 29 站(图 4.34b)。 过程极大风速中心:区域站为博乐市青得里乡南城区站 28.1 m/s(10 级,8 日 20:38);国家站为克拉玛依站 19.4 m/s(8 级,9 日 01:18)	

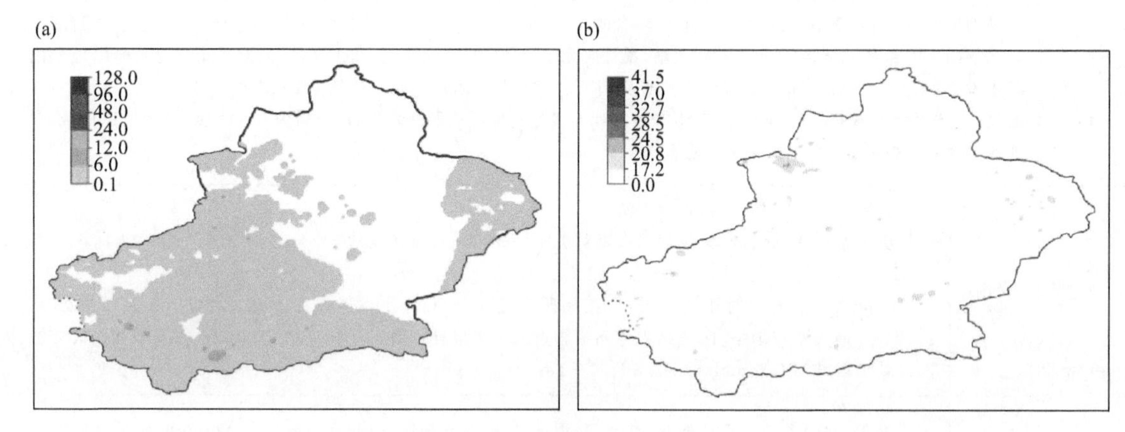

图 4.34 (a) 8 月 7 日 14 时至 9 日 14 时过程累计降水量(单位:mm);(b) 过程极大风速(单位:m/s)

4.35 8 月 9 日 17 时至 11 日 20 时局地暴雨、冰雹、大风、沙尘暴

天气类型	暴雨、冰雹、大风、沙尘暴	过程强度	中弱
天气实况	①降雨:北疆大部、阿克苏地区和喀什地区南部山区、克州山区、和田地区南部、巴州、吐鲁番市、哈密市等地的部分区域出现微到小雨,其中伊犁州山区、博州西部、塔城地区、阿勒泰地区北部、克拉玛依市、乌鲁木齐市南部、昌吉州东部、克州山区、阿克苏地区、巴州北部、吐鲁番市、哈密市等地的部分区域累计降水量 6.1~24.0 mm,塔城地区北部、克州山区、阿克苏地区北部、巴州北部的局部区域累计降水量 24.4~38.9 mm,最大降水中心位于阿克苏地区拜城县老虎台木扎提河三级水电站(图 4.35a)。 ②冰雹:阿克苏地区乌什县、拜城县出现冰雹。 ③风:北疆部分区域和喀什地区南部、克州山区、和田地区、阿克苏地区、巴州、吐鲁番市北部、哈密市等地出现 5~6 级西北风,风口风力 8~9 级,阵风 10~11 级。 ④沙尘暴:昌吉州东部、吐鲁番市、喀什地区、和田地区、巴州南部出现不同程度沙尘天气,其中吐鲁番市、巴州南部共 3 站出现沙尘暴		

续表

灾害性天气	暴雨	暴雨站数:12 站,10 日阿克苏地区北部 6 站、巴州北部 5 站,共 11 站;11 日阿克苏地区共 1 站。 日最大降水中心:区域站为阿克苏地区拜城县老虎台木扎提河三级水电站 38.9 mm(10 日),国家站为巴州和静县巴音布鲁克站 11.4 mm(10 日)。 短时强降水和最大小时雨强:5 站,最大小时雨强巴州轮台县华珍煤矿站 31.6 mm/h(10 日 12:00—13:00),巴州轮台县塔尔拉克乡塔克拉克村站 27.7 mm/h(10 日 11:00—12:00),塔城地区托里县乌雪特乡莫德纳巴水库站 23.7 mm/h(9 日 18:00—19:00),克州阿合奇县苏木塔什乡苏木塔什村牧场站 23.0 mm/h(11 日 17:00—18:00),阿克苏地区拜城县老虎台木扎提河三级水电站 20.4 mm/h(10 日 16:00—17:00)
	冰雹	阿克苏地区乌什县 10 日 9:00—10:00、拜城县 10 日下午出现冰雹,其中拜城县冰雹直径约 0.7 cm,降雹时间约 5 min
	大风	大风站数:伊犁州山区、博州、塔城地区、阿勒泰地区、克拉玛依市、昌吉州、喀什地区南部山区、克州山区、和田地区南部、阿克苏地区西部北部、巴州北部、吐鲁番市北部、哈密市等地共 527 站出现 8 级以上大风,其中 10 级以上 61 站(图 4.35b)。 过程极大风速中心:区域站为克拉玛依市白碱滩九区站 31.0 m/s(11 级,10 日 19:45);国家站为塔城地区裕民站 25.0 m/s(10 级,9 日 22:50)
	沙尘暴	昌吉州东部、吐鲁番市、喀什地区、和田地区、巴州南部出现不同程度沙尘天气,其中吐鲁番市、巴州南部共 3 站出现沙尘暴。 沙尘暴站数:10 日 20:00—11 日 08:00,3 站出现沙尘暴(吐鲁番市东坎站、鄯善站,巴州塔中站),其中东坎站、鄯善站出现强沙尘暴。 最低能见度:吐鲁番市东坎站 121 m(10 日 20:14)
灾情	8 月 9 日 23 时至 11 日大风,造成阿克苏地区阿克苏市农作物、林果受灾,吐鲁番市鄯善县林果受灾、房屋损毁 5 间、设施农业和畜牧业受损、牲畜死亡;8 月 10 日 21 时至 11 日 08 时雷阵雨、大风和短时冰雹造成阿克苏地区沙雅县农作物受灾;8 月 10 日冰雹,造成阿克苏地区拜城县、乌什县农作物、林果受灾	

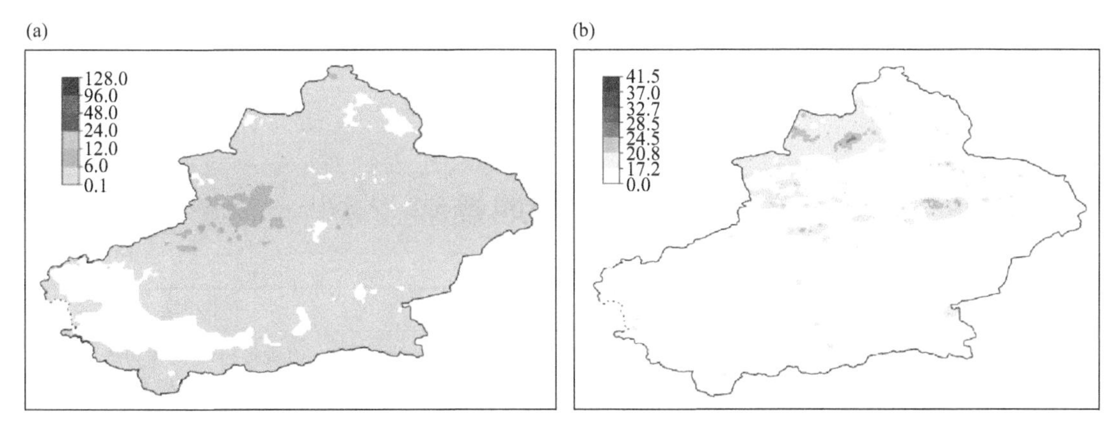

图 4.35 (a) 8 月 9 日 17 时至 11 日 20 时过程累计降水量(单位:mm);(b) 过程极大风速(单位:m/s)

4.36 8 月 12 日 17 时至 14 日 08 时局地暴雨、冰雹、大风

天气类型	暴雨、冰雹、大风	过程强度	弱
天气实况	①降雨:北疆大部和喀什地区南部、克州、和田地区西部、阿克苏地区西部北部、巴州北部山区、吐鲁番市北部山区等地的部分区域出现微到小雨,其中伊犁州、博州西部、塔城地区、阿勒泰地区西部北部、克拉玛依市、乌鲁木齐市南部山区、昌吉州、克州、喀什地区南部、和田地区西部、阿克苏地区西部北部、巴州北部山区等地的局部区域累计降水量 6.1～24.0 mm,伊犁州山区、阿克苏地区北部局地累计降水量 25.0～36.7 mm,最大降水中心位于阿克苏地区温宿县神木园站(图 4.36a)。 ②冰雹:伊犁州昭苏县和阿克苏地区柯坪县出现冰雹。 ③风:北疆部分区域和喀什地区、克州山区、和田地区南部、阿克苏地区西部北部、巴州、吐鲁番市北部、哈密市等地出现 5～6 级西北风,风口风力 9～10 级,阵风 11 级左右		

续表

<table>
<tr><td rowspan="3">灾害性天气</td><td>暴雨</td><td>暴雨站数:2 站,12 日阿克苏地区温宿县共 1 站;13 日伊犁州昭苏县共 1 站。
日最大降水中心:区域站为阿克苏地区温宿县神木园站 36.7 mm(12 日),国家站为乌鲁木齐小渠子站 12.5 mm(13 日)。
短时强降水和最大小时雨强:3 站,最大小时雨强:阿克苏地区温宿县神木园景区站 18.9 mm/h(12 日 18:00—19:00)和伊犁州特克斯县喀拉达拉镇六村站 18.9 mm/h(12 日 19:00—20:00);乌鲁木齐小渠子站 11.4 mm/h(13 日 19:00—20:00)</td></tr>
<tr><td>冰雹</td><td>伊犁州昭苏县 13 日 17:25、阿克苏地区柯坪县 13 日 19:00—20:30 出现冰雹</td></tr>
<tr><td>大风</td><td>大风站数:伊犁州山区、博州、塔城地区、阿勒泰地区、克拉玛依市、昌吉州、喀什地区、克州山区、和田地区南部、阿克苏地区西部北部、巴州、吐鲁番市北部、哈密市北部等地共 500 站出现 8 级以上大风,其中 10 级以上 71 站(图 4.36b)。
过程极大风速中心:区域站为吐鲁番市阿拉沟水库站 33.8 m/s(12 级,13 日 10:58);国家站为阿克苏地区柯坪站 28.2 m/s(10 级,14 日 00:57)</td></tr>
<tr><td>灾情</td><td colspan="2">7 月 30 日以来干旱,造成伊犁州新源县农作物受灾;8 月 12 日 18 时至 22 时 30 分大风,造成阿克苏地区阿克苏市、温宿县农作物、林果受灾,部分设施农业受损;8 月 12 日夜间至 13 日大风和短时降雨天气,造成阿克苏地区拜城县农作物、林果受灾,部分设施农业、设施畜牧业受损;8 月 13 日 19 时—20 时 30 分雷阵雨和冰雹,造成阿克苏地区柯坪县农作物受灾</td></tr>
</table>

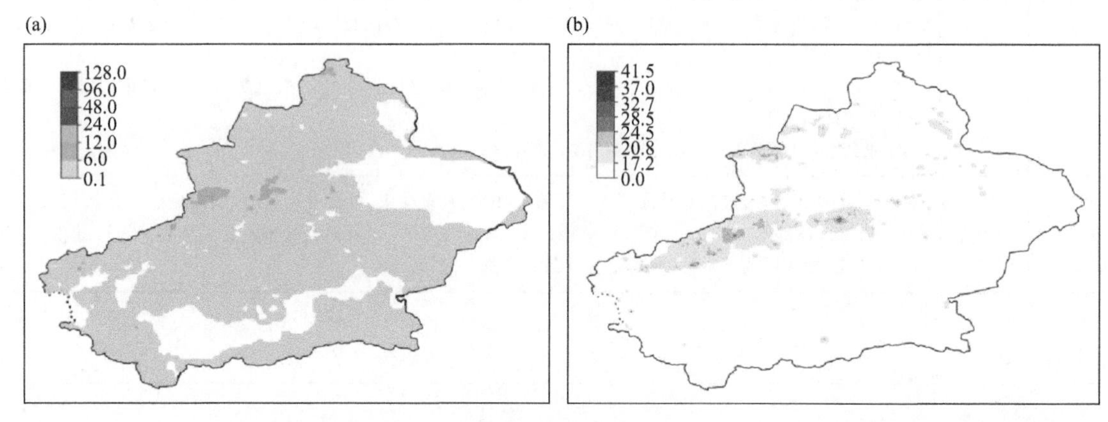

图 4.36 (a) 8 月 12 日 17 时至 14 日 08 时过程累计降水量(单位:mm);(b) 过程极大风速(单位:m/s)

4.37 8 月 19 日 20 时至 20 日 23 时局地暴雨、大风

<table>
<tr><td>天气类型</td><td colspan="2">暴雨、大风</td><td>过程强度</td><td>弱</td></tr>
<tr><td>天气实况</td><td colspan="4">①降雨:阿勒泰地区大部和伊犁州山区、博州西部、塔城地区北部、克拉玛依市、喀什地区山区、克州山区、阿克苏地区西部北部、巴州等地的部分区域出现微到小雨,其中塔城地区北部、阿勒泰地区、喀什地区山区、克州山区等地的部分区域累计降水量 6.1~24.0 mm,阿勒泰地区东部局地累计降水量 26.0~42.4 mm,最大降水中心位于阿勒泰地区青河县阿格达拉镇阿魏灌区站(图 4.37a)。
②风:北疆部分区域和喀什地区、克州山区、和田地区、阿克苏地区西部北部、巴州、吐鲁番市北部、哈密市等地出现 5~6 级西北风,风口风力 8~9 级,阵风 10 级左右</td></tr>
<tr><td rowspan="2">灾害性天气</td><td>暴雨</td><td colspan="3">暴雨站数:9 站,20 日阿勒泰地区共 9 站。
日最大降水中心:区域站为阿勒泰地区青河县阿格达拉镇阿魏灌区站 42.3 mm(20 日),国家站为阿勒泰地区青河站 17.1 mm(20 日)。
短时强降水和最大小时雨强:4 站,阿勒泰地区青河县阿格达拉镇阿魏灌区站 29.8 mm/h(20 日 10:00—11:00),阿勒泰地区福海县福海一农场二分场站 21.9 mm/h(20 日 07:00—08:00),阿勒泰地区福海县福海喀拉玛盖站 20.6 mm/h(20 日 07:00—08:00),阿勒泰地区福海县解特阿热勒塔斯塔克站 20.0 mm/h(20 日 07:00—08:00)</td></tr>
<tr><td>大风</td><td colspan="3">大风站数:伊犁州山区、博州东部、塔城地区北部、阿勒泰地区、克拉玛依市、喀什地区南部山区、克州山区、和田地区南部、阿克苏地区北部、巴州北部、吐鲁番市北部、哈密市北部等地共 186 站出现 8 级以上大风,其中 10 级以上 13 站(图 4.37b)。
过程极大风速中心:区域站为阿勒泰地区布尔津县科克逊站 27.9 m/s(10 级,20 日 16:40);国家站为哈密市十三间房站 21.7 m/s(9 级,20 日 18:44)</td></tr>
</table>

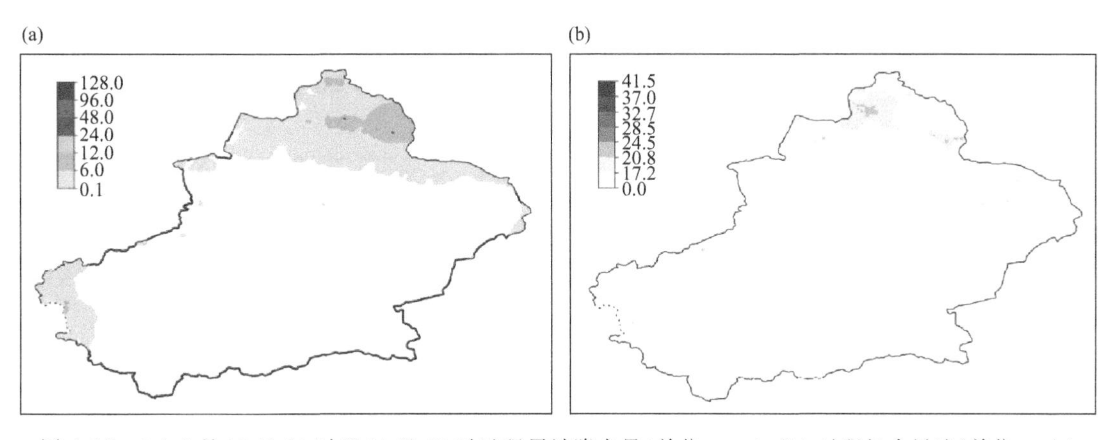

图 4.37　(a) 8 月 19 日 20 时至 20 日 23 时过程累计降水量(单位:mm);(b) 过程极大风速(单位:m/s)

4.38　8 月 24 日 14 时至 28 日 09 时局地暴雨、大风

<table>
<tr><td>天气类型</td><td colspan="2">暴雨、大风</td><td>过程强度</td><td>弱</td></tr>
<tr><td>天气实况</td><td colspan="4">①降雨:伊犁州、博州、塔城地区、阿勒泰地区北部东部、石河子市南部山区、乌鲁木齐市山区、昌吉州山区、喀什地区、克州、和田地区西部、阿克苏地区、巴州北部、吐鲁番市山区、哈密市等地的部分区域出现微到小雨,其中伊犁州山区、阿勒泰地区北部、乌鲁木齐市南部山区、克州山区、阿克苏地区北部等地的部分区域累计降水量 6.1~24.0 mm,和田地区西部、阿克苏地区北部局地累计降水量 24.9~28.6 mm,最大降水中心位于和田地区皮山县布琼村站(图 4.38a)。
②风:北疆部分区域和喀什地区南部山区、克州山区、和田地区西部、阿克苏地区北部、巴州北部、哈密市等地出现 5 级左右西北风,风口风力 8~9 级,阵风 10~11 级</td></tr>
<tr><td rowspan="2">灾害性天气</td><td>暴雨</td><td colspan="3">暴雨站数:1 站,27 日和田地区皮山县共 1 站。
日最大降水中心:区域站为和田地区皮山县布琼村站 24.2 mm(27 日),国家站为乌鲁木齐市大西沟站 9.4 mm(26 日)。
短时强降水和最大小时雨强:最大小时雨强 1 站,阿勒泰地区哈巴河县铁热克提箱白哈巴村站 19.5 mm/h(27 日 18:00—19:00)</td></tr>
<tr><td>大风</td><td colspan="3">大风站数:伊犁州山区、博州东部、塔城地区北部、喀什地区南部山区、巴州北部、哈密市北部等地共 291 站出现 8 级以上大风,其中 10 级以上 12 站(图 4.38b)。
过程极大风速中心:区域站为巴州轮台县阳霞水管站 30.2 m/s(11 级,26 日 20:24);国家站为哈密市红柳河站 24.7 m/s(10 级,27 日 23:31)</td></tr>
</table>

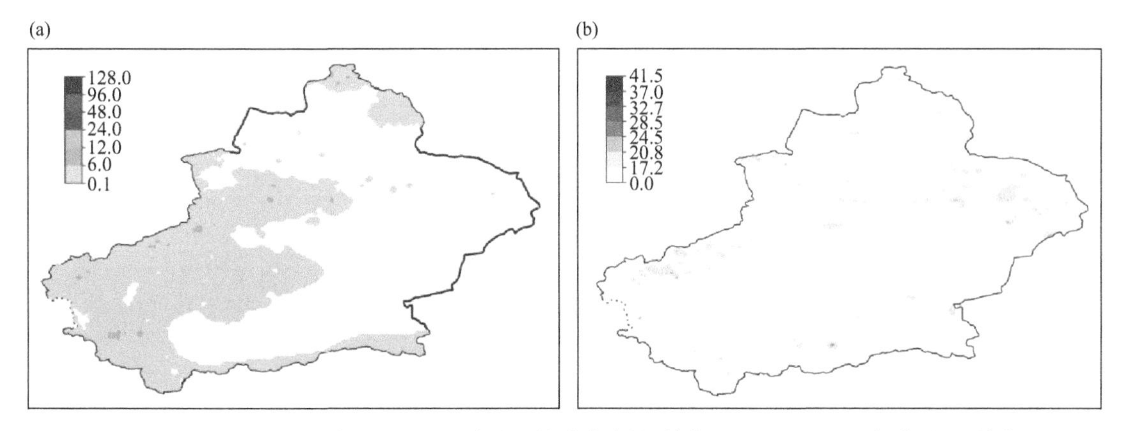

图 4.38　(a) 8 月 24 日 14 时至 28 日 09 时过程累计降水量(单位:mm);(b) 过程极大风速(单位:m/s)

4.39 8月28日08时至31日08时局地暴雨、大风、沙尘暴

<table>
<tr><td>天气类型</td><td colspan="2">暴雨、大风、沙尘暴</td><td>过程强度</td><td>弱</td></tr>
<tr><td>天气实况</td><td colspan="4">①降雨:北疆大部和喀什地区南部、克州、和田地区、阿克苏地区、巴州、哈密市北部等地的部分区域出现微到小雨,其中伊犁州、博州西部、塔城地区山区、石河子市南部山区、乌鲁木齐市南部山区、昌吉州山区、喀什地区山区、克州山区、和田地区南部、阿克苏地区、巴州山区等地的部分区域累计降水量 6.1～24.0 mm,伊犁州西部、喀什地区北部、阿克苏地区北部累计降水量 24.5～37.1 mm,最大降水中心位于阿克苏地区柯坪县良种场站(图 4.39a)。
②风:北疆部分区域和喀什地区、克州、和田地区、阿克苏地区、巴州、吐鲁番市、哈密市等地出现 5～6 级西北风,风口风力 8～9 级,阵风 10 级左右。
③沙尘:塔城地区、喀什地区出现不同程度沙尘天气,其中塔城地区北部、喀什地区北部共 2 站出现沙尘暴</td></tr>
<tr><td rowspan="3">灾害性天气</td><td>暴雨</td><td colspan="3">暴雨站数:4 站,28 日伊犁州霍城县 1 站、喀什地区巴楚县 1 站,共 2 站;29 日阿克苏地区柯坪县共 2 站。
日最大降水中心:区域站为伊犁州霍城县萨尔布拉克镇开赞喀拉站 36.5 mm(28 日),国家站为乌鲁木齐市大西沟站 12.7 mm(29 日)。
短时强降水和最大小时雨强:3 站,最大小时雨强阿克苏地区柯坪县良种场站 36.1 mm/h(29 日 00:00—01:00),伊犁州霍城县萨尔布拉克镇开赞喀拉站 30.9 mm/h(28 日 18:00—19:00),伊犁州霍城县萨尔布拉克镇牧业村 20.5 mm/h(28 日 18:00—19:00)</td></tr>
<tr><td>大风</td><td colspan="3">大风站数:伊犁州西部、博州西部、塔城地区北部、阿勒泰地区、克拉玛依市、石河子市、喀什地区、克州山区、阿克苏地区西部北部、巴州、吐鲁番市北部、哈密市等地共 246 站出现 8 级以上大风,其中 10 级以上 7 站(图 4.39b)。
过程极大风速中心:区域站为阿勒泰地区吉木乃县托斯特乡小托斯特村站 26.8 m/s(10 级,30 日 18:17);国家站为塔城地区裕民站 21.4 m/s(9 级,30 日 16:57)</td></tr>
<tr><td>沙尘暴</td><td colspan="3">塔城地区、喀什地区出现不同程度沙尘天气,其中塔城地区北部、喀什地区北部共 2 站出现沙尘暴。
沙尘暴站数:28 日 17:00—30 日 20:00,2 站出现沙尘暴(塔城地区裕民站,喀什地区巴楚站),其中裕民站出现强沙尘暴。
最低能见度:塔城地区裕民站 427 m(30 日 17:00)</td></tr>
</table>

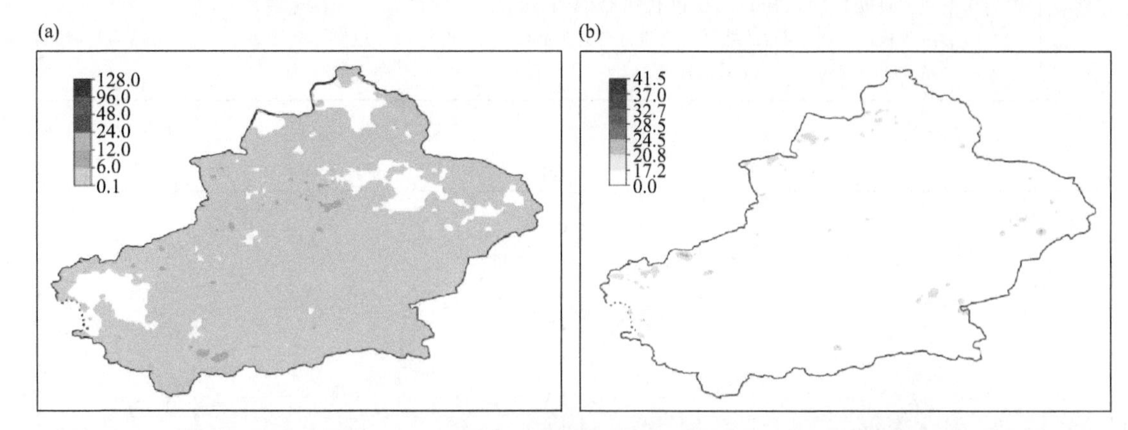

图 4.39 (a) 8 月 28 日 08 时至 31 日 08 时过程累计降水量(单位:mm);(b) 过程极大风速(单位:m/s)

4.40　9 月 2 日 20 时至 4 日 20 时阿克苏地区、哈密市暴雨，局地冰雹、大风

<table>
<tr><td>天气类型</td><td colspan="2">暴雨、冰雹、大风</td><td>过程强度</td><td>中弱</td></tr>
<tr><td>天气实况</td><td colspan="4">①降雨：阿克苏地区、哈密市、博州西部和伊犁州山区、塔城地区山区、乌鲁木齐市南部山区、克州山区、巴州等地的部分区域出现微到小雨，其中塔城地区北部山区、阿克苏地区、巴州北部、哈密市等地的部分区域累计降水量 6.1～24.0 mm，阿克苏地区北部、哈密市局地累计降水量 24.9～30.0 mm，最大降水中心位于阿克苏地区拜城站(图 4.40a)。
②冰雹：博州博乐市，阿克苏地区阿克苏市沙雅县出现冰雹。
③风：北疆部分区域和喀什地区南部、克州、和田地区、阿克苏地区、巴州、哈密市等地出现 5～6 级西北风，风口风力 8～9 级，阵风 10～11 级</td></tr>
<tr><td rowspan="3">灾害性天气</td><td>暴雨</td><td colspan="3">暴雨站数：2 站，3 日阿克苏地区拜城县 1 站、哈密市伊州区 1 站，共 2 站。
日最大降水中心：区域站为哈密市伊州区白石头乡塔水村站 26.7 mm(3 日)，国家站为阿克苏地区拜城站 30.0 mm(3 日)。
短时强降水和最大小时雨强：1 站，最大小时雨强阿克苏地区拜城站 30.0 mm/h(3 日 15:00—16:00)</td></tr>
<tr><td>冰雹</td><td colspan="3">博州博乐市 2 日晚出现冰雹，阿克苏地区阿克苏市 3 日 16:00 出现冰雹、沙雅县 3 日 17:00—4 日 00:00 出现冰雹</td></tr>
<tr><td>大风</td><td colspan="3">大风站数：伊犁州、博州、喀什地区南部山区、克州山区、阿克苏地区西部北部、巴州、哈密市北部等地共 189 站出现 8 级以上大风，其中 10 级以上 12 站(图 4.40b)。
过程极大风速中心：区域站为伊犁州特克斯县阔克铁热克乡玛勒塔什村站 30.1 m/s(11 级，3 日 20:25)；国家站为巴州轮台站 22.6 m/s(9 级，3 日 17:44)</td></tr>
<tr><td>灾情</td><td colspan="4">9 月 2 日 22 时强降雨，造成博州精河县农作物受灾，部分基础设施受损。9 月 2 日晚博州博乐市冰雹、9 月 3 日 16 时阿克苏地区阿克苏市冰雹和 9 月 3 日 17 时至 4 日 00 时沙雅县冰雹造成农作物、林果受灾</td></tr>
</table>

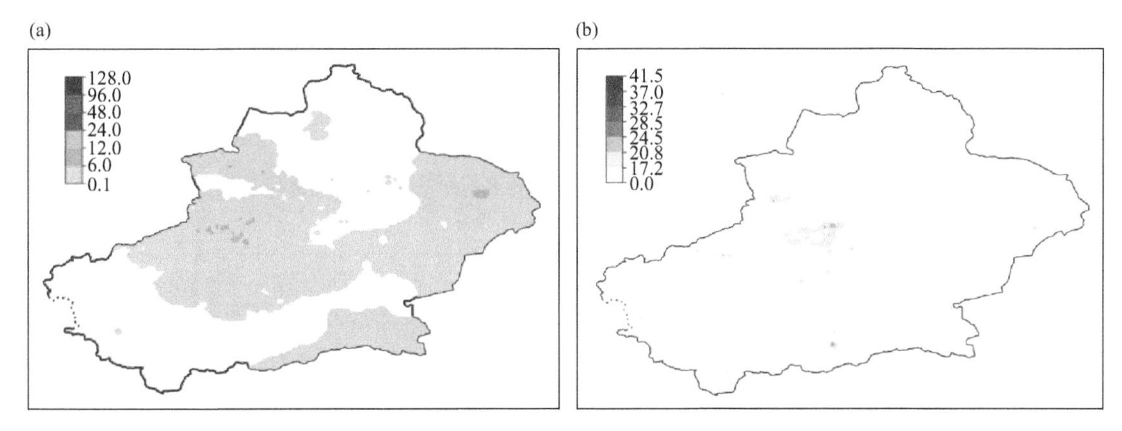

图 4.40　(a) 9 月 2 日 20 时至 4 日 20 时过程累计降水量(单位：mm)；(b) 过程极大风速(单位：m/s)

4.41　9 月 9 日 14 时至 11 日 20 时局地大风

天气类型	降雨、大风	过程强度	弱
天气实况	①降雨：伊犁州、博州、塔城地区、石河子市、克拉玛依市、乌鲁木齐市、昌吉州等地的部分区域和阿勒泰地区、喀什地区南部、阿克苏地区北部、巴州北部、哈密市等地的局部区域出现微到小雨，其中伊犁州、博州西部、塔城地区、石河子市、乌鲁木齐市、昌吉州、巴州北部的局部区域累计降水量 6.1～23.7 mm，最大降水中心位于昌吉州吉木萨尔县小东沟站(图 4.41a)。 ②风：北疆部分区域和喀什地区、克州、和田地区南部、阿克苏地区西部北部、巴州、吐鲁番市北部、哈密市等地出现 5～6 级西北风，风口风力 9～10 级，阵风 11 级左右		

续表

灾害性天气	大风	大风站数：伊犁州、博州、塔城地区北部、阿勒泰地、克拉玛依市、昌吉州东部、喀什地区、克州山区、和田地区南部、阿克苏地区西部北部、巴州、吐鲁番市北部、哈密市等地共 351 站出现 8 级以上大风，其中 10 级以上 37 站(图 4.41b)。 过程极大风速中心：区域站为吐鲁番市高昌区吐鲁番小草湖服务区站 34.2 m/s(12 级，11 日 05:56)；国家站为哈密市十三间房站 32.2 m/s(11 级，13 日 00:13)

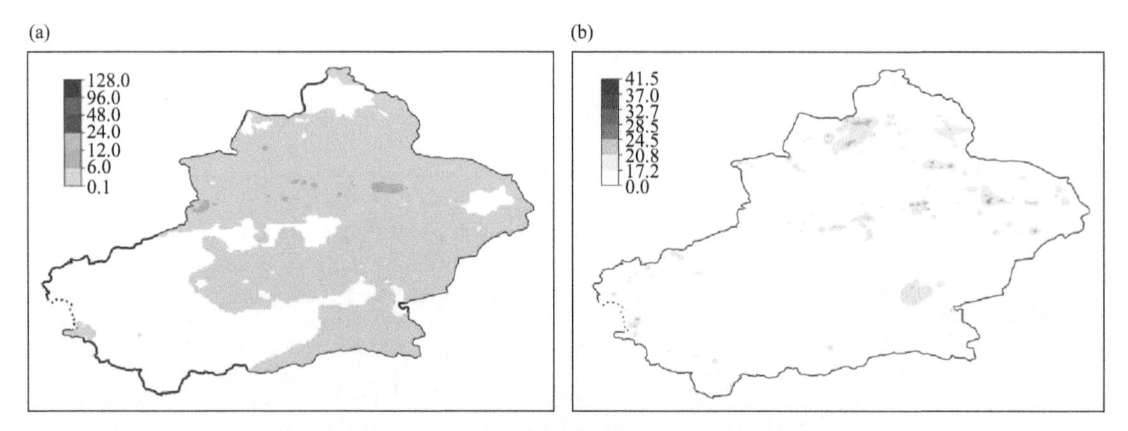

图 4.41 (a) 9 月 9 日 14 时至 11 日 20 时过程累计降水量(单位：mm)；(b) 过程极大风速(单位：m/s)

4.42 9 月 12 日 11 时至 13 日 20 时局地大风

天气类型	雨雪、大风	过程强度	弱
天气实况	①雨雪：伊犁州山区、塔城地区、阿勒泰地区北部山区、乌鲁木齐市山区、喀什地区、克州、和田地区南部山区、阿克苏地区、巴州、吐鲁番市等地出现微到小雨(山区为雨夹雪或雪)，其中伊犁州的南部山区、喀什地区、克州、阿克苏地区北部山区、巴州北部山区的局部区域累计降水量 6.1～21.6 mm，最大降水中心位于阿克苏地区拜城县康其乡黄山羊沟站(图 4.42a)。 ②风：伊犁州、博州、塔城地区、阿勒泰地区、克拉玛依市、喀什地区、克州、和田地区南部、阿克苏地区、巴州、吐鲁番市、哈密市等地出现 5～6 级西北风，风口风力 8～9 级，阵风 11 级左右		
灾害性天气	大风	大风站数：伊犁州、博州、塔城地区北部、阿勒泰地区北部、克拉玛依市、喀什地区南部山区、克州山区、和田地区南部、阿克苏地区西部北部、巴州北部、吐鲁番市北部、哈密市等地共 159 站出现 8 级以上大风，其中 10 级以上 7 站(图 4.42b)。 过程极大风速中心：区域站为伊犁州特克斯县阔克苏乡马场喀拉峻湖站 34.3 m/s(12 级，12 日 18:14)；国家站为哈密市十三间房站 21.5 m/s(9 级，13 日 01:23)	

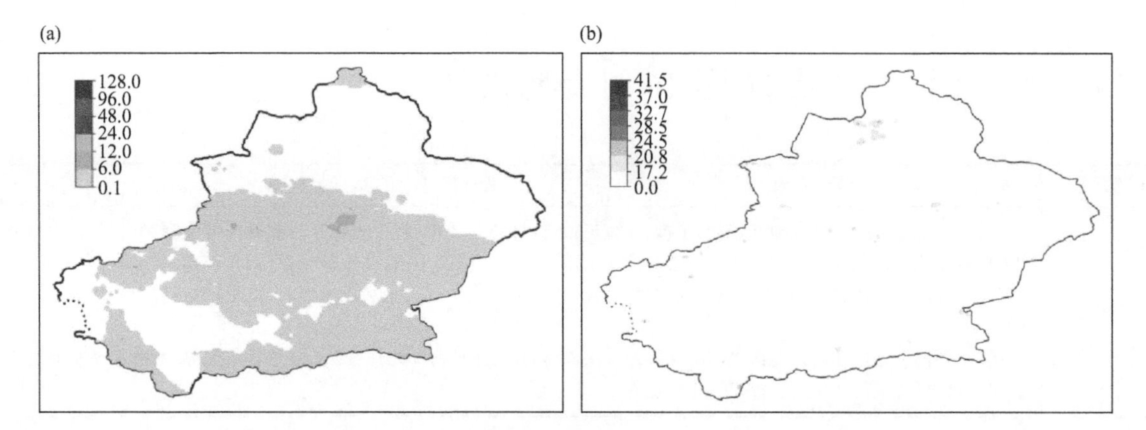

图 4.42 (a) 9 月 12 日 11 时至 13 日 20 时过程累计降水量(单位：mm)；(b) 过程极大风速(单位：m/s)

4.43 9月14日20时至15日02时南疆西部降水,局地大风

<table>
<tr><td>天气类型</td><td colspan="2">雨雪、大风</td><td>过程强度</td><td>弱</td></tr>
<tr><td>天气实况</td><td colspan="4">①雨雪:阿克苏地区的部分区域和伊犁州西部、乌鲁木齐市、喀什地区南部山区、克州山区、巴州北部山区等地出现微到小雨(山区为雨夹雪或雪),其中阿克苏地区的局部区域累计降水量 7.2～8.1 mm,最大降水中心位于阿克苏地区乌什县阿合雅乡库曲麦村站(图 4.43)。
②风:伊犁州西部、塔城地区北部、克拉玛依市、昌吉州东部、喀什地区南部、克州、和田地区南部、阿克苏地区、巴州、吐鲁番市等地出现 4～5 级西北风,风口风力 8～9 级,阵风 10 级</td></tr>
<tr><td>灾害性天气</td><td>大风</td><td colspan="3">大风站数:伊犁州西部、喀什地区南部山区、阿克苏地区西部、吐鲁番市北部共 6 站出现 8 级以上大风,其中 10 级以上 1 站。
过程极大风速中心:区域站为喀什地区塔什库尔干县班迪尔乡下板地水库站 26.9 m/s(10 级,14 日 20:35);国家站为阿克苏地区阿拉尔站 11.5 m/s(6 级,15 日 00:14)</td></tr>
</table>

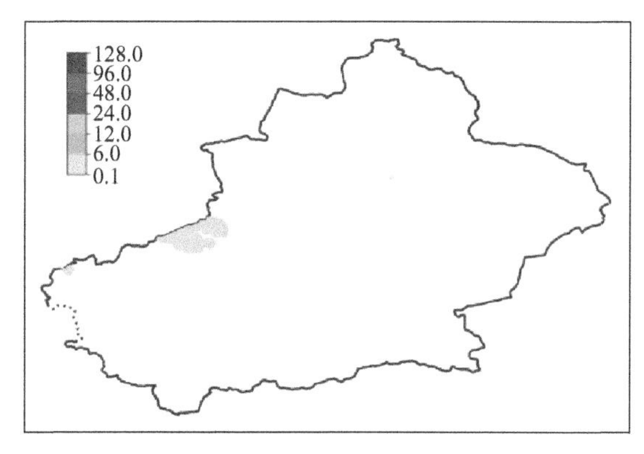

图 4.43 9 月 14 日 20 时至 15 日 02 时过程累计降水量(单位:mm)

4.44 9月19日20时至22日08时局地寒潮、大风

<table>
<tr><td>天气类型</td><td>雨雪、寒潮、霜冻、大风</td><td>过程强度</td><td>中弱</td></tr>
<tr><td>天气实况</td><td colspan="3">①雨雪:阿勒泰地区北部东部、哈密市的部分区域和伊犁州南部山区、塔城地区北部山区、昌吉州东部山区、喀什地区南部山区、阿克苏地区北部山区、巴州北部山区等地出现微到小雨(山区为雨夹雪或雪),其中哈密市北部局部区域累计降水量 6.1～7.7 mm,最大降水中心位于哈密市巴里坤县活乐沟站(图 4.44a)。
②降温:北疆部分区域和克州、和田地区、阿克苏地区、巴州、哈密市等地的部分区域气温下降 5～8℃,伊犁州西部、博州西部、塔城地区、阿勒泰地区、克拉玛依市、石河子市、乌鲁木齐市、昌吉州、阿克苏地区、哈密市局地气温下降 8～10℃,出现寒潮,伊犁州西部、塔城地区北部、阿勒泰地区、克拉玛依市、昌吉州山区、阿克苏地区局地气温下降 10℃以上,出现强寒潮或特强寒潮。
③霜冻:塔城地区北部、阿勒泰地区局地出现初霜冻。
④风:北疆部分区域和喀什地区南部、克州、和田地区南部、阿克苏地区西部北部、巴州、吐鲁番市、哈密市等地出现 5～6 级西北风,风口风力 8～9 级,阵风 10～11 级</td></tr>
</table>

续表

灾害性天气	寒潮	寒潮站数:534 站·次(其中强寒潮 162 站·次、特强寒潮 58 站·次):20 日博州、阿勒泰地区共 2 站(其中强寒潮 1 站);21 日北疆部分区域共 522 站(其中强寒潮 160 站、特强寒潮 57 站);22 日伊犁州西部、阿克苏地区、巴州、哈密市共 10 站(其中强寒潮 1 站、特强寒潮 1 站)。 日最大降温中心:21 日塔城地区裕民县阿勒腾也木勒乡托格孜库盆(区域站)降温 18.8℃,阿勒泰地区阿勒泰站(国家站)降温 12.3℃(图 4.44b)。 过程最低气温:22 日阿勒泰地区福海县红山嘴口岸站(区域站)最低气温−10.7℃,喀什地区吐尔尕特站(国家站)−2.9℃(图 4.44c)
	霜冻	初霜冻:3 站,21 日阿勒泰地区青河站共 1 站;22 日塔城地区和布克赛尔站,阿勒泰地区哈巴河站共 2 站
	大风	大风站数:伊犁州、博州、塔城地区北部、阿勒泰地区、克拉玛依市、昌吉州东部、喀什地区南部山区、克州山区、阿克苏地区西部北部、巴州北部、吐鲁番市北部、哈密市等地共 379 站出现 8 级以上大风,其中 10 级以上 41 站(图 4.44d)。 过程极大风速中心:区域站为塔城地区和布克赛尔布县斯屯格牧场乌兰哈德村站 31.9 m/s(11 级,20 日 08:14);国家站为博州阿拉山口站 27.7 m/s(10 级,20 日 18:13)

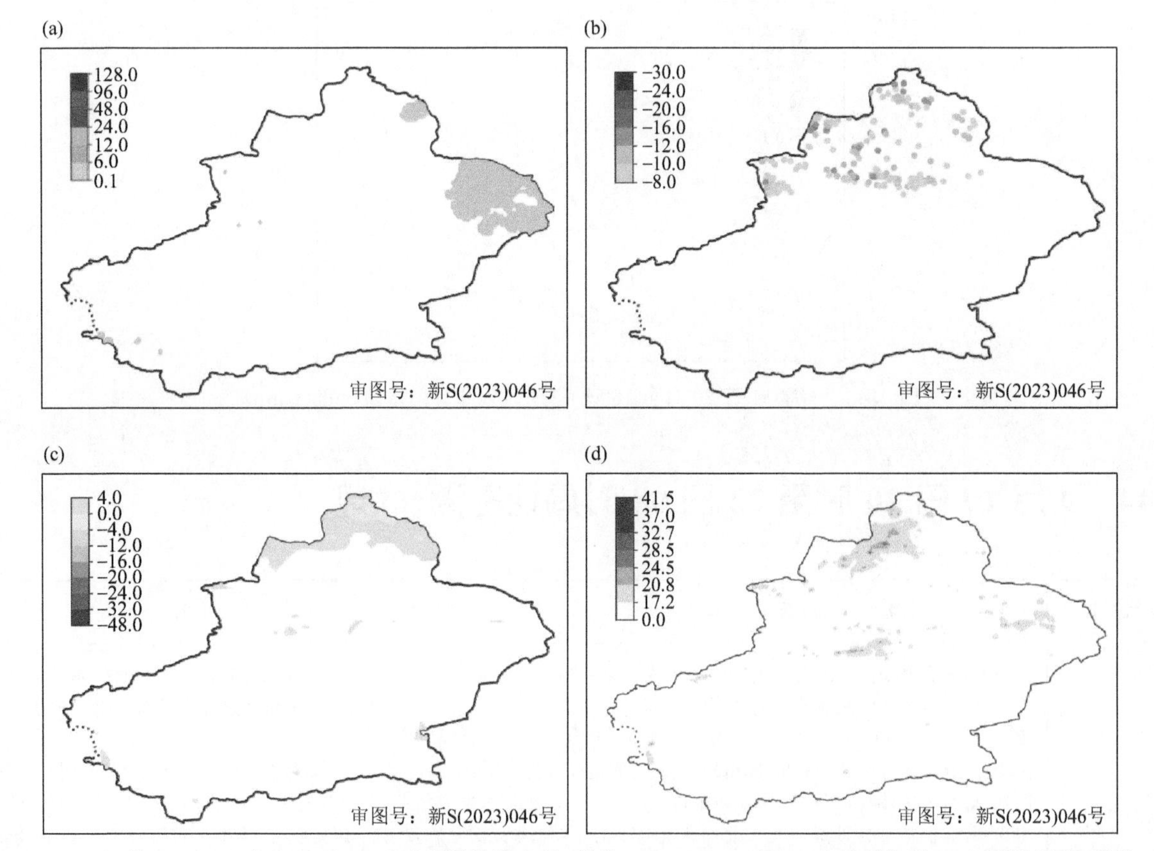

图 4.44 (a) 9 月 19 日 20 时至 22 日 08 时过程累计降水量(单位:mm);(b) 9 月 21 日最低气温 24 h 降温幅度(单位:℃);(c) 过程最低气温(单位:℃);(d) 过程极大风速(单位:m/s)

4.45 9 月 24 日 08 时至 25 日 20 时北疆及天山两侧降水，局地寒潮、大风

天气类型	雨雪、寒潮、霜冻、大风	过程强度	中弱
天气实况	①雨雪：伊犁州东部南部山区、阿勒泰地区东部、石河子市南部山区、乌鲁木齐市、昌吉州、阿克苏地区北部山区、巴州北部山区、哈密市北部等地出现微到小雨（山区为雨夹雪或雪），其中哈密市和阿勒泰地区东部、昌吉州东部等地的局部区域累计降水量 6.1～20.5 mm，最大降水中心位于哈密市伊州区白石头乡站（图 4.45a）。 ②降温：北疆部分区域和阿克苏地区北部、巴州、吐鲁番市北部、哈密市等地的部分区域气温下降 5～8℃，伊犁州、博州、塔城地区、阿勒泰地区、克拉玛依市、巴州北部局地气温下降 8～10℃，出现寒潮，伊犁州山区、塔城地区北部、阿勒泰地区、克拉玛依市局地气温下降 10℃以上，出现强寒潮或特强寒潮。 ③霜冻：塔城地区北部、阿勒泰地区、乌鲁木齐市南部山区、昌吉州东部山区、巴州北部山区局地出现初霜冻。 ④风：北疆部分区域和克州、和田地区南部、阿克苏地区西部北部、巴州、吐鲁番市、哈密市等地出现 5～6 级西北风，风口风力 9～10 级，阵风 11～12 级		
灾害性天气	寒潮	寒潮站数：89 站·次（其中强寒潮 15 站·次、特强寒潮 2 站·次）：25 日伊犁州、博州、塔城地区、阿勒泰地区、克拉玛依市、巴州北部共 89 站（其中强寒潮 15 站、特强寒潮 2 站）。 日最大降温中心：25 日伊犁州新源县别斯托别乡恰普河牧业村站（区域站）降温 13.0℃，博州精河站（国家站）降温 8.4℃（图 4.45b）。 过程最低气温：25 日阿勒泰地区富蕴县国际滑雪场 1 号站（区域站）最低气温－13.2℃，巴州和静县巴音布鲁克站（国家站）－9℃（图 4.45c）	
	霜冻	初霜冻：10 站，25 日塔城地区塔城站、裕民站，阿勒泰地区阿勒泰站、吉木乃站、富蕴站，乌鲁木齐市小渠子站、牧试站，昌吉州天池站、北塔山站，巴州巴仑台站共 10 站	
	大风	大风站数：伊犁州西部、博州、塔城地区北部、阿勒泰地区、昌吉州东部、克州山区、阿克苏地区北部、巴州、吐鲁番市、哈密市等地共 373 站出现 8 级以上大风，其中 10 级以上 34 站（图 4.45d）。 过程极大风速中心：区域站为巴州和静县阿拉沟乡奎先达坂站 39.4 m/s（13 级，24 日 15:43）；国家站为哈密市十三间房站 34.2 m/s（12 级，25 日 01:13）	

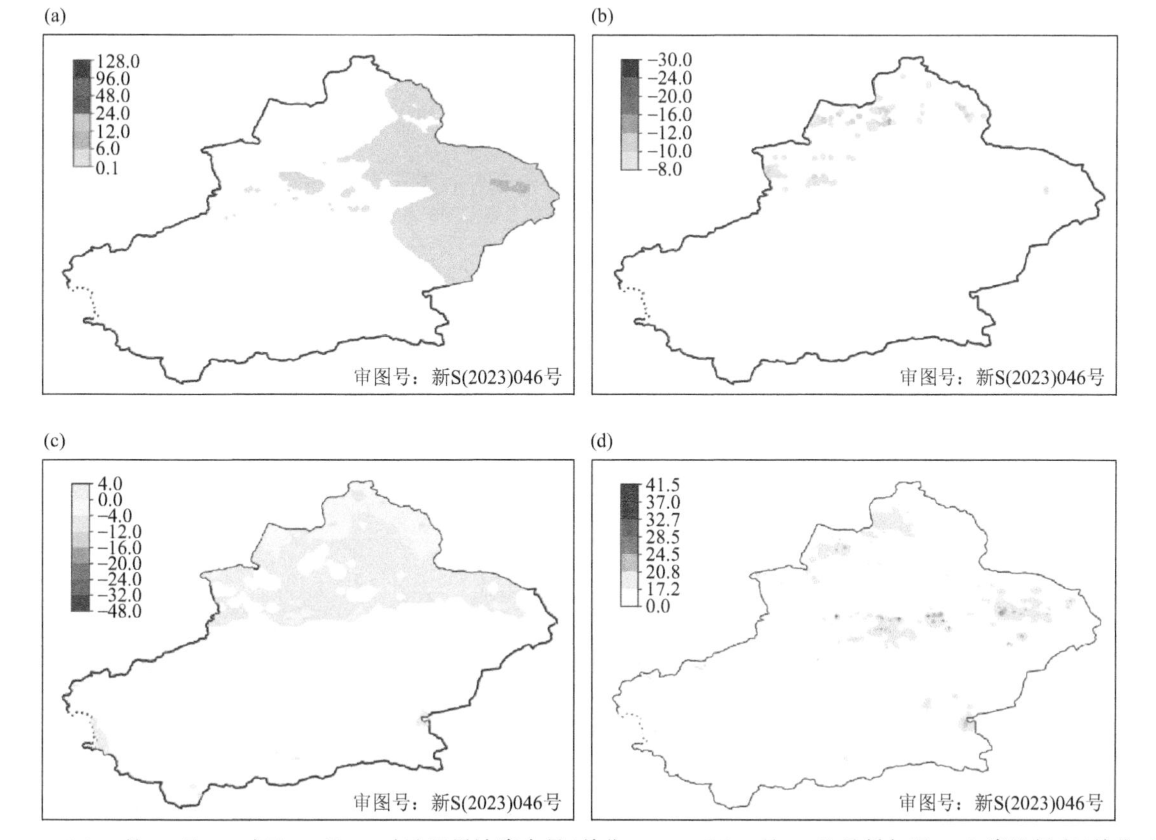

图 4.45 (a) 9 月 24 日 08 时至 25 日 20 时过程累计降水量（单位：mm）；(b) 9 月 25 日最低气温 24 h 降温幅度（单位：℃）；(c) 过程最低气温（单位：℃）；(d) 过程极大风速（单位：m/s）

4.46 10月21日20时至24日06时南疆局地暴雨,寒潮、大风

<table>
<tr><td>天气类型</td><td colspan="2">暴雨雪、寒潮、霜冻、大风</td><td>过程强度</td><td>中弱</td></tr>
<tr><td>天气实况</td><td colspan="4">①雨雪:伊犁州、博州、塔城地区、阿勒泰地区北部东部、石河子市、乌鲁木齐市、昌吉州山区、喀什地区南部山区、克州山区、和田地区南部、阿克苏地区西部北部、哈密市北部等地出现微到小雨转雨夹雪或雪(山区为雪),其中伊犁州、博州、塔城地区、喀什地区南部山区、克州、阿克苏地区北部的局部区域累计降水量 6.1~25.6 mm,阿克苏地区北部局地累计降水量 24.8~25.6 mm,最大降水中心位于阿克苏地区拜城县老虎台种羊场站(图 4.46a)。
②降温:博州、塔城地区北部、阿勒泰地区北部东部、克拉玛依市、石河子市、昌吉州、喀什地区、克州山区、和田地区、阿克苏地区、巴州等地部分区域气温下降 5℃左右,博州、阿勒泰地区北部东部、克拉玛依市、石河子市、昌吉州东部、喀什地区、克州山区、阿克苏地区、和田地区、吐鲁番市局地气温下降 8~10℃,出现寒潮,博州东部、塔城地区南部、阿勒泰地区东部、喀什地区、克州山区、和田地区、阿克苏地区北部气温下降 10℃以上,出现强寒潮或特强寒潮。
③霜冻:喀什地区局地出现初霜冻。
④风:伊犁州、博州、塔城地区北部、阿勒泰地区、克拉玛依市、乌鲁木齐市、昌吉州、喀什地区、克州、和田地区、阿克苏地区西部北部、巴州、吐鲁番市、哈密市出现 5~6 级西北风,风口风力 9~10 级,阵风 11 级左右</td></tr>
<tr><td rowspan="4">灾害性天气</td><td>暴雨雪</td><td colspan="3">北疆部分区域和南疆西部山区出现雨雪天气,塔城地区北部、阿勒泰地区、喀什地区、克州山区、阿克苏地区北部山区等地雨转雪。
暴雨雪站数:暴雨 2 站,23 日阿克苏地区北部共 2 站;暴雪 1 站,22 日克州山区共 1 站。
日最大降水中心:区域站为阿克苏地区拜城县老虎台种羊场站 25.6 mm(23 日),国家站为克州乌恰县吐尔尕特站 19.6 mm(22 日)。
最大小时雨强:昌吉州昌吉市阿什里乡江不拉提南站 7.2 mm/h(23 日 09:00—10:00)</td></tr>
<tr><td>寒潮</td><td colspan="3">寒潮站数:215 站・次(其中强寒潮 34 站・次、特强寒潮 3 站・次):23 日阿勒泰地区东部、昌吉州东部、喀什地区南部山区、克州山区共 35 站(其中强寒潮 7 站);24 日博州、阿勒泰地区北部东部、克拉玛依市、石河子市、昌吉州东部、喀什地区、克州山区、阿克苏地区、和田地区、吐鲁番市共 180 站(其中强寒潮 27 站、特强寒潮 3 站)。
日最大降温中心:24 日和田地区皮山县铁提尔村站(区域站)降温 12.7℃,和田地区墨玉站(国家站)降温 9.4℃(图 4.46b)。
过程最低气温:24 日巴州和静县巴音布鲁克镇机场站(区域站)最低气温 −27.1℃,克州乌恰县吐尔尕特站(国家站)−17.0℃(图 4.46c)</td></tr>
<tr><td>霜冻</td><td colspan="3">初霜冻:2 站,24 日喀什地区英吉沙站、泽普站共 2 站</td></tr>
<tr><td>大风</td><td colspan="3">大风站数:博州、塔城地区北部、阿勒泰地区、克拉玛依市、昌吉州东部、克州山区、和田地区南部、巴州、吐鲁番市、哈密市北部等地共 327 站出现 8 级以上大风,其中 10 级以上 44 站(图 4.46d)。
过程极大风速中心:区域站为塔城地区托里县铁厂沟镇站 36.3 m/s(12 级,22 日 15:21);国家站为哈密市十三间房站 32.7 m/s(12 级,23 日 14:50)</td></tr>
</table>

(a)

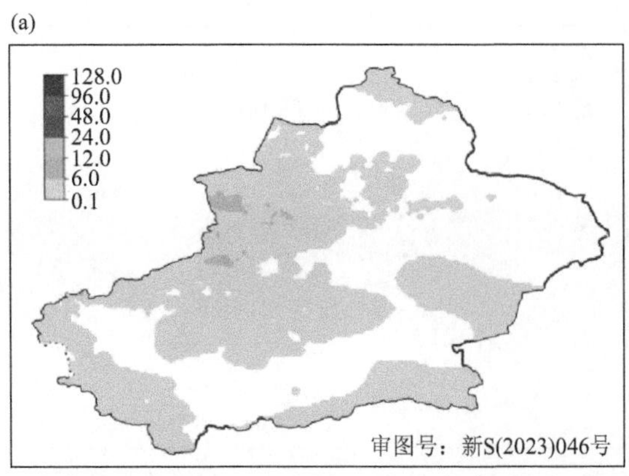

(b)

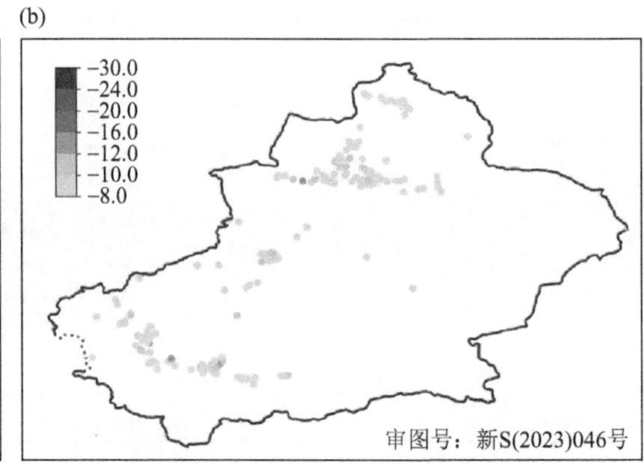

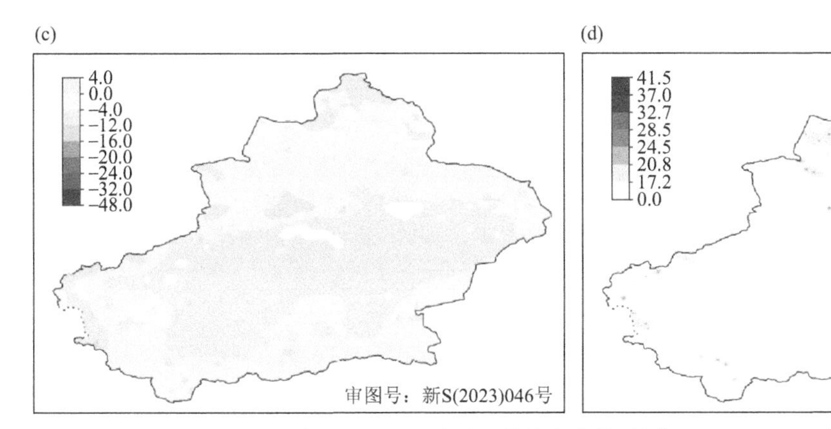

图4.46　(a) 10月21日20时至24日06时过程累计降水量(单位：mm)；(b) 10月24日最低气温24 h降温幅度(单位：℃)；(c) 过程最低气温(单位：℃)；(d) 过程极大风速(单位：m/s)

4.47　11月5日20时至7日08时南疆寒潮、雨雪、大风

天气类型	寒潮、霜冻、降雪、大风		过程强度	弱
天气实况	①降雪：阿勒泰地区北部、喀什地区南部、克州山区、和田地区、阿克苏地区北部、巴州南部、哈密市等地出现微到小雪或雨夹雪转雪，其中阿勒泰地区北部、和田地区西部的局部区域累计降雪量3.9～4.9 mm，最大降雪中心位于阿勒泰地区布尔津县禾木乡窝尔塔阿什克站(图4.47a)。 ②降温：南疆大部和吐鲁番市、哈密市局部区域气温下降5～8℃，南疆部分区域、吐鲁番市、哈密市气温下降8～10℃，出现寒潮，喀什地区、和田地区北部、阿克苏地区南部、巴州、吐鲁番市北部局地气温下降10℃以上，出现强寒潮或特强寒潮。 ③霜冻：和田地区、吐鲁番市局地出现初霜冻。 ④风：塔城地区北部、阿勒泰地区北部东部、乌鲁木齐市、昌吉州东部、喀什地区南部、克州山区、和田地区南部、巴州、吐鲁番市、哈密市等地出现5级左右西北风或偏东风，风口风力9级左右，阵风10～11级			
灾害性天气	寒潮	寒潮站数：83站·次(其中强寒潮17站·次、特强寒潮3站·次)；6日喀什地区、克州山区、和田地区、阿克苏地区南部、巴州、吐鲁番市、哈密市共77站(其中强寒潮15站、特强寒潮3站)；7日克州山区、和田地区东部、巴州南部共6站(其中强寒潮2站)。 日最大降温中心：6日阿克苏地区阿瓦提县阿克亚克护林站(区域站)降温13.5℃，巴州且末县塔中站(国家站)降温11.3℃(图4.47b)。 过程最低气温：6日阿勒泰地区富蕴县吐尔洪乡拜依格托别村站(区域站)最低气温-36.3℃，阿勒泰地区青河站(国家站)-26.0℃(图4.47c)		
	霜冻	初霜冻：5站，6日和田地区和田站、洛浦站，吐鲁番市吐鲁番站、托克逊站、东坎站共5站		
	大风	大风站数：塔城地区北部、阿勒泰地区北部、巴州北部山区、吐鲁番市北部、哈密市等地共39站出现8级以上大风，其中10级以上5站(图4.47d)。 过程极大风速中心：区域站为吐鲁番市高昌区小草湖服务区站32.6 m/s(11级，5日21:23)；国家站为哈密市十三间房站25.2 m/s(10级，5日20:05)		

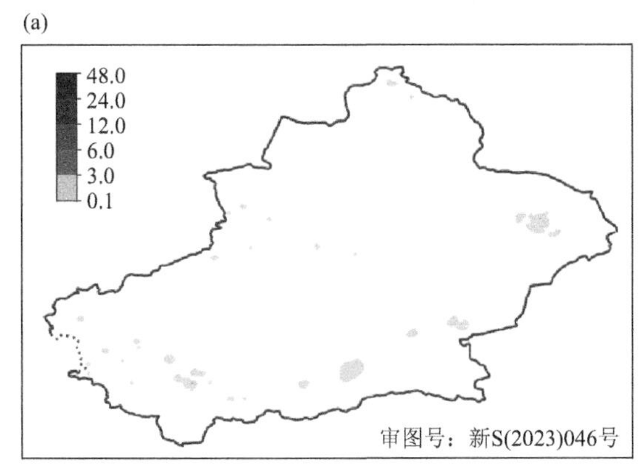

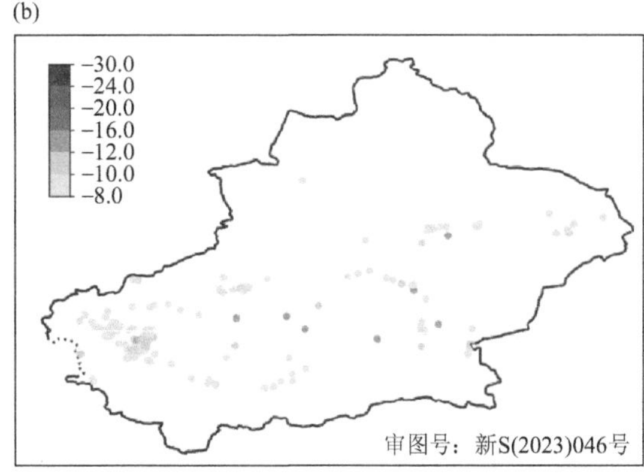

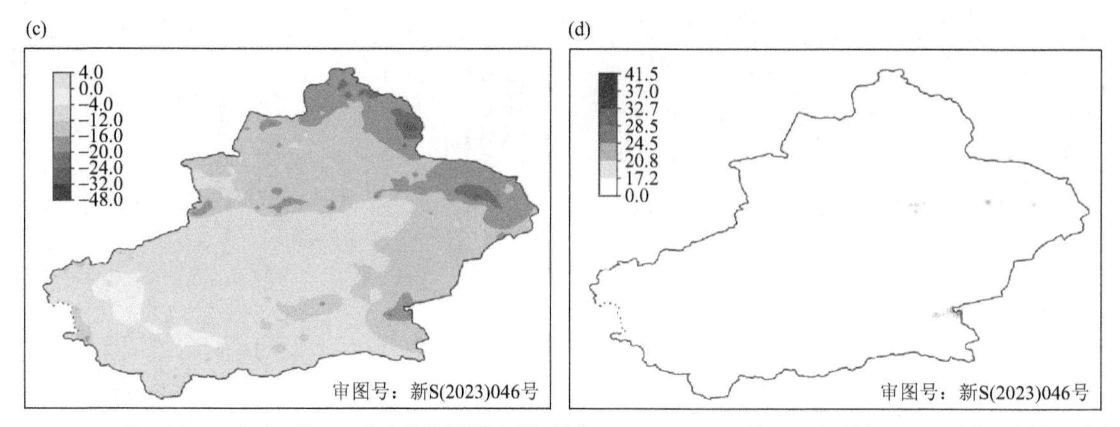

图 4.47 (a) 11 月 5 日 20 时至 7 日 08 时过程累计降水量(单位:mm);(b) 11 月 6 日最低气温 24 h 降温幅度(单位:℃);(c) 过程最低气温(单位:℃);(d) 过程极大风速(单位:m/s)

4.48 11 月 14 日 20 时至 16 日 08 时北疆北部暴雪,局地寒潮、大风

天气类型	暴雪、寒潮、大风	过程强度	中弱
天气实况	①降雪:伊犁州、博州西部、塔城地区北部、阿勒泰地区、石河子市、昌吉州等地出现微到小雪,其中伊犁州、塔城地区北部和阿勒泰地区的部分区域累计降雪量 3.1～12.0 mm,塔城地区北部、阿勒泰地区北部局地累计降雪量 12.1～17.6 mm,最大降雪中心位于阿勒泰地区哈巴河县萨尔布拉克镇大萨子站(图 4.48a)。 ②降温:伊犁州、博州西部、塔城地区北部、阿勒泰地区、石河子市、克州山区、哈密市北部等地局部区域气温下降 5℃左右,喀什地区南部和巴州南部局地气温下降 8～10℃,出现寒潮。 ③风:伊犁州、博州、塔城地区北部、阿勒泰地区北部东部、乌鲁木齐市、昌吉州、克州、和田地区南部、巴州北部山区、哈密市等地出现 4～5 级西北风,风口风力 9 级左右,阵风 10～11 级		
灾害性天气	暴雪	暴雪站数:8 站,15 日塔城地区北部 2 站、阿勒泰地区北部 6 站,共 8 站。 日最大降雪中心:区域站为阿勒泰地区阿勒泰市拉斯特乡鹊吉克桥站 15.3 mm(15 日),国家站为塔城地区塔城市 10.7 mm(15 日)。 最大小时雪强:阿勒泰地区布尔津县禾木乡站 6.6 mm/h(15 日 13:00—14:00)	
	寒潮	寒潮站数:44 站·次(其中强寒潮 4 站·次、特强寒潮 1 站·次):15 日喀什地区叶城县共 1 站;16 日伊犁州、塔城地区北部、阿勒泰地区北部、克州山区共 43 站(其中强寒潮 4 站、特强寒潮 1 站)。 日最大降温中心:16 日阿勒泰地区哈巴河县库勒拜乡托哈勒别依特村站(区域站)降温 13.2℃,阿勒泰地区吉木乃站(国家站)降温 6.7℃(图 4.48b)。 过程最低气温:16 日巴州和静县巴音布鲁克镇机场站(区域站)最低气温-21.5℃,巴州和静县巴音布鲁克站(国家站)－19.3℃(图 4.48c)	
	大风	大风站数:伊犁州东南部、博州、塔城地区北部、克拉玛依市、克州山区、和田地区南部、巴州北部山区、哈密市北部等地共 104 站出现 8 级以上大风,其中 10 级以上 8 站(图 4.48d)。 过程极大风速中心:区域站为博州博乐市赛里木湖东岸站 30.6 m/s(11 级,15 日 16:15);国家站为塔城地区和布克赛尔站 23.6 m/s(9 级,15 日 17:21)	

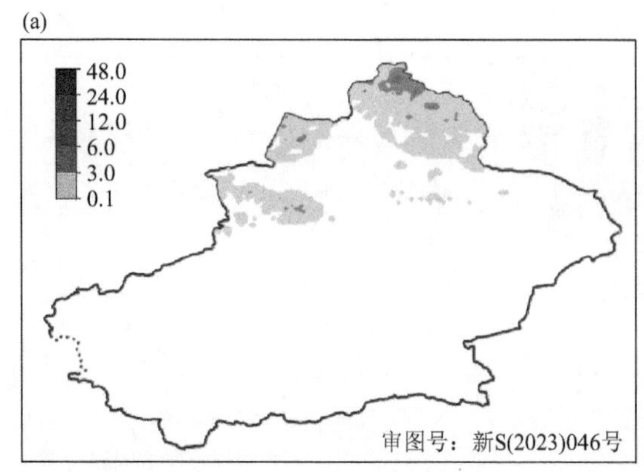

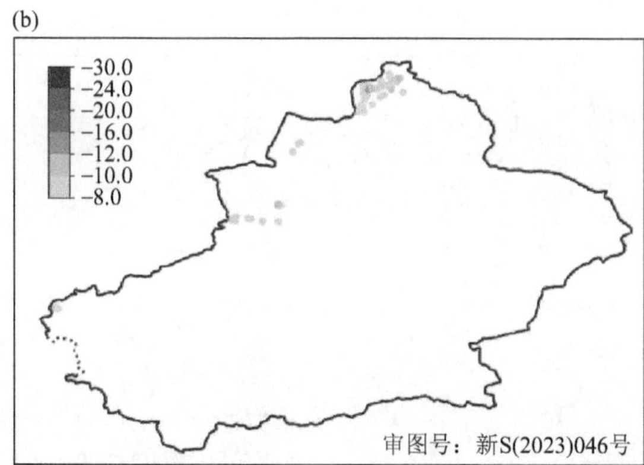

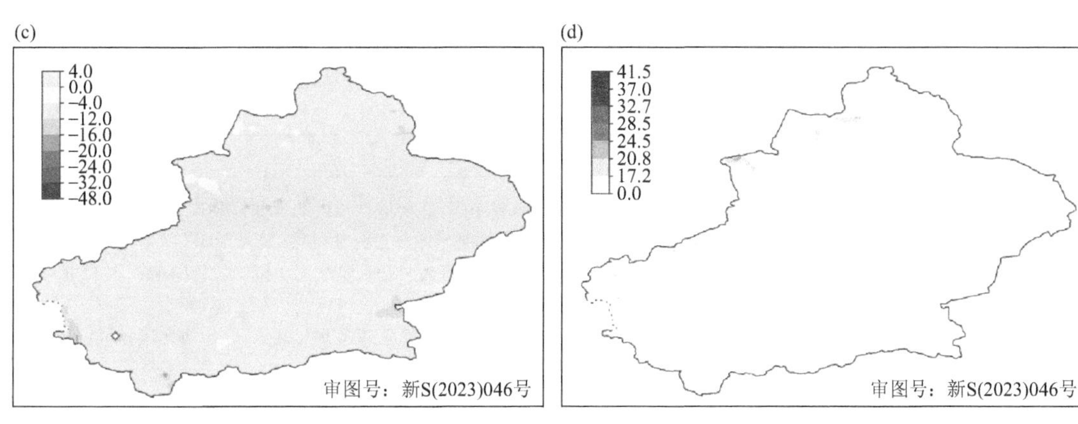

图 4.48　(a) 11 月 14 日 20 时至 16 日 08 时过程累计降水量(单位：mm)；(b) 11 月 16 日最低气温 24 h 降温幅度(单位：℃)；(c) 过程最低气温(单位：℃)；(d) 过程极大风速(单位：m/s)

4.49　11 月 23 日 08 时至 24 日 20 时北疆北部暖区暴雪、大风

天气类型	暴雪、大风		过程强度	中弱
天气实况	①降雪：阿勒泰地区出现微到小雪，其中阿勒泰地区北部的局部区域累计降雪量 5.6～12.0 mm，阿勒泰地区北部局地累计降雪量 12.1～29.0 mm，最大降雪中心位于阿勒泰地区布尔津县禾木乡窝尔塔阿什克站(图 4.49)。 ②风：伊犁州东部、博州西部、塔城地区北部、阿勒泰地区、乌鲁木齐市、昌吉州东部、克州、哈密市北部等地出现 4～5 级西北风或偏东风，风口风力 8 级左右，阵风 9～10 级			
灾害性天气	暴雪	暴雪站数：7 站，24 日阿勒泰地区北部共 7 站(其中大暴雪 1 站)。 日最大降雪中心：区域站为阿勒泰地区布尔津县禾木乡窝尔塔阿什克站 25.3 mm(24 日)，国家站为阿勒泰地区阿勒泰市 1.5 mm(24 日)。 最大小时雪强：阿勒泰地区布尔津县禾木乡吉克普林站 3.0 mm/h(24 日 14:00—15:00)		
	大风	大风站数：伊犁州东部山区、博州西部、阿勒泰地区、乌鲁木齐市、昌吉州东部、克州山区、哈密市北部等地共 26 站出现 8 级以上大风，其中 10 级以上 2 站。 过程极大风速中心：区域站为博州温泉县沃特克赛尔铜矿站 25.6 m/s(10 级，23 日 08:33)；国家站为阿勒泰地区哈巴河站 14.1 m/s(7 级，23 日 15:27)		

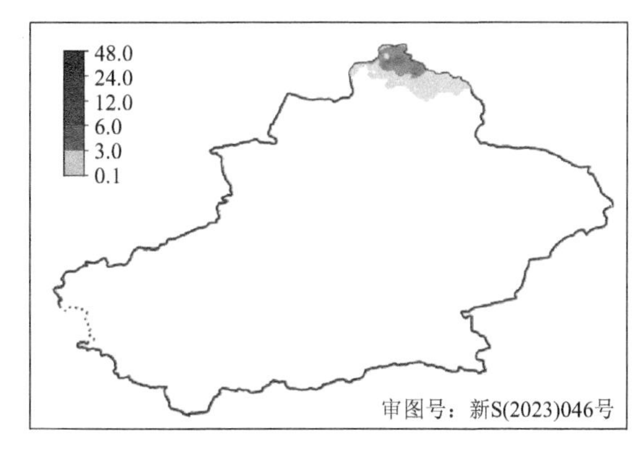

图 4.49　11 月 23 日 08 时至 24 日 20 时过程累计降水量(单位：mm)

4.50 12 月 7 日 06 时至 8 日 08 时北疆北部降雪、寒潮、大风

<table>
<tr><td>天气类型</td><td colspan="2">寒潮、降雪、大风</td><td>过程强度</td><td>弱</td></tr>
<tr><td>天气实况</td><td colspan="4">①降雪:塔城地区北部、阿勒泰地区西部北部等地出现微到小雪,其中塔城地区北部和阿勒泰地区北部的局部区域累计降雪量 3.1～4.5 mm,最大降雪中心位于阿勒泰地区布尔津县禾木乡吉克普林站(图 4.50a)。
②降温:乌鲁木齐市南部、喀什地区北部、和田地区南部和巴州等地局部区域气温下降 5℃左右,喀什地区北部和巴州南部局地气温下降 8～10℃,出现寒潮。
③风:博州西部、阿勒泰地区、喀什地区山区、克州、和田地区、巴州、哈密市等地出现 4～5 级西北风,风口风力 8 级左右,阵风 9～10 级</td></tr>
<tr><td rowspan="2">灾害性天气</td><td>寒潮</td><td colspan="3">寒潮站数:2 站・次:8 日喀什地区北部和巴州南部共 2 站。
日最大降温中心:8 日喀什地区 53 团农技推广站(区域站)降温 9.2℃,乌鲁木齐市达坂城(国家站)降温 7.4℃(图 4.50b)。
过程最低气温:8 日克州乌恰县乌鲁克恰提乡玉其塔什牧场站(区域站)最低气温 −23.1℃,喀什地区塔什库尔干站(国家站)−18.2℃(图 4.50c)</td></tr>
<tr><td>大风</td><td colspan="3">大风站数:博州西部、克拉玛依市、喀什地区山区、克州山区、巴州南部、哈密市等地共 18 站出现 8 级以上大风,其中 10 级以上 3 站。
过程极大风速中心:区域站为哈密市伊吾县前山乡一村站 25.9 m/s(10 级,8 日 00:54);国家站为克州乌恰县吐尔尕特站 12.1 m/s(6 级,8 日 03:08)</td></tr>
</table>

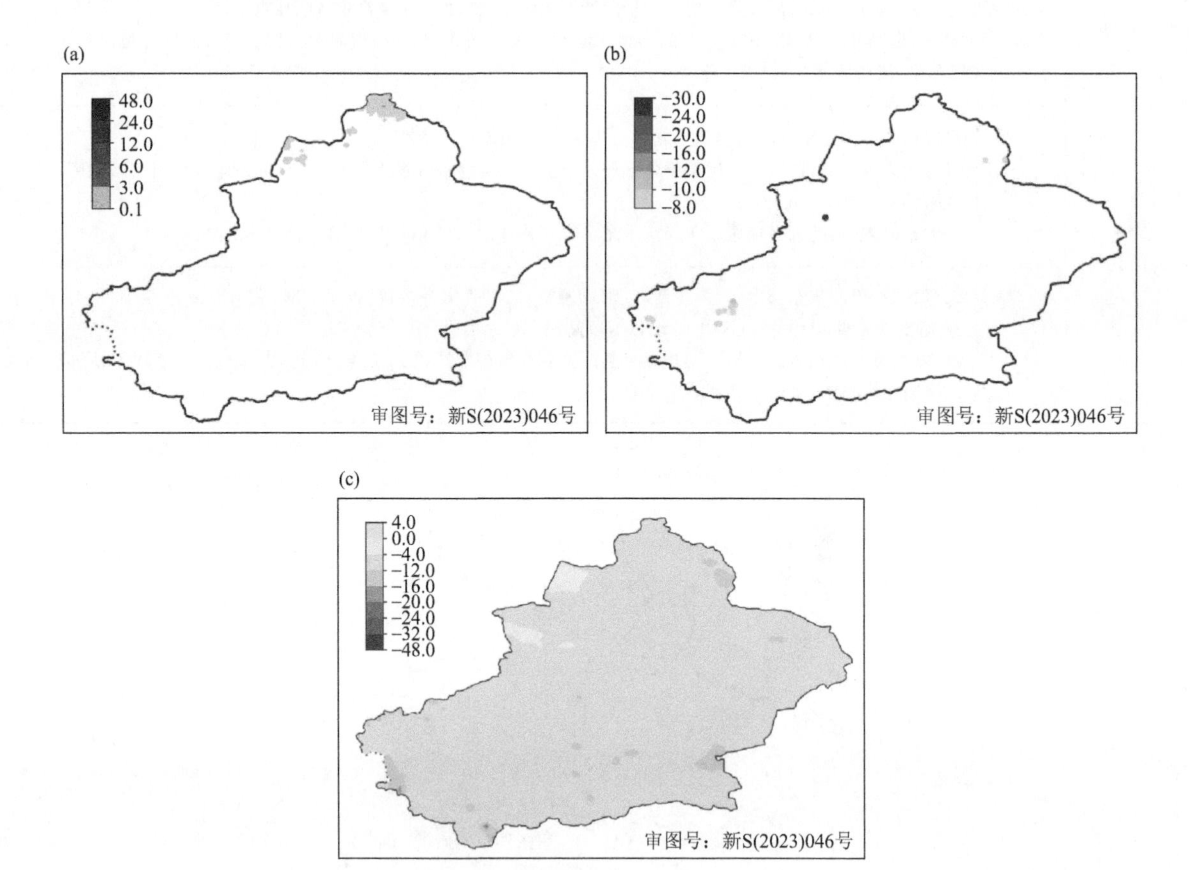

图 4.50 (a) 12 月 7 日 06 时至 8 日 08 时过程累计降水量(单位:mm);(b) 12 月 8 日最低气温 24 h 降温幅度(单位:℃);(c) 过程最低气温(单位:℃)

4.51　12 月 20 日 08 时至 22 日 08 时北疆西部北部降雪，局地寒潮、大风

<table>
<tr><td>天气类型</td><td colspan="2">寒潮、降雪、大风</td><td>过程强度</td><td>中弱</td></tr>
<tr><td>天气实况</td><td colspan="4">①降雪：伊犁州西部、塔城地区北部、阿勒泰地区等地的部分区域有微到小雪，其中塔城地区北部、阿勒泰地区西部的局部区域累计降雪量 3.1～12.0 mm，塔城地区北部局地累计降雪量 12.1～12.3 mm，最大降雪中心位于塔城地区裕民县（图 4.51a）。
②降温：北疆西部北部和南疆局部区域气温下降 5～8℃，伊犁州西部、塔城地区北部、阿勒泰地区西部北部、喀什地区、克州山区、和田地区、巴州气温下降 8～10℃，出现寒潮，塔城地区北部、阿勒泰地区西部北部、克州山区局地气温下降 10℃以上，出现强寒潮。
③风：伊犁州、博州西部、塔城地区北部、阿勒泰地区、克拉玛依市、喀什地区山区、克州山区、和田地区南部、巴州山区、哈密市等地出现 5～6 级西北风，风口风力 9～10 级，阵风 11 级</td></tr>
<tr><td rowspan="2">灾害性天气</td><td>寒潮</td><td colspan="3">寒潮站数：53 站・次（其中强寒潮 13 站・次）：21 日和田地区东部、巴州南部共 5 站；22 日伊犁州西部、博州西部、塔城地区北部、阿勒泰地区西部北部、喀什地区、克州山区、和田地区、巴州北部共 48 站（其中强寒潮 13 站）。
日最大降温中心：22 日塔城地区额敏县杰勒阿尕什镇木呼尔村（区域站）降温 12.0℃，塔城地裕民站（国家站）降温 9.6℃（图 4.51b）。
过程最低气温：22 日阿勒泰地区青河县塔克什肯镇西根村（区域站）最低气温 −29.8℃，巴州巴音布鲁克站（国家站）−26.8℃（图 4.51c）</td></tr>
<tr><td>大风</td><td colspan="3">大风站数：博州西部、塔城地区北部、阿勒泰地区西部北部、克拉玛依市、喀什地区山区、克州山区、和田地区、巴州山区、哈密市等地共 32 站出现 8 级以上大风，其中 10 级以上 3 站。
过程极大风速中心：区域站为克州阿克陶县布伦口乡盖孜村依热库如木站 30.8 m/s（11 级，22 日 05:25）；国家站为克州乌恰县吐尔尕特站 18.0 m/s（8 级，20 日 16:18）</td></tr>
</table>

(a)

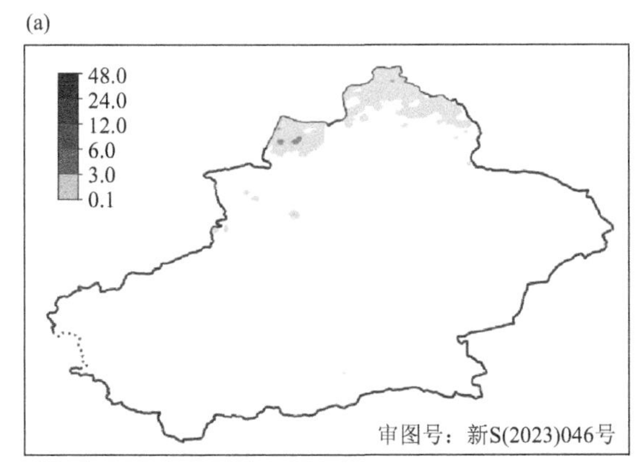

(b)

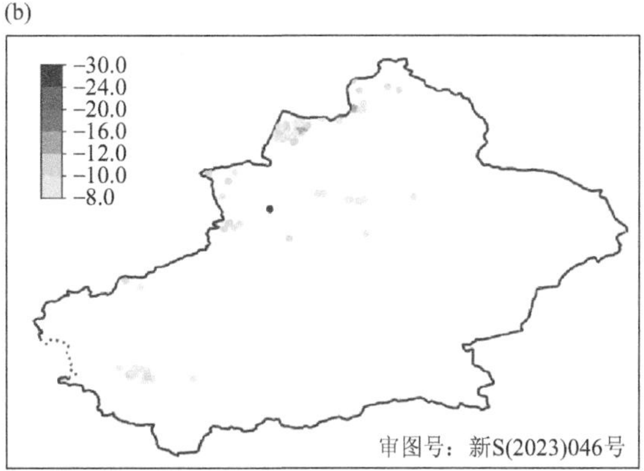

(c)

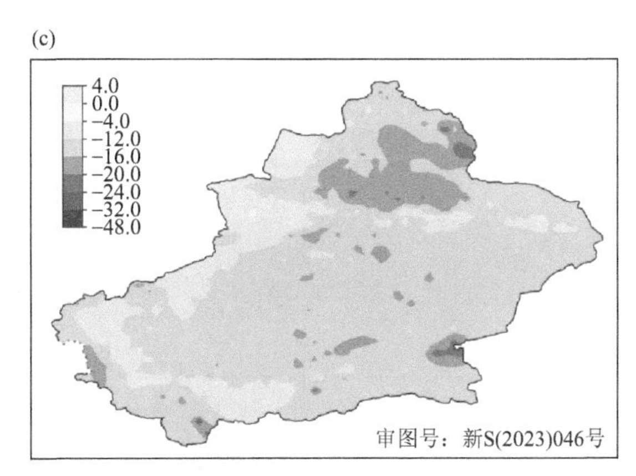

图 4.51　(a) 12 月 20 日 08 时至 22 日 08 时过程累计降水量（单位：mm）；(b) 12 月 22 日最低气温 24 h 降温幅度（单位：℃）；(c) 过程最低气温（单位：℃）

附录A　新疆天气过程强度业务标准

变　温	过程降水	风　力	过程强度
≤5℃	微到小量(个别中量)	4～5级,风口6级	弱
≤5℃	小量(个别中量) 小量(个别大量)	5级,风口6～7级	中弱
≤5℃	中量(个别小量) 小量(个别大量)	5级,风口7～8级	中度
≥8℃	小量(个别微量) 小量(个别中量) 中量(个别小量)	6级,风口8～9级	中强
≤5℃	中量(个别大量) 中到大量	6级,风口8～9级	中强
≥10℃	微到小量	6级,风口8～9级	中强
≥8℃	中到大量	6级,风口9～10级	强
≥10℃	中量(个别小量)	6级,风口9～10级	强
≥13℃	微到小量	6级,风口9～10级	强
≤5℃	大量或大到暴量	6级,风口9～10级	强
≥8℃	大量	6级,风口9～10级	特强
≥13℃	中量	6级,风口9～10级	特强
≥5℃	微到小量	6级,风口9～10级	中度

附录 B 新疆气象台高温天气过程标准

（业务试行稿 2020 年 5 月）

1 范围

本标准给出了新疆高温天气过程的等级及划分方法。

本标准适用于新疆高温天气过程的监测、评估及预报服务。

2 术语和定义

2.1 高温天气

日最高气温≥35℃的天气。

2.2 高温日

某日有 1 个或以上站点的日最高气温≥35℃（吐鲁番盆地 37℃以上），则将该日记为一个高温日。

2.3 过程高温日

设定全疆范围内某天有 1 成或以上的站点出现高温天气。

3 新疆高温天气过程的判识

根据全疆气象观测站资料，从满足一个过程高温日标准开始，至不满足过程高温日标准的前一天结束且须持续 3 d 或以上，可判定全疆出现高温天气过程，对于大于 5 d 的高温过程，允许期间仅 1 d 的高温站数可少于 1 成。

4 等级划分

4.1 等级

新疆高温天气过程划分为四个等级，分别为特强、强、中等、弱。

4.2 划分方法

4.2.1 划分指标

新疆高温天气过程等级根据新疆高温天气过程等级指标(I)进行划分，见附表 B.1。

附表 B.1 新疆高温天气过程等级划分标准(含区域气象站)

新疆高温天气过程等级	新疆高温天气过程等级指标
特强	$I \geq 1.5$
强	$1.2 \leq I < 1.5$
中等	$0.7 \leq I < 1.2$
弱	$I < 0.7$

4.2.2 I 的计算方法

I 的计算公式见式(B.1)：

$$I = \sum_{k=1}^{3} (T_k \times W_k) \tag{B.1}$$

式中,I——新疆高温天气过程等级指标;

T_k——日最高气温分级,取值分别为 1、2、3,对应[35℃,37℃)、[37℃,40℃)、[40℃,+∞)三个温度区间;

W_k——T_k 对应的站点数占总站点数的比例。

附录 C　新疆气象台天气过程档案制作规范(试行)

一、天气过程档案的制作和存放

1. 天气过程结束后,定量降水岗值班员在 12 h 之内确定天气过程的起止时间,并安排过程结束当日值班的短时临近监测、预警岗白班人员制作。

2. 短时临近监测、预警岗白班值班员在接到定量降水岗值班员安排的 72 h 内,完成天气过程数据的生成、天气过程图的绘制和天气实况、环流形势演变的文字撰写,经定量降水岗值班员和首席预报员审核、确定天气过程强度后,使用软件完成天气过程图与天气实况、环流形势演变文字的合成并使用 A4 纸彩色打印、存档,同时填写天气过程检索纸质档案(见附表 C.3)和电子档案(见附表 C.4),最后将上述所有电子文件上传至 10.185.104.89\tqgcsj\tqgcbmp 相应年份文件夹中。

二、天气过程的命名规则

天气过程文件命名规则为:AAA-YYYYMMDDHH－mmddhh,其中 AAA 为该天气过程在当年的顺序编号,YYYY 为开始年份,MM 为开始月份,DD 为开始日期,HH 为开始时间(北京时,下同),mm 为结束月份,dd 为结束日期,hh 为结束时间。

三、天气过程档案制作的要求

1. 绘制天气过程图时,图中需显示站点降水量、过程降温(≥5℃)、极大风速(≥17 m/s),并使用天气符号标注大风、沙尘区(附图 C.1)。

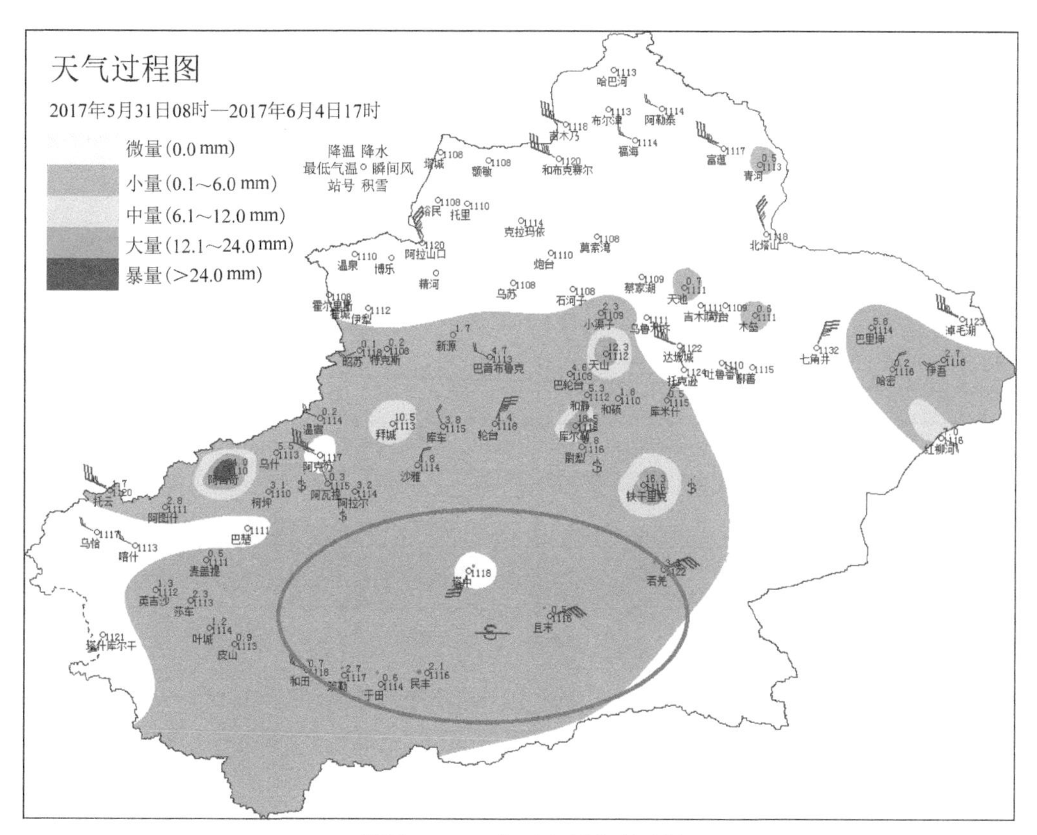

附图 C.1　天气过程图绘制示例

2. 在天气实况的文字描述中，应对降水、降温、风沙等天气逐一进行详细说明。如：南疆大部分地区、伊犁州南部东部、乌鲁木齐市山区、昌吉州山区、哈密市出现小雨(依据新疆降水量级标准，详见附表C.1)，克州北部、阿克苏西部北部、巴州共28站暴雨，克州北部山区5站大暴雨。过程最大降水中心分别位于巴州且末县阿羌乡依山干河站、克州阿合奇县哈拉布拉克乡站，累计降水量85.7 mm、78.7 mm，9站出现短时强降水，最大小时雨强20.5 mm/h，6月1日13—14时出现在阿克苏地区柯坪县苏巴什村。全疆大部分地区先后出现4～5级西北风，共172站8级以上(标准详见附表C.2)，极大风速出现在巴州和静县黄水沟山口站，32.1 m/s。5月31日至6月1日，和田地区、巴州和阿克苏地区局部共10站出现扬沙或沙尘暴，其中于田、民丰、塔中、且末4站出现沙尘暴，民丰、且末最低能见度300 m，出现强沙尘暴。

3. 环流形势演变描述应完整、清晰。如：500 hPa欧亚范围中高纬度以“两槽两脊”经向环流为主，中低纬度“两脊一槽”，伊朗到里海-咸海高压脊与我国华南到新疆高压脊之间中亚槽加深并有气旋式环流，里海-咸海高压脊东扩，推动中亚槽东移进入南疆。与此同时，西伯利亚低压槽东移引导地面冷高压进入北疆，冷空气沿天山北坡堆积，从天山东部豁口翻山进入东疆，然后回流“东灌”进入南疆盆地，形成南疆盆地东部地面至低空一定厚度的偏东气流，“东西夹攻”之下南疆降水开始，中亚槽进入南疆，部分沿西天山南坡缓慢东北移与低空切变线共同影响，造成克州北部和阿克苏西部暴雨，向山的偏东气流为暴雨增幅；另一部分沿昆仑山北坡东移与低空切变线、地面冷锋共同影响，造成巴州南部的暴雨天气。

4. 在进行天气过程图与天气实况、环流形势演变文字合成时，要注意合成软件字数限制，保证合成图上文字的完整。

5. 天气过程强度的确定(详见附录A)，夏季以降水为主，春、秋、冬季要综合考虑降水、风沙、降温；如仅在新疆某一区域出现某类强天气，过程强度应标注为：××区域＋天气过程强度，如：北疆寒潮、南疆西部大降水；稳定环流背景下多个短波槽影响的天气过程(2～4 d内)可合并制作为一个天气过程，需在环流形势演变的文字描述中说明有几个短波槽及其影响时段。

附表C.1　新疆降水量级标准(修订版)

雨			雪		
量级	12 h标准/mm	24 h标准/mm	量级	12 h标准/mm	24 h标准/mm
微雨	0.0～0.1	0.0～0.2	微雪	0.0～0.1	0.0～0.2
小雨	0.2～5.0	0.3～6.0	小雪	0.2～2.5	0.3～3.0
小到中雨	3.1～7.5	4.5～9.0	小到中雪	1.6～3.5	2.5～4.5
中雨	5.1～10.0	6.1～12.0	中雪	2.6～5.0	3.1～6.0
中到大雨	7.6～15.0	9.1～18.0	中到大雪	3.6～7.5	4.6～9.0
大雨	10.1～20.0	12.1～24.0	大雪	5.1～10.0	6.1～12.0
大到暴雨	15.1～30.0	18.1～36.0	大到暴雪	7.6～15.0	9.1～18.0
暴雨	20.1～40.0	24.1～48.0	暴雪	10.1～20.0	12.1～24.0
大暴雨	40.1～80.0	48.1～96.0	大暴雪	20.1～40.0	24.1～48.0
特大暴雨	>80.0	>96.0	特大暴雪	>40.0	>48.0

附表 C.2 风力等级特征及换算表(蒲福风力等级表,GB/T 28591—2012)

风力等级	海面状况		海岸船只征象	陆地地面物征象	相当于空旷平地上标准高度 10 m 处的风速		
	海浪高/m						
	一般	最高			m/s	km/h	knot[①]
0	—	—	静	静,烟直上	0~0.2	小于 1	小于 1
1	0.1	0.1	平常渔船略觉摇动	烟能表示风向,但风向标不能动	0.3~1.5	1~5	1~3
2	0.2	0.3	渔船张帆时,每小时可随风移行 2~3 km	人面感觉有风,树叶微响,风向标能转动	1.6~3.3	6~11	4~6
3	0.6	1.0	渔船渐觉颠簸,每小时可随风移行 5~6 km	树叶及微枝摇动不息,旌旗展开	3.4~5.4	12~19	7~10
4	1.0	1.5	渔船满帆时,可使船身倾向一侧	能吹起地面灰尘和纸张,树枝摇动	5.5~7.9	20~28	11~16
5	2.0	2.5	渔船缩帆(即收去帆之一部分)	有叶的小树摇摆,内陆的水面有小波	8.0~10.7	29~38	17~21
6	3.0	4.0	渔船加倍缩帆,捕鱼须注意风险	大树枝摇动,电线呼呼有声,举伞困难	10.8~13.8	39~49	22~27
7	4.0	5.5	渔船停泊港中,在海者下锚	全树摇动,迎风步行感觉不便	13.9~17.1	50~61	28~33
8	5.5	7.5	进港的渔船皆停留不出	微枝折毁,人行向前,感觉阻力甚大	17.2~20.7	62~74	34~40
9	7.0	10.0	汽船航行困难	建筑物有小损(烟囱顶部及平屋摇动)	20.8~24.4	75~88	41~47
10	9.0	12.5	汽船航行颇危险	陆上少见,见时可使树木拔起或使建筑物损坏严重	24.5~28.4	89~102	48~55
11	11.5	16.0	汽船遇之极危险	陆上很少见,有则必有广泛损坏	28.5~32.6	103~117	56~63
12	14.0	—	海浪滔天	陆上绝少见,摧毁力极大	32.7~36.9	118~133	64~71
13	—	—	—	—	37.0~41.4	134~149	72~80
14	—	—	—	—	41.5~46.1	150~166	81~89
15	—	—	—	—	46.2~50.9	167~183	90~99
16	—	—	—	—	51.0~56.0	184~201	100~108
17	—	—	—	—	56.1~61.2	202~220	109~118

附表 C.3 天气过程检索纸质档案(样例)

编号	天气过程文件命名	强度	是否合成	是否打印	是否录入 excel 档案	是否上传	制作人签字	审核人签字
35	035—2016061608—061908	特强	是	是	是	是		

① 1 knot=1.852 km/h=0.514 m/s。

附表 C.4 天气过程电子检索档案(样例)

序号	天气过程文件命名	强度	影响系统	实况描述	灾情	服务材料	制图	签发
35	035—2016061608—061908	特强	500 hPa 欧亚范围内中高纬度以经向环流为主，里海-咸海至乌拉尔山为高压脊控制，西西伯利亚为平均槽区，前期受伊朗副热带高压影响，全疆出现高温天气，热力条件好。随着乌拉尔高压脊脊顶东北伸，推动西西伯利亚的低涡南压，低涡底部不断分裂，短波槽与中纬度锋区弱波动结合并东移，造成此次天气过程	北疆各地、天山山区、哈密北部、南疆西部山区、哈密北部出现降雨，其中伊犁河谷、博州、塔城北部和北疆沿天山一带、天山山区部分地区以及阿勒泰西部、哈密北部的局部地区出现中到大雨，伊犁河谷的大部分地区、博州、塔城北部、天山山区等地局部出现暴雨到大暴雨，全疆共有 270 个站达到暴雨，116 个站达大暴雨，最大降水量为伊宁麻扎乡博尔博松站达 165.7 mm，上述部分地区 4～5 级西北风，十三间房瞬间风力达 9 级	气象灾情快报期号—标题(气象灾情快报 2016 年第 28 期—伊犁州、博州温泉县、阿勒泰富蕴县洪水灾情 伊宁县因灾死亡 2 人失踪 1 人)	服务材料(气象信息快报以外的全部服务材料)，服务材料名称，期号—标题 [重要气象情报 201606—15 日至 20 日伊犁河谷天山山区及两侧将有频繁降雨；气象预警信号 201616(暴雨蓝色预警)；预警信号 201617(暴雨蓝色预警)]		